MANUAL DE MATEMÁTICAS

palabras **importantes**

temas de **actualidad**

Glencoe
McGraw-Hill

New York, New York
Columbus, Ohio
Chicago, Illinois
Peoria, Illinois
Woodland Hills, California

Envíe toda correspondencia a:
Glencoe/McGraw-Hill
8787 Orion Place
Columbus, OH 43240-4027

ISBN 0-07-860751-5   *Manual de matemáticas para Repaso breve, Curso 1*

Impreso en los Estados Unidos de América.

4 5 6 7 8 9 10   026   10 09 08 07 06 05

CONTENIDO

3 POTENCIAS Y RAÍCES 164

viii

5 LA LÓGICA — 232

6 EL ÁLGEBRA — 250

ix

xi

8 LA MEDICIÓN   348

TERCERA PARTE

Solucionario e Índice

¿Por qué usar este manual?

Usarás este manual de matemáticas como ayuda para recordar conceptos y destrezas.

¿Qué son las palabras importantes y cómo encontrarlas?

La sección de Palabras importantes incluye un glosario de términos, una colección de patrones matemáticos significativos o comunes y una lista de símbolos y fórmulas en orden alfabético. Con el propósito de que obtengas más información, muchas definiciones en el glosario hacen referencia a los capítulos y a los temas de la sección de Temas de importancia.

---

4   al cuadrado

palabras **importantes** **A**

al cuadrado multiplicar un número por sí mismo; se muestra con el exponente 2 *ver exponente, 3•1 Potencias y exponentes*

Ejemplo: $4^2 = 4 \times 4 = 16$

al cubo multiplicar un número por sí mismo dos veces *ver 3•1 Potencias y exponentes*

Ejemplo: $2^3 = 2 \times 2 \times 2 = 8$

álgebra rama de las matemáticas en la que se usan símbolos para representar números y expresar relaciones matemáticas *ver Capítulo 6 El álgebra*

algoritmo proceso sistemático de cualquier operación matemática *ver 2•3 Suma y resta fracciones, 2•4 Multiplica y divide fracciones, 2•6 Operaciones decimales*

altura o alto distancia desde la base hasta la parte superior de una figura *ver 7•7 Volumen*

altura distancia perpendicular desde la base de una figura al vértice. La *altura* indica la extensión vertical de un cuerpo

Ejemplo:

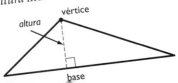

vértice

altura

base

PALABRAS IMPORTANTES

xiv

¿Qué son los temas de importancia y cómo se usan?

La sección de Temas de importancia consta de nueve capítulos. Cada capítulo contiene varios temas que te proveen explicaciones detalladas de conceptos matemáticos clave. Cada tema incluye uno o más conceptos, cada uno de los cuales va seguido de una sección titulada Practica tus conocimientos, donde se ofrecen problemas para que tengas la oportunidad de revisar tu comprensión del concepto. Al final de cada tema, se presenta una serie de ejercicios.

Al principio y al final de cada capítulo, encontrarás una serie de problemas y una lista de vocabulario que te ofrecen una sinopsis del capítulo y te ayudarán a repasar lo que has aprendido en el mismo.

¿Qué contiene el Solucionario?

El Solucionario te provee respuestas de fácil acceso para que compruebes tu trabajo y lo que has aprendido.

SOLUCIONARIO

Capítulo
Números y cá

1. 30,000   2. 30,000,000
3. $(2 \times 10,000) + (4 \times 1,000)$
$(7 \times 10) + (8 \times 1)$ 4. 5
5,618   5. 52,564,760; 52,5
6.
10.
12
14
18
2
2

1-4 FACTORES Y MÚLTIPLOS

80   Temas de a

1·4 Fact

Factores

Imagina que quieres or
un patrón rectangular.
$1 \times 15 = 15$

$3 \times 5 = 15$

Dos números que al multipl
se consideran **factores** de 15.
1, 3, 5 y 15.

Para determinar si un número
residuo es 0, entonces el númer

CÓMO HALLAR LOS FA

¿Cuáles son los factores de 2
• Halla todos los pares de nú
dan como resultado ese pro
$1 \times 20 = 20$ $2 \times 10 = $
• Haz una lista de factores, en
Los factores de 20 son 1, 2, 4, 5,

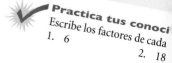

Practica tus conoci
Escribe los factores de cada
1. 6
2. 18

palabras importantes

La sección Palabras importantes incluye un glosario de términos, una recopilación de patrones matemáticos comunes o significativos y listas de símbolos y fórmulas. Gran parte de los términos del glosario hacen referencia a los capítulos y temas de la sección Temas de actualidad.

al cuadrado multiplicar un número por sí mismo; se muestra con el exponente 2 *ver exponente, 3•1 Potencias y exponentes*

Ejemplo: $4^2 = 4 \times 4 = 16$

al cubo multiplicar un número por sí mismo dos veces *ver 3•1 Potencias y exponentes*

Ejemplo: $2^3 = 2 \times 2 \times 2 = 8$

álgebra rama de las matemáticas en la que se usan símbolos para representar números y expresar relaciones matemáticas *ver Capítulo 6 El álgebra*

algoritmo proceso sistemático de cualquier operación matemática *ver 2•3 Suma y resta fracciones, 2•4 Multiplica y divide fracciones, 2•6 Operaciones decimales*

altura o alto distancia desde la base hasta la parte superior de una figura *ver 7•7 Volumen*

altura distancia perpendicular desde la base de una figura al vértice. La *altura* indica la extensión vertical de un cuerpo

Ejemplo:

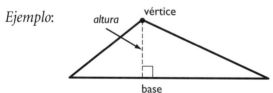

ancho medida de la distancia de un cuerpo de un lado al otro

ángulo dos rayos que se encuentran en un punto común *ver 7•1 Nombra y clasifica ángulos y triángulos*

Ejemplo:

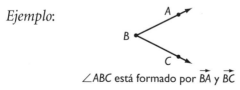

$\angle ABC$ está formado por $\vec{BA}$ y $\vec{BC}$

ángulo agudo cualquier ángulo que mide menos de 90°
ver 7·1 Nombra y clasifica ángulos y triángulos

Ejemplo:

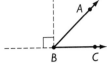

∠ABC es un *ángulo agudo*

0° < m∠ABC < 90°

ángulo cóncavo cualquier ángulo que mide más de 180° y
menos de 360°

Ejemplo:

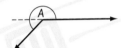

A es un *ángulo cóncavo*

ángulo de elevación ángulo formado por una línea visual
ascendente y la horizontal

Ejemplo:

ángulo de
elevación

horizontal

ángulo de la pendiente ángulo que forma una recta con el
eje *x* o con otra recta horizontal

ángulo llano ángulo que mide 180°; una recta

ángulo obtuso cualquier ángulo que mide más de 90° y menos
de 180° *ver 7·1 Nombra y clasifica ángulos y triángulos*

Ejemplo:

un *ángulo obtuso*

ángulo opuesto en un triángulo, se dice que un lado y un ángulo son opuestos si el lado no se usa para formar ese ángulo

Ejemplo:

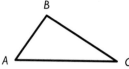

en △ABC, ∠A es el ángulo opuesto a $\overline{BC}$

ángulo recto ángulo que mide 90° *ver 7·1 Nombra y clasifica ángulos y triángulos*

Ejemplo:

∠A es un *ángulo recto*

ángulos iguales ángulos cuya medida en grados es la misma *ver 7·1 Nombra y clasifica ángulos y triángulos*

antítesis equivalencia lógica de un enunciado condicional dado que generalmente se expresa en términos negativos *ver 5·1 Enunciados si...entonces*

Ejemplo: "si *x*, entonces *y*" es un enunciado condicional; "si no es *y*, entonces no es *x*" es un enunciado antítesis

apotema recta perpendicular desde el centro de un polígono regular hasta cualquiera de sus lados

Ejemplo:

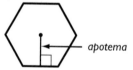

apotema

aproximación estimado de un valor matemático que no es exacto pero suficientemente cercano como para ser útil

arco sección de un círculo *ver 7·8 Círculos*

Ejemplo:

$\overset{\frown}{QR}$ es un *arco*

área tamaño de una superficie, el cual se expresa comúnmente en unidades cuadradas *ver 7•5 Área, 7•6 Área de superficie, 7•8 Círculos, 8•3 Área, volumen y capacidad*

Ejemplo:

2 pies   área = 8 pies²

4 pies

área de superficie suma de las áreas de todas la caras de un sólido geométrico, la cual se mide en unidades cuadradas *ver 7•6 Área de superficie*

Ejemplo:

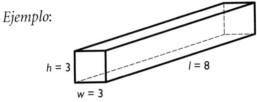

$h = 3$ $l = 8$

$w = 3$

el *área de superficie* de este prisma rectangular es
$2(3 \times 3) + 4(3 \times 8) = 114$ unidades cuadradas

argumento matemático serie de pasos lógicos que se pueden seguir para determinar si un enunciado es correcto

arista recta sobre la cual se intersecan dos planos de un sólido *ver 7•2 Nombra y clasifica polígonos y poliedros*

avistamiento medir la longitud o ángulo de un objeto inaccesible alineando una herramienta para medir, con la línea visual de la persona que toma la medida

base [1] el lado o la cara sobre la cual reposa una figura tridimensional; [2] el número de caracteres que hay en un sistema de numeración *ver 1•1 Valor de posición de números enteros, 7•6 Área de superficie, 7•7 Volumen*

bidimensional que tiene dos cualidades que se pueden medir: largo y ancho

palabras **importantes**

B

binomio expresión algebraica que tiene dos términos

Ejemplos: $x^2 + y$; $x + 1$; $a - 2b$

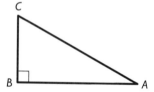

cara el lado bidimensional de una
figura tridimensional *ver 7•2 Nombra
y clasifica polígonos y poliedros,
7•6 Área de superficie*

carrera distancia horizontal entre dos puntos

casos especiales número o conjunto de números como 0, 1,
fracciones y números negativos que se considera para
determinar si una regla se cumple o no se cumple siempre

catetos del triángulo los lados adyacentes al ángulo recto de
un triángulo rectángulo

Ejemplo:

$\overline{AB}$ y $\overline{BC}$ son los *catetos del triángulo ABC*

celdas rectángulos pequeños presentes en una hoja de cálculos
que contienen la información. Cada rectángulo puede
contener un título, un número o una fórmula *ver 9•4
Hojas de cálculos*

centímetro cuadrado unidad que se usa para medir el tamaño
de una superficie; equivale a un cuadrado que mide un
centímetro de lado *ver 8•3 Área, volumen y capacidad*

centímetro cúbico cantidad que contiene un cubo cuyas
aristas miden 1 cm de largo *ver 7•7 Volumen*

centro del círculo punto desde el cual equidistan todos los
puntos en un círculo *ver 7•8 Círculos*

cilindro sólido con bases circulares paralelas *ver 7•6 Área de superficie*

Ejemplo:

un *cilindro*

círculo forma perfectamente redonda en que todos los puntos equidistan de un punto fijo o centro. *ver 7•8 Círculos*

Ejemplo:

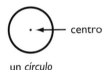

un *círculo*

circunferencia distancia alrededor de un círculo, la cual se calcula multiplicando el diámetro por el valor de pi. *ver 7•8 Círculos*

clasificación agrupación de elementos en clases o conjuntos separados. *ver 5•3 Conjuntos*

cociente resultado que se obtiene de dividir un número o variable (el divisor) entre otro número o variable (el dividendo)

Ejemplo:

$$24 \div 4 = 6$$

dividendo | cociente
divisor

colineal conjunto de puntos que se hallan sobre la misma recta

Ejemplo:

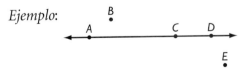

los puntos A, C, y D son *colineales*

columnas lista vertical de números o términos; en una hoja de cálculos, los nombres de las celdas que comienzan con la misma letra {A1, A2, A3, A4, . . .} *ver 9•4 Hojas de cálculos*

combinación selección de elementos a partir de un conjunto más grande en el que el orden no es importante *ver 4•5 Combinaciones y permutaciones*

Ejemplo: 456, 564, y 654 son una *combinación* de tres dígitos de 4567

condicional enunciado que dice que algo es verdadero o será verdadero siempre y cuando algo más es también verdadero *ver antítesis, recíproco, 5•1 Enunciados si...entonces*

Ejemplo : si un polígono tiene tres lados, entonces es un triángulo

cono sólido que consta de una base circular y un vértice

Ejemplo:

vértice

cono

continuos datos que relacionan un rango completo de valores en la recta numérica

Ejemplo: los tamaños posibles de las manzanas son datos *continuos*

contraejemplo ejemplo específico que prueba que un enunciado matemático general es falso *ver 5•2 Contraejemplos*

coordenadas un par ordenado de números que describe un punto en una gráfica de coordenadas. El primer número del par representa la distancia del punto desde el origen $(0,0)$, sobre el eje x y el segundo representa su distancia desde el origen sobre el eje y. *ver pares ordenados, 6•6 Grafica en el plano de coordenadas*

Ejemplo:

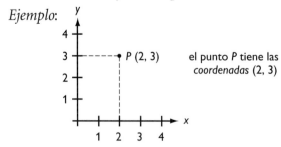

el punto P tiene las *coordenadas* $(2, 3)$

coplanar puntos o rectas que se hallan en el mismo plano

correlación la manera en que el cambio en una variable corresponde al cambio en otra variable

correlación directa relación entre dos o más elementos que aumentan o disminuyen juntos

> Ejemplo: En un sueldo que se paga por hora, un aumento en el número de horas trabajadas indica un aumento en la cantidad de sueldo, mientras que una disminución en el número de horas trabajadas indica una disminución en la cantidad de sueldo recibida.

corte transversal figura formada por la intersección de un sólido con un plano

> *Ejemplo:*

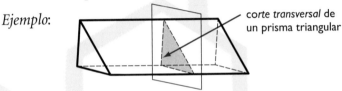

corte *transversal* de un prisma triangular

costo la cantidad que se paga o que se requiere como pago

costo unitario el costo de un elemento expresado en una medida estándar, por ejemplo: *por onza* o *por pinta* o *cada uno*

cuadrado un rectángulo con lados congruentes *ver 7•2 Nombra y clasifica polígonos y poliedros*

> *Ejemplo:*

$AB = CD = AC = BD$

un *cuadrado*

cuadrado mágico *ver página 62*

cuadrado perfecto el cuadrado de un entero. Por ejemplo, el 25 es un cuadrado perfecto porque $25 = 5^2$ *ver 3•2 Raíces cuadradas*

cuadrante [1] una cuarta parte de la circunferencia de un círculo; [2] una de las cuatro regiones formadas por la intersección de los ejes *x* y *y*, en una gráfica de coordenadas *ver 6•6 Grafica en el plano de coordenadas*

cuadrícula de resultados modelo visual para analizar y representar probabilidades teóricas que muestra todos los resultados posibles de dos eventos independientes *ver 4•6 Probabilidad*

Ejemplo:

Se usa una cuadrícula para hallar el espacio muestral de lanzar un par de dados. Los resultados se escriben como pares ordenados.

	1	2	3	4	5	6
1	(1, 1)	(2, 1)	(3, 1)	(4, 1)	(5, 1)	(6, 1)
2	(1, 2)	(2, 2)	(3, 2)	(4, 2)	(5, 2)	(6, 2)
3	(1, 3)	(2, 3)	(3, 3)	(4, 3)	(5, 3)	(6, 3)
4	(1, 4)	(2, 4)	(3, 4)	(4, 4)	(5, 4)	(6, 4)
5	(1, 5)	(2, 5)	(3, 5)	(4, 5)	(5, 5)	(6, 5)
6	(1, 6)	(2, 6)	(3, 6)	(4, 6)	(5, 6)	(6, 6)

Hay 36 resultados posibles.

cuadrilátero polígono que tiene cuatro lados *ver 7•2 Nombra y clasifica polígonos y poliedros*

Ejemplos:

  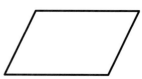

cuadriláteros

cubo sólido con seis caras cuadradas *ver 7•2 Nombra y clasifica polígonos y poliedros*

Ejemplo:

un *cubo*

cubo perfecto el cubo de un entero. Por ejemplo, 27 es un *cubo perfecto* porque $27 = 3^3$

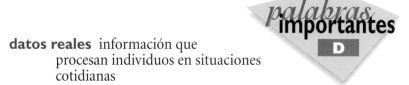

datos reales información que procesan individuos en situaciones cotidianas

decágono polígono sencillo con diez lados y diez ángulos

decimal no periódico infinito números irracionales como π y $\sqrt{2}$, que son decimales con dígitos que continúan indefinidamente sin repetirse

decimal periódico decimal en que un dígito o un conjunto de dígitos se repite indefinidamente

Ejemplo: 0.121212 ...

decimal terminal decimal con un número finito de dígitos

denominador el número en la parte inferior de una fracción *ver 2•1 Fracciones y fracciones equivalentes*

Ejemplo: en $\frac{a}{b}$, b es el *denominador*

denominador común número entero que es el denominador de todos los miembros de un grupo de fracciones *ver 2•3 Suma y resta fracciones*

Ejemplo: el *denominador común* de las fracciones $\frac{5}{8}$ y $\frac{7}{8}$ es 8

descuento cantidad de reducción del precio normal de un producto o servicio *ver 2•8 Usa y calcula porcentajes*

desigualdad enunciado que usa los símbolos $>$ (mayor que), $<$ (menor que), $\geq$ (mayor que o igual a) y $\leq$ (menor que o igual a) para indicar que una cantidad es mayor o menor que otra *ver 6•5 Desigualdades*

Ejemplos: $5 > 3$; $\quad \frac{4}{5} < \frac{5}{4}$; $\quad 2(5 - x) > 3 + 1$

deslizamiento mover una figura a otra posición sin rotarla o
reflejarla *ver traslación, 7•3 Simetría y transformaciones*

Ejemplo:

el *deslizamiento* de un trapecio

diagonal segmento de recta que une un vértice con otro, (pero no
con el vértice consecutivo) de un polígono *ver 7•2 Nombra
y clasifica polígonos y poliedros*

Ejemplo:

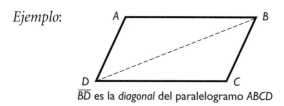

$\overline{BD}$ es la *diagonal* del paralelogramo *ABCD*

diagrama de árbol gráfica conectada y ramificada que se usa
para diagramar probabilidades o factores *ver 1•4 Factores
y múltiplos, 4•5 Combinaciones y permutaciones*

Ejemplo:

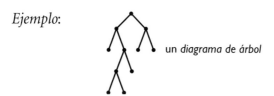

un *diagrama de árbol*

diagrama de caja diagrama que se construye a partir de un
conjunto de datos numéricos, el cual muestra en una caja el
50% central de las estadísticas ordenadas, además de las
estadísticas máxima, mínima y media *ver 4•2 Presenta los
datos*

diagrama de dispersión gráfica bidimensional en que los
puntos que corresponden a dos factores relacionados (por
ejemplo, fumar cigarrillos y expectativa de vida) se
grafican y se observa su correlación

Ejemplo:

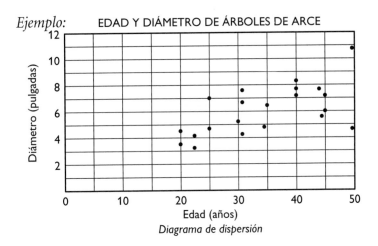

EDAD Y DIÁMETRO DE ÁRBOLES DE ARCE

Diagrama de dispersión

diagrama de tallo y hojas método para mostrar datos numéricos entre 1 y 99, en que cada número se separa en sus decenas (tallo) y sus unidades (hojas) y luego los dígitos de las decenas se organizan de manera ascendente *ver 4·2 Presenta los datos*

Ejemplo:

tallos	hojas
0	6
1	1 8 2 2 5
2	6 1
3	7
4	3
5	8

un *diagrama de tallo y hojas* para el conjunto de datos 11, 26, 18, 12, 12, 15, 43, 37, 58, 6, y 21

diagrama de Venn representación visual de las relaciones entre los conjuntos *ver 5·3 Conjuntos*

Ejemplo:

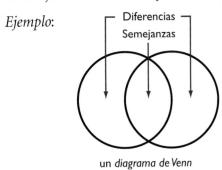

Diferencias

Semejanzas

un *diagrama de Venn*

diámetro segmento de recta que pasa a través del centro de un
círculo y lo divide en dos mitades *ver 7•8 Círculos*

Ejemplo:

diámetro

dibujo a escala dibujo proporcionalmente correcto de un
objeto o área que se traza de tamaño real, o que se amplía
o se reduce de tamaño *ver 8•6 Tamaño y escala*

dibujo isométrico representación bidimensional de un cuerpo
tridimensional cuyas aristas paralelas se dibujan como
rectas paralelas

Ejemplo:

diferencia resultado que se obtiene cuando se resta un número
de otro

diferencia común la diferencia entre dos términos consecutivos
cualesquiera de una sucesión aritmética *ver sucesión
aritmética*

dígito significativo el dígito de un número que indica su
magnitud exacta

Ejemplo: 297,624 redondeado a 3 dígitos significativos
es 298,000; 2.97624 redondeado a 3 dígitos
significativos es 2.98

dimensión el número de medidas que se necesitan para describir
geométricamente una figura

Ejemplos: Un punto tiene 0 *dimensiones.*
Una recta o curva tiene 1 *dimensión.*
Una figura plana tiene 2 *dimensiones.*
Un sólido tiene 3 *dimensiones.*

discretos datos que pueden describirse mediante números enteros o decimales. Lo opuesto de datos *discretos* son los datos continuos.

Ejemplo: el número de naranjas en un árbol es un dato *discreto*

distancia longitud del segmento de recta más corto entre dos puntos, rectas, planos, y así sucesivamente *ver 8•2 Longitud y distancia*

distancia total la cantidad de espacio entre un punto de partida y un punto de llegada se representa con *d* en la ecuación $d = r$ (rapidez) $\times t$ (tiempo)

distribución patrón de frecuencia de un conjunto de datos *ver 4•3 Analiza los datos*

distribución bimodal modelo estadístico que tiene dos puntos máximos de distribución de frecuencia *ver 4•3 Analiza los datos*

distribución normal se representa con una curva de campana, la distribución más común de la mayoría de las cualidades a lo largo de una población *ver 4•3 Analiza los datos*

Ejemplo:

curva de campana

una *distribución normal*

PALABRAS IMPORTANTES

ecuación enunciado matemático que indica la igualdad de dos expresiones *ver 6•1 Escribe expresiones y ecuaciones*

Ejemplo: $3 \times (7 + 8) = 9 \times 5$

ecuación cuadrática ecuación polinomial de segundo grado, la cual se expresa generalmente como $ax^2 + bx + c = 0$, donde *a*, *b* y *c* son números reales y *a* no es igual a cero *ver grados*

eje [1] una de las líneas de referencia para localizar un punto en un plano de coordenadas; [2] línea imaginaria a través de la cual se dice que un cuerpo puede ser simétrico (*eje* de simetría); [3] línea sobre la cual se puede rotar un cuerpo (*eje* de rotación) *ver 6•6 Grafica en el plano de coordenadas, 7•3 Simetría y transformaciones*

eje de simetría recta sobre la cual una figura se puede doblar creando dos mitades que coinciden exactamente *ver 7•3 Simetría y transformaciones*

Ejemplo:

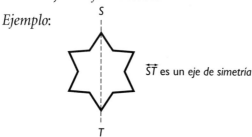

$\overleftrightarrow{ST}$ es un eje de simetría

eje x la recta horizontal de referencia en la gráfica de coordenadas *ver 6•6 Grafica en el plano de coordenadas*

eje y la recta vertical de referencia en la gráfica de coordenadas *ver 6•6 Grafica en el plano de coordenadas*

elevación cantidad de aumento vertical entre dos puntos

encuesta método para recopilar datos estadísticos en que se les hacen preguntas a las personas *ver 4•1 Recopila datos*

enteros los números enteros y sus inversos aditivos $\{\dots -5, -4, -3, -2, -1, 0, 1, 2, 3, 4, 5 \dots\}$

enteros negativos conjunto de todos los números enteros menores que cero

Ejemplos: $-1, -2, -3, -4, -5, \dots$

enteros positivos conjunto de todos los números enteros positivos $\{1, 2, 3, 4, 5, \dots\}$ *ver números de contar*

equiángulo que tiene más de un ángulo y cada ángulo tiene la misma medida

equilátero figura que tiene más de un lado y todos ellos son de la misma longitud

equiprobable describe resultados y eventos con la misma posibilidad de ocurrir *ver 4•6 Probabilidad*

equivalente de igual valor

escala razón entre el tamaño real de un objeto y su representación proporcional *ver 8•6 Tamaño y escala*

esfera sólido geométrico perfectamente redondo que consiste en un conjunto de puntos equidistantes de un punto central

Ejemplo:

una *esfera*

espiral *ver página 63*

estadística rama de las matemáticas que se encarga de la recopilación y el análisis de datos *ver 4•4 Estadística*

estimado aproximación o un cálculo aproximado

estimado de costo cantidad aproximada que se debe pagar o que se requiere como pago

evento cualquier suceso al que se le pueden asignar probabilidades *ver 4•6 Probabilidad*

evento independiente evento cuyo resultado no afecta el resultado de otros eventos *ver 4•6 Probabilidad*

eventos dependientes grupo de eventos, cada uno de los cuales afecta la probabilidad de que ocurran los otros eventos *ver 4•6 Probabilidad*

exponente número que indica las veces que un número o expresión se multiplica por sí mismo

Ejemplo: en la ecuación $2^3 = 8$, el *exponente* es 3

expresión combinación matemática de números, variables y operaciones; por ejemplo, $6x + y^2$ *ver 6•1 Escribe expresiones y ecuaciones , 6•2 Reduce expresiones, 6•3 Evalúa expresiones y fórmulas*

expresión aritmética relación matemática que se expresa como un número o dos o más números con signos de operación *ver 6•1 Escribe expresiones y ecuaciones*

expresiones equivalentes expresiones que siempre resultan en el mismo número o que tienen el mismo significado matemático para todos los valores de reemplazo de sus variables *ver 6•2 Reduce expresiones*

Ejemplos: $\frac{9}{3} + 2 = 10 - 5$

$2x + 3x = 5x$

factor número o expresión que se multiplica por otro y que resulta en un producto *ver 1•4 Factores y múltiplos*

Ejemplo: 3 y 11 son *factores* de 33

factor común número entero que es factor de cada número en un conjunto de números *ver 1•4 Factores y múltiplos*

Ejemplo: 5 es un *factor común* de 10, 15, 25 y 100

factor de escala factor en que todos los componentes de un objeto se multiplican con el propósito de crear una reducción o ampliación proporcional *ver 8•6 Tamaño y escala*

factorial se representa con el símbolo !, el producto de todos los números naturales entre 1 y un número entero positivo dado *ver 4•5 Combinaciones y permutaciones*

Ejemplo: $5! = 1 \times 2 \times 3 \times 4 \times 5 = 120$

factorización prima expresión de un número compuesto como el producto de sus factores primos *ver 1•4 Factores y múltiplos*

Ejemplos: $504 = 2^3 \times 3^2 \times 7$

$30 = 2 \times 3 \times 5$

figura inscrita figura que se encuentra dentro de otra, como se muestra a continuación

Ejemplos:

el triángulo está *inscrito* en el círculo   el círculo está *inscrito* en el triángulo

figuras congruentes figuras que tienen la misma forma y tamaño. El símbolo ≅ se usa para indicar congruencia.

Ejemplo:

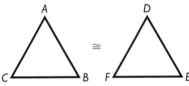

los triángulos ABC y DEF son *congruentes*

figuras semejantes las que tienen la misma forma pero no necesariamente el mismo tamaño *ver 8•6 Tamaño y escala*

Ejemplo:

$m\angle A = m\angle D$
$m\angle B = m\angle E$
$m\angle C = m\angle F$

los triángulos ABC y DEF son *figuras semejantes*

forma regular figura con todos los lados y todos los ángulos iguales

fórmula ecuación que muestra la relación entre dos o más cantidades; cálculo que se realiza con una hoja de cálculos *ver páginas 58–59, 6•3 Evalúa expresiones y fórmulas, 9•4 Hojas de cálculos*

Ejemplo: $A = \pi r^2$ es la *fórmula* para calcular el área del círculo; $A2 \times B2$ es una *fórmula* en la hoja de cálculos

fracción número que representa una parte del todo; un cociente en la forma $\frac{a}{b}$ *ver 2•1 Fracciones y fracciones equivalentes*

fracción impropia fracción en que el numerador es mayor que el denominador *ver 2•1 Fracciones y fracciones equivalentes*

Ejemplo: $\frac{21}{4}, \frac{4}{3}, \frac{2}{1}$

fracciones equivalentes fracciones que representan el mismo cociente pero tienen distinto numerador y denominador *ver 2•1 Fracciones y fracciones equivalentes*

Ejemplo: $\frac{5}{6} = \frac{15}{18}$

función asigna exactamente un valor de salida a cada valor de entrada

Ejemplo: Manejas a 50 mi/hr. Existe una relación entre la cantidad de tiempo que manejas y la distancia que recorres. Es decir, la distancia es una *función* del tiempo.

ganancia el beneficio que se obtiene de un negocio; lo que queda cuando el costo de los bienes y los gastos de funcionamiento de un negocio se sustraen del dinero que se recibe

gasto cantidad de dinero pagada; costo

geometría rama de las matemáticas que estudia las propiedades de las figuras *ver Capítulo 7 La geometría, 9•3 Instrumentos de geometría*

girador aparato que sirve para determinar el resultado en un experimento probabilístico

Ejemplo:

un *girador*

giro mover una figura geométrica al rotarla sobre un punto *ver rotación, 7•3 Simetría y transformaciones*

Ejemplo:

la *rotación* de un triángulo

grado [1] (algebraico) el exponente de una sola variable de un término algebraico simple; [2] (algebraico) la suma de los exponentes de todas la variables de un término algebraico más complejo; [3] (algebraico) el grado más alto de cualquier término en una ecuación; [4] (geométrico) unidad de medida de un ángulo o arco, que se representa con el símbolo ° *ver [1] 3•1 Potencias y exponentes, [4] 7•1 Nombra y clasifica ángulos y triángulos, 7•8 Círculos, 9•2 Calculadora científica*

Ejemplos: [1] En el término $2x^4y^3z^2$, x tiene *grado* 4, y y tiene *grado* 3 y z tiene *grado* 2.

[2] El término $2x^4y^3z^2$ en su totalidad tiene *grado* $4 + 3 + 2 = 9$.

[3] La ecuación $x^3 = 3x^2 + x$ es una ecuación de tercer *grado*.

[4] Un ángulo agudo es un ángulo que mide menos de 90°.

gráfica circular manera de mostrar datos estadísticos, en la cual se divide un círculo en "rebanadas" o sectores de tamaño proporcional *ver 4•2 Presenta los datos*

Ejemplo:

COLOR PRIMARIO FAVORITO

gráfica cuantitativa gráfica que, a diferencia de la cualitativa, tiene números específicos

gráfica de barras manera de mostrar datos usando barras horizontales o verticales *ver 4•2 Presenta los datos*

gráfica de barras dobles gráfica que usa pares de barras horizontales o verticales para mostrar la relación entre los datos *ver 4•2 Presenta los datos*

Ejemplo:

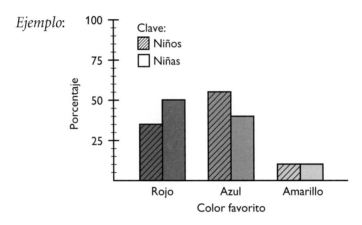

gráfica de barras simples forma de mostrar datos relacionados y la cual usa una barra horizontal o vertical para representar cada elemento *ver 4•2 Presenta los datos*

gráfica de coordenadas representación de puntos en el espacio en relación con rectas de referencia; por lo general, un eje *x* horizontal y un eje *y* vertical *ver coordenadas, 6•6 Grafica en el plano de coordenadas*

gráfica de distancia gráfica de coordenadas que muestra la distancia desde un punto específico como una función del tiempo

gráfica de distancia total gráfica de coordenadas que muestra la distancia cumulativa recorrida como una función del tiempo

gráfica de frecuencias gráfica que muestra las similitudes entre resultados; facilita la interpretación de lo que es un resultado típico y un resultado poco común *ver 4•2 Presenta los datos*

gráfica de líneas punteadas tipo de gráfica lineal que se usa para mostrar cambio durante un período de tiempo *ver 4•2 Presenta los datos*

Ejemplo:

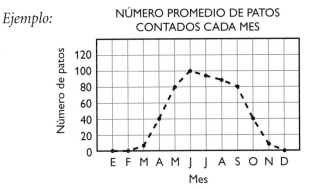

NÚMERO PROMEDIO DE PATOS CONTADOS CADA MES

gráfica de rapidez-tiempo gráfica que se usa para mostrar cómo cambia la velocidad de un cuerpo durante un período de tiempo

gráfica lineal presentación visual gráfica para mostrar cambio a lo largo del tiempo *ver 4•2 Presenta los datos*

Ejemplo: TEMPERATURA DE PACIENTES 5/26

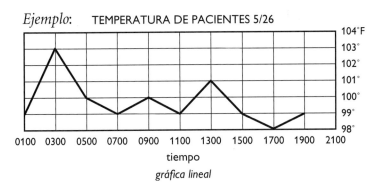

gráfica lineal

gráfica de trazos gráfica que indica la sucesión de resultados. La *gráfica de trazos* ayuda a resaltar las diferencias entre resultados individuales y además provee una representación visual del concepto de aleatoriedad

Ejemplo: Resultados de lanzar una moneda
C = cara   S = sello

C	C	S	C	S	S	S

una *gráfica de trazos*

gráficas cualitativas gráfica que contiene palabras que describen tendencias generales de ganancias, ingresos y costos durante un período de tiempo. No tiene números específicos.

gramo unidad métrica de medida que se usa para medir la masa *ver 8•3 Área, volumen y capacidad*

heptágono polígono de siete lados

Ejemplo:

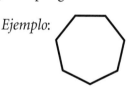

un *heptágono*

hexaedro poliedro con seis caras

Ejemplo:

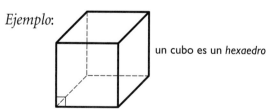

un cubo es un *hexaedro*

hexágono polígono de seis lados

Ejemplo:

un *hexágono*

hilera lista horizontal de números o términos. En una hoja de cálculos, todos los nombres de las celdas en una *hilera* terminan con el mismo número, en (A3, B3, C3, D3 . . .) *ver 9•4 Hojas de cálculos*

hipotenusa el lado de un triángulo rectángulo, opuesto al ángulo recto *ver 7•1 Nombra y clasifica ángulos y triángulos*

Ejemplo:

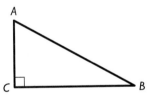

el lado $\overline{AB}$ la *hipotenusa* de este triángulo rectángulo

histograma gráfica que presenta los datos estadísticos mediante rectángulos de áreas de tamaño proporcional *ver 4•2 Presenta los datos*

hojas el dígito de las unidades de un artículo de datos numéricos entre 1 y 99

hoja de cálculos herramienta de computación donde la información se organiza en celdas dentro de una cuadrícula y se realizan cálculos dentro de esas celdas. Cuando se cambia una celda, todas las que dependen de ella cambian automáticamente *ver 9•4 Hojas de cálculos*

horizontal línea o plano nivelado y llano

huella profundidad horizontal del escalón de una escalera

igualmente improbable describe resultados y eventos con la misma posibilidad de no ocurrir
ver 4•6 Probabilidad

imparcial describe una situación en la cual la probabilidad teórica de cada resultado es idéntica *ver 4•6 Probabilidad*

inclinación manera de describir el grado de declive (o pendiente) de una rampa, colina, recta, y así sucesivamente

ingreso cantidad de dinero que se recibe por trabajo, servicio o venta de bienes o propiedades

injusto cuando la probabilidad de cada resultado no es igual

intersecar [1] cortar una recta, curva o superficie por otra recta, curva o superficie; [2] el punto en que una recta o curva atraviesa un eje dado

intersección conjunto de elementos que pertenecen a dos conjuntos cuando se sobreponen los conjuntos
ver 5•3 Conjuntos

Ejemplo:

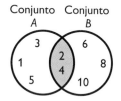

Conjunto A   Conjunto B

el área sombreada es la *intersección* del conjunto A (números 1 al 5) y del conjunto B (números pares hasta el 10)

intersección x punto donde una recta o curva atraviesa el eje *x*

intersección y punto donde una recta o curva atraviesa el eje *y*

inverso aditivo número que cuando se suma a un número dado resulta en una suma de cero

Ejemplo: $(+3) + (-3) = 0$
(-3) es el *inverso aditivo* de 3

inverso multiplicativo cuando un número se multiplica por su inverso multiplicativo el resultado es 1; lo mismo que el recíproco

$$Ejemplo: \quad 10 \times \frac{1}{10} = 1$$
$\frac{1}{10}$ es el *inverso multiplicativo* de 10

lado segmento de recta que forma un ángulo o que une los vértices de un polígono *ver 7•4 Perímetro*

ley de los números grandes cuando repites un experimento un gran número de veces, te acercas cada vez más a cómo "deberían" ser las cosas teóricamente. Por ejemplo, cuando lanzas un dado repetidamente, la proporción de sacar "1" se acercará cada vez más a $\frac{1}{6}$ (que es la proporción teórica del número "1" en un montón de lanzamientos de un dado).

línea de probabilidad línea que se usa para ordenar eventos desde el menos probable hasta el más probable de que ocurra *ver 4•6 Probabilidad*

litro unidad métrica básica de capacidad *ver 8•3 Área, volumen y capacidad*

lógica principios matemáticos que usan teoremas ya existentes para probar nuevos principios *ver Capítulo 5 La lógica*

longitud o largo medida de distancia de un cuerpo de extremo a extremo *ver 8•2 Longitud y distancia*

marcas de conteo marcas que se hacen para llevar la cuenta de cierto número de objetos. Por ejemplo, ⅢⅠ /// = 8

PALABRAS IMPORTANTES

máximo común divisor (MCD) el número mayor que es factor de dos o más números *ver 1•4 Factores y múltiplos*

> *Ejemplo:*   30, 60, 75
> el *máximo común divisor* es 15

media el cociente que se obtiene cuando la suma de los números de un conjunto de datos se divide entre el número de sumandos *ver promedio, 4•4 Estadísticas*

> *Ejemplo:*   la *media* de 3, 4, 7 y 10 es
> $(3 + 4 + 7 + 10) \div 4 = 6$

mediana el número central de un conjunto de números ordenados *ver 4•4 Estadísticas*

> *Ejemplo:*   1, 3, 9, 16, 22, 25, 27
> 16 es la *mediana*

medida estándar medidas que se usan comúnmente; por ejemplo el metro para medir la longitud, el kilogramo para medir la masa y el segundo para medir el tiempo *ver Capítulo 8 La medición*

medida lineal medida de la distancia entre dos puntos en una recta

mejor posibilidad en un conjunto de valores, el evento con más oportunidad de ocurrir *ver 4•6 Probabilidad*

metro unidad básica de longitud del sistema métrico

metro cuadrado unidad que se usa para medir el tamaño de una superficie; equivale a un cuadrado que mide un metro de lado *ver 8•3 Área, volumen y capacidad*

metro cúbico cantidad que contiene un cubo cuyas aristas miden 1 metro de largo *ver 7•7 Volumen*

mínimo común denominador (mcd) el menor múltiplo común de los denominadores de dos o más fracciones *ver 2•3 Suma y resta fracciones*

> *Ejemplo:*   12 es el *mínimo común denominador*
> de $\frac{1}{3}$, $\frac{2}{4}$, y $\frac{3}{6}$

mínimo común múltiplo (mcm) el menor de los múltiplos comunes no nulos de dos o más números enteros *ver 1•4 Factores y múltiplos , 2•3 Suma y resta fracciones*

Ejemplo: el *mínimo común múltiplo* de 3, 9 y 12 es 36

moda el número o elemento que aparece con más frecuencia en un conjunto de datos *ver 4•4 Estadísticas*

Ejemplo: 1, 1, 1, 2, 2, 3, 5, 5, 6, 6, 6, 6, 8
            6 es la *moda*

modelo de crecimiento descripción de la manera en que cambia la información con el tiempo

monomio expresión algebraica que consta de un solo término, $5x3y$, xy y $2y$ son tres *monomios*

muestra subconjunto finito de una población que se usa para el análisis estadístico *ver 4•6 Probabilidad*

muestra aleatoria muestra que se elige de una población de tal manera que cada miembro tiene la misma probabilidad de ser escogido *ver 4•1 Recopila datos*

muestra aleatoria estratificada serie de muestras aleatorias, en que cada muestra se elige de una parte específica de la población. Por ejemplo, una muestra en dos partes podría requerir la elección de muestras separadas entre hombres y mujeres

muestra con reemplazo muestra que se escoge de modo que cada elemento tenga la posibilidad de ser elegido más de una vez *ver 4•6 Probabilidad*

Ejemplo: Se saca una carta de una baraja, se devuelve al mazo y se saca una segunda carta. Como la carta que se sacó primero se devuelve al mazo, el número de cartas se mantiene constante.

muestra de conveniencia muestra que se obtiene al encuestar a personas en la calle, en un centro comercial o de otra manera conveniente, en lugar de usar muestras aleatorias *ver 4•1 Recopila datos*

PALABRAS IMPORTANTES

múltiplo el producto de un número dado y un entero
ver *1•4 Factores y múltiplos.*

> *Ejemplo:* 8 es un *múltiplo* de 4
> 3.6 es un *múltiplo* de 1.2

no colineal que no se halla en la
misma recta

no coplanar que no se halla en el mismo plano

nonágono polígono de nueve lados

> *Ejemplo:*

un *nonágono*

notación científica sistema para escribir números, en el cual se
usan exponentes y potencias de 10. Un número en
notación científica se escribe como un número entre 1 y
10 multiplicado por una potencia de diez.

> *Ejemplos:* $9{,}572 = 9.572 \times 10^{3}$ y $0.00042 = 4.2 \times 10^{4}$

notación desarrollada método para escribir un número, el
cual resalta el valor de cada dígito ver *1•1 Valor de posición
de números enteros*

> *Ejemplo:* $867 = 800 + 60 + 7$

numerador número de la parte superior de una fracción. En la
fracción $\frac{a}{b}$, *a* es el *numerador* ver *2•1 Fracciones y
fracciones equivalentes*

números arábicos (o números indo-arábicos) símbolos
numéricos que usamos hoy en día $\{0, 1, 2, 3, 4, 5, 6, 7, 8, 9\}$

números romanos sistema de numeración que consta de
símbolos I (1), V (5), X (10), L (50), C (100), D (500) y M
(1,000). Cuando un símbolo de igual o de mayor valor
precede un símbolo romano, los valores del símbolo se
suman (XVI = 16). Cuando un símbolo de menor valor
precede un símbolo romano, los valores se restan (IV = 4).

número al cuadrado *ver página 63*

Ejemplo: 1, 4, 9, 16, 25, 36

número compuesto número divisible exactamente entre por lo menos otro número entero diferente de sí mismo y 1 *ver 1•4 Factores y múltiplos*

número con signo número que es precedido por un signo positivo o negativo *ver 1•5 Operaciones con enteros*

número de crecimiento de la multiplicación número que cuando se multiplica por un número dado cierto número de veces resulta en un número meta dado

Ejemplo: Haz crecer 10 hasta 40 en dos pasos multiplicándolo
($10 \times 2 \times 2 = 40$)
2 es el *número de crecimiento de la multiplicación*

número mixto número compuesto por un número entero y una fracción *ver 2•3 Suma y resta fracciones*

Ejemplo: $5\frac{1}{4}$

número par cualquier número entero que es múltiplo de 2 {0, 2, 4, 6, 8, 10, 12, . . .}

número perfecto entero que equivale a la suma de todos sus divisores positivos enteros, excepto el número mismo

Ejemplo: $1 \times 2 \times 3 = 6$ y $1 + 2 + 3 = 6$
6 es un *número perfecto*

número primo número entero mayor a 1 cuyos únicos factores son 1 y sí mismo *ver 1•4 Factores y múltiplos*

Ejemplos: 2, 3, 5, 7, 11

números de contar conjunto de números que se usan para contar objetos; por consiguiente, sólo los números enteros y positivos {1, 2, 3, 4. . .} *ver enteros positivos*

números de Fibonacci *ver página 61*

números de Lucas *ver página 62*

números enteros conjunto de números de contar, más el cero

> *Ejemplo:* 0, 1, 2, 3, 4, 5

números impares conjunto de todos los enteros que no son múltiplos del 2

números irracionales conjunto de números que no se pueden expresar como números finitos o decimales periódicos

> *Ejemplos:* $\sqrt{2}$ (1.414214...) y π (3.141592...) son *números irracionales*

números negativos conjunto de todos los números reales menores que cero

> *Ejemplos:* -1, -1.36, $-\sqrt{2}$, $-\pi$

números positivos conjunto de todos los números mayores que cero

> *Ejemplos:* 1, 1.36, $\sqrt{2}$, π

números racionales conjunto de números que se pueden escribir en la forma $\frac{a}{b}$, donde a y b son enteros y b no es igual a cero

> *Ejemplos:* $1 = \frac{1}{1}$, $\frac{2}{9}$, $3\frac{2}{7} = \frac{23}{7}$, $-.333 = -\frac{1}{3}$

números reales conjunto que consta de cero, todos los números positivos y todos los números negativos. Los *números reales* incluyen todos los números racionales e irracionales.

números triangulares *ver página 63*

octágono polígono de ocho lados

> *Ejemplo:*

un *octágono*

operaciones funciones aritméticas que se realizan con números, matrices o vectores

operaciones inversas operaciones que se anulan entre sí

> *Ejemplos:* La adición y la sustracción son operaciones inversas: $5 + 4 = 9$ y $9 - 4 = 5$.
> Sumar 4 es el inverso de restar 4.
> La multiplicación y la división son operaciones inversas: $5 \times 4 = 20$ y $20 \div 4 = 5$.
> Multiplicar por 4 es el inverso de dividir entre 4.

orden en una muestra estadística, la posición en una lista de datos con base en algún criterio

orden de las operaciones para resolver una ecuación, sigue estos cuatro pasos: 1) realiza primero todas las operaciones dentro de paréntesis; 2) reduce todos los números con exponentes; 3) multiplica y divide en orden de izquierda a derecha; 4) suma y resta en orden de izquierda a derecha *ver 1•3 El orden de las operaciones*

ordenar organizar los datos de una muestra estadística con base en algún criterio, como por ejemplo, en orden numérico ascendente o descendente *ver 4•4 Estadística*

origen el punto $(0, 0)$ en una gráfica de coordenadas, donde se intersecan el eje x y el eje y

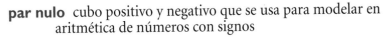

par de factores dos números únicos multiplicados entre sí, que resultan en un producto, como $2 \times 3 = 6$ *ver 1•4 Factores y múltiplos*

par nulo cubo positivo y negativo que se usa para modelar en aritmética de números con signos

par ordenado dos números que indican la coordenada x y la coordenada y de un punto *ver 6•6 Grafica en el plano de coordenadas*

Ejemplo: las coordenadas (3, 4) forman un *par ordenado.* La coordenada x es 3 y la coordenada y es 4.

paralela(o) rectas o planos que permanecen a una distancia constante uno del otro, nunca se intersecan y se representan con el símbolo ‖

Ejemplo:

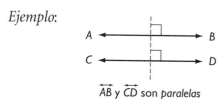

$\overleftrightarrow{AB}$ y $\overleftrightarrow{CD}$ son *paralelas*

paralelogramo cuadrilátero con dos pares de lados paralelos *ver 7•2 Nombra y clasifica polígonos y poliedros*

Ejemplo:

$\overline{AB} \parallel \overline{CD}$
$\overline{AC} \parallel \overline{BD}$

un *paralelogramo*

paréntesis símbolos que se usan para encerrar, (), los cuales indican que los términos entre ellos son una unidad; por ejemplo, $(2 + 4) \div 2 = 3$

patrón diseño regular que se repite o una sucesión de formas o números *ver Patrones, páginas 61–63*

PEMDSR (PEMDAS) acrónimo para recordar el orden de las operaciones: 1) realiza primero todas las operaciones en **p**aréntesis; 2) reduce todos los números con **e**xponentes; 3) **m**ultiplica y **d**ivide en orden de izquierda a derecha; 4) **s**uma y **r**esta en orden de izquierda a derecha *ver 1•3 El orden de las operaciones*

pendiente [1] manera de describir el grado de inclinación de una recta, rampa, colina, etc.; [2] la razón de la elevación (cambio vertical) a la carrera (cambio horizontal)

pentágono polígono que tiene cinco lados

Ejemplo:

un *pentágono*

pérdida cantidad de dinero que se pierde

perímetro distancia alrededor del exterior de una figura cerrada
ver 7•4 Perímetro

Ejemplo:

AB + BC + CD + DA = *perímetro*

permutación un arreglo posible de un grupo de cosas. El número de arreglos de *n* cosas se expresa con el término *n*!
ver factoriales, 4•5 Combinaciones y permutaciones

perpendicular dos rectas o planos que se intersecan para formar un ángulo recto

Ejemplo:

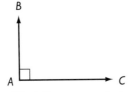

$\overline{AB}$ y $\overline{AC}$ son *perpendiculares*

pi razón de la circunferencia de un círculo a su diámetro. *Pi* se escribe con el símbolo π, y es aproximadamente igual a 3.14 ver 7•8 Círculos

pictograma gráfica que usa láminas o símbolos para representar números

pie cuadrado unidad que se usa para medir el tamaño de una superficie; equivale a un cuadrado que mide un pie de lado ver 8•3 Área, volumen y capacidad

pie cúbico   cantidad que contiene un cubo cuyas aristas miden 1 pie de largo   *ver 7•7 Volumen*

pirámide   sólido con base poligonal y caras triangulares que se encuentran en un vértice común   *ver 7•2 Nombra y clasifica polígonos y poliedros*

Ejemplos:

pirámides

pirámide cuadrada   pirámide con una base cuadrada

población   conjunto universal de donde se eligen los datos estadísticos

poliedro   sólido que tiene cuatro o más caras planas   *ver 7•2 Nombra y clasifica polígonos y poliedros*

Ejemplos:

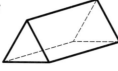

poliedros

polígono   figura plana cerrada simple, cuyos lados constan de tres o más segmentos de recta   *ver 7•2 Nombra y clasifica polígonos y poliedros*

Ejemplos:

polígonos

polígono cóncavo   polígono que tiene un ángulo interior mayor que 180°

Ejemplo:

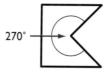

270°

un *polígono cóncavo*

polígono convexo polígono sin ningún ángulo interior mayor que 180° *ver 7•2 Nombra y clasifica polígonos y poliedros*

Ejemplo:

un hexágono rectangular es un *polígono convexo*

polígono regular polígono con todos los lados y todos los ángulos iguales

porcentaje número expresado con relación a 100, se representa con el símbolo % *ver 2•7 El significado de porcentaje*

Ejemplo: 76 de 100 alumnos usan computadoras
76 *por ciento* de los alumnos usan computadoras

porcentaje de la pendiente razón del cambio vertical al cambio horizontal de una colina, rampa o declive escrita como porcentaje

Ejemplo:

porcentaje de la pendiente = 75% ($\frac{6}{8}$)

posibilidad probabilidad de que ocurra un evento, generalmente se expresa en forma de fracción, decimal, porcentaje o razón *ver 2•9 Fracciones, decimales y relaciones porcentuales, 4•6 Probabilidad, 6•4 Razones y proporciones*

posibilidad oportunidad de que ocurra un resultado *ver 4•6 Probabilidad*

potencia se representa con el exponente *n* y al cual se eleva un número multiplicándolo por sí mismo *n* veces *ver 3•1 Potencias y exponentes*

Ejemplo: 7 se eleva a la cuarta *potencia*
$7^4 = 7 \times 7 \times 7 \times 7 = 2,401$

precio cantidad de dinero o bienes que se exigen o que se entregan a cambio de algo más

precisión grado de exactitud de un número. Por ejemplo, un número como 62.42812 se puede redondear a tres puntos decimales (62.428), a dos puntos decimales (62.43), a un punto decimal (62.4) o al número entero más cercano (62). La primera aproximación es más precisa que la segunda, la segunda es más precisa que la tercera y así sucesivamente. *ver 2•5 Nombra y ordena decimales, 8•1 Sistemas de medidas*

predecir anticipar una tendencia mediante el estudio de datos estadísticos *ver tendencias*

preguntas qué tal si preguntas que se hacen para formular, guiar o extender un problema

presupuesto plan de gastos que se basa en un estimado de ingresos y gastos. *ver 9•4 Hojas de cálculos*

prisma sólido con dos caras poligonales paralelas congruentes (llamadas bases) *ver 7•2 Nombra y clasifica polígonos y poliedros*

Ejemplos:

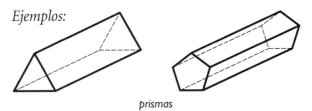

prismas

prisma hexagonal prisma con dos bases hexagonales y seis lados rectangulares

Ejemplo:

un *prisma hexagonal*

prisma octagonal prima con dos bases octagonales y ocho caras rectangulares

Ejemplo:

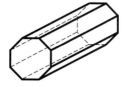

un *prisma octagonal*

prisma rectangular prisma cuyas bases y sus cuatro caras son rectangulares *ver 7•2 Nombra y clasifica polígonos y poliedros*

prisma triangular prisma con dos bases triangulares y tres lados rectangulares *ver prisma*

probabilidad estudio de la posibilidad u oportunidad que describe las posibilidades de que ocurra un evento *ver 4•6 Probabilidad*

probabilidad de eventos posibilidad de que ocurra un evento

probabilidad experimental razón que compara el número total de veces que ocurrió un evento favorable al número total de veces que se realizó el experimento *ver 4•6 Probabilidad*

probabilidad teórica la razón del número de resultados favorables al número total de resultados posibles *ver 4•6 Probabilidad*

probabilidades a favor razón del número de resultados favorables al número de resultados desfavorables *ver 4•6 Probabilidad*

probabilidades desiguales que tienen diferentes posibilidades de ocurrir. Dos eventos tienen *probabilidades desiguales* si una es más propensa a ocurrir que la otra

probabilidades en contra razón del número de resultados desfavorables al número de resultados favorables *ver 4•6 Probabilidad*

PALABRAS IMPORTANTES

producto resultado que se obtiene de multiplicar dos números o variables

producto cruzado método que se usa para resolver proporciones y probar la igualdad de razones: $\frac{a}{b} = \frac{c}{d}$ si $ad = bc$ *ver 6•4 Razones y proporciones*

promedio suma de un conjunto de valores dividida entre el número de valores *ver 4•4 Estadísticas*

> *Ejemplo:* el *promedio* de 3, 4, 7 y 10 es
> $(3 + 4 + 7 + 10) \div 4 = 6$

promedio ponderado promedio estadístico en que cada elemento en la muestra tiene cierta importancia relativa, o peso. Por ejemplo, para calcular el porcentaje promedio exacto de personas con carro en tres pueblos con distintos números de habitantes, el porcentaje del pueblo más grande tendría que ser *ponderado.*

pronosticar anticipar una tendencia, basándose en datos estadísticos *ver 4•3 Analiza los datos*

propiedad aditiva regla matemática que establece que si el mismo número se suma a cada lado de una ecuación, la expresión no se altera

propiedad asociativa regla que establece que la suma o el producto de un conjunto de números no se altera, sea cual sea la manera de agruparlos *ver 1•2 Propiedades, 6•2 Reduce expresiones*

> *Ejemplo:* $(x + y) + z = x + (y + z)$
> $x \times (y \times z) = (x \times y) \times z$

propiedad conmutativa regla matemática que establece que para cualquier número x y y,
$x + y = y + x$ y
$x y = y x$
ver 1•2 Propiedades, 6•2 Reduce expresiones

propiedad distributiva de la multiplicación con respecto a la adición la multiplicación es *distributiva* con respecto a la suma.
Para cualquier número *x*, *y* y *z*,
$x(y + z) = xy + xz$
ver 1•2 Propiedades, 6•2 Reduce expresiones

proporción enunciado que indica la igualdad de dos razones *ver 6•4 Razones y proporciones*

proyección ortogonal la que siempre muestra tres vistas de un cuerpo: vista superior, vista lateral y vista frontal. Las vistas se proyectan en línea recta.

Ejemplo:

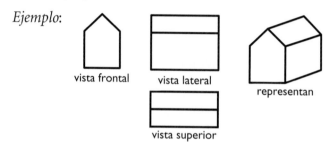

vista frontal vista lateral

representan

vista superior

proyectar (v.) extender un modelo numérico a un mayor o a un menor valor para poder estimar cantidades probables en una situación desconocida

pulgada cuadrada unidad que se usa para medir el tamaño de una superficie; equivale a un cuadrado que mide una pulgada de lado *ver 8•3 Área, volumen y capacidad*

pulgada cúbica cantidad que contiene un cubo cuyas aristas miden 1 pulgada de largo *ver 7•7 Volumen*

punto uno de los cuatro términos básicos en geometría; se usa para definir todos los otros términos. El *punto* carece de tamaño. *ver 6•6 Grafica en el plano de coordenadas*

punto de referencia dato o punto que se usa como referencia y del cual se pueden tomar medidas *ver 2•7 El significado de porcentaje*

punto medio punto que divide un segmento de recta en dos partes iguales

Ejemplo:

$$A \bullet\!\!\!\!\!\!\underset{\substack{M}}{\rule{3cm}{0.4pt}}\!\!\!\!\!\!\bullet B$$

AM = MB

M es el *punto medio* de $\overline{AB}$

radical indica la raíz de una cantidad
ver 3•2 Raíces cuadradas

Ejemplos: $\sqrt{3}, \sqrt[4]{14}, \sqrt[12]{-23}$

radio segmento de recta que se traza desde el centro de un círculo a cualquier punto de su circunferencia
ver 7•8 Círculos

raíz [1] inverso de un exponente; [2] el signo radical $\sqrt{}$ indica una raíz cuadrada *ver 3•2 Raíces cuadradas*

raíz cuadrada número que cuando se multiplica por sí mismo resulta en un número dado. Por ejemplo, 3 es la *raíz cuadrada* de 9 *ver 3•2 Raíces cuadradas*

Ejemplo: $3 \times 3 = 9; \sqrt{9} = 3$

raíz cúbica número que debe multiplicarse por sí mismo tres veces para producir un número dado

Ejemplo: $\sqrt[3]{8} = 2$

rango en estadística, la diferencia entre el valor más grande y el más pequeño en una muestra *ver 4•4 Estadística*

rapidez tasa a la que se mueve un cuerpo

rapidez promedio tasa promedio a la cual se mueve un cuerpo

rayo parte de una recta que se extiende infinitamente en una dirección desde un punto fijo *ver 7•1 Nombra y clasifica ángulos y triángulos*

Ejemplo: ────────▶
un *rayo*

razón comparación de dos números *ver 6•4 Razones y proporciones*

Ejemplo: la *razón* de consonantes a vocales en el abecedario inglés es 21:5

razón común razón entre dos términos consecutivos cualesquiera de una sucesión geométrica *ver sucesión geométrica*

razón de la pendiente la pendiente de una recta como una razón de la elevación (cambio vertical) a la carrera (cambio horizontal)

razones equivalentes razones iguales *ver 6•4 Razones y proporciones*

Ejemplo: $\frac{5}{4} = \frac{10}{8}$; 5:4 = 10:8

recíproco resultado de dividir una cantidad dada entre 1 *ver 2•4 Multiplica y divide fracciones*

Ejemplos: el *recíproco* de 2 es $\frac{1}{2}$; de $\frac{3}{4}$ es $\frac{4}{3}$; de x es $\frac{1}{x}$

recíproco enunciado condicional en que los términos se expresan en orden inverso *ver 5•1 Enunciados si...entonces*

Ejemplo: "si x, entonces y" es un enunciado condicional; "si y, entonces x" es un enunciado *recíproco*

recta conjunto de puntos conectados entre sí que se extiende indefinidamente en ambas direcciones *ver 7•1 Nombra y clasifica ángulos y triángulos*

recta numérica recta que muestra números en intervalos regulares, donde se puede encontrar cualquier número real *ver 6•5 Desigualdades*

Ejemplo:

una *recta numérica*

rectángulo paralelogramo con cuatro ángulos rectos
ver 7•2 Nombra y clasifica polígonos y poliedros

Ejemplo:

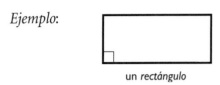

un *rectángulo*

red plano bidimensional que se puede doblar para formar el
modelo tridimensional de un sólido *ver 7•6 Área de
superficie*

Ejemplo:

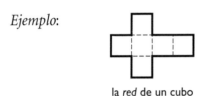

la *red* de un cubo

redondear aproximar el valor de un número a un lugar decimal
dado

Ejemplos: 2.56 redondeado en décimas es 2.6;
       2.54 redondeado en décimas es 2.5;
       365 redondeado en centenas es 400

reflejar darle vuelta a una figura *ver reflexión , 7•3 Simetría y
transformaciones*

Ejemplo:

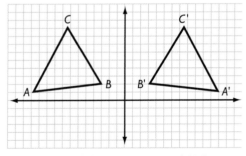

△A'B'C' es la *reflexión* de △ABC

reflexión *ver reflejar, 7•3 Simetría y transformaciones*

Ejemplo:

la *reflexión* de un trapecio

regla enunciado que describe la relación entre números y objetos

relación conexión entre dos o más objetos, números o conjuntos. Una *relación* matemática puede expresarse en palabras o con números y letras

resultado lo que es posible en un experimento probabilístico

rombo paralelogramo cuyos lados son todos de la misma longitud *ver 7•2 Nombra y clasifica polígonos y poliedros*

Ejemplo:

$AB = CD = AC = BD$

un *rombo*

rotación transformación en que una figura se hace girar cierto número de grados alrededor de un punto fijo o recta *ver giro, 7•3 Simetría y transformaciones*

Ejemplo:

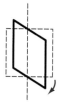

rotación de un cuadrado

sección cónica figura curva que resulta cuando un plano interseca una superficie cónica

Ejemplo:

esta elipse es una *sección cónica*

segmento dos puntos en una recta y todos los puntos entre estos dos puntos *ver 7•1 Nombra y clasifica ángulos y triángulos*

segmento de recta sección de una recta entre dos puntos *ver 7•1 Nombra y clasifica ángulos y triángulos*

Ejemplo:

A •———————• B

$\overline{AB}$ es un *segmento de recta*

semejanza *ver figuras semejantes*

serie *ver página 62*

signo radical el signo matemático $\sqrt{}$

símbolos de números símbolos que se usan para contar y medir

Ejemplos: $1, -\frac{1}{4}, 5, \sqrt{2}, -\pi$

simetría *ver eje de simetría*

Ejemplo:

este hexágono tiene *simetría* alrededor de la recta punteada

simulacro experimento matemático que aproxima los procesos del mundo real

sistema aditivo un sistema matemático en el cual los valores de cada símbolo individual se suman para calcular el valor de una sucesión de símbolos

Ejemplos: El sistema de numeración romana, el cual usa símbolos como I, V, D y M, es un sistema aditivo muy conocido

Este es otro ejemplo de un sistema aditivo:

▽▽☐

Si ☐ es igual a 1 y ▽ es igual a 7,

entonces ▽▽☐ es igual a 7 + 7 + 1 = 15

sistema binario sistema de numeración de base dos, en el cual las combinaciones de los dígitos 1 y 0 representan diferentes números y valores

sistema de base diez sistema de numeración que contiene diez símbolos de un solo dígito {0, 1, 2, 3, 4, 5, 6, 7, 8, y 9} donde el número 10 representa la cantidad diez
ver 1•1 Valor de posición de números enteros, 2•5 Nombra y ordena decimales

sistema de base dos sistema de numeración que contiene dos símbolos de un solo dígito {0 y 1} donde el número 10 representa la cantidad dos *ver Sistema binario*

sistema de numeración un método de escribir números. El *sistema de numeración* arábigo es el que más se usa en la actualidad.

sistema de valor de posición sistema numérico en que se asignan valores a los lugares que pueden ocupar los dígitos en un numeral. En el sistema decimal, el valor de cada posición es 10 veces mayor que el valor de la posición a su derecha. *ver 1•1 Valor de posición de números enteros*

sistema decimal sistema de numeración más utilizado en el cual los números enteros y las fracciones se representan mediante la base diez *ver 2•5 Nombra y ordena decimales*

Ejemplo: los números decimales incluyen 1230, 1.23, 0.23, y -123

sistema inglés de medidas unidades de medida que se usan en EE.UU. para medir la longitud en pulgadas, pies, yardas y millas; la capacidad en tazas, pintas, cuartos y galones; el peso en onzas, libras y toneladas; la temperatura en grados Fahrenheit *ver 8•1 Sistemas de medidas*

sistema métrico sistema decimal de pesos y medidas basado en el metro como su unidad de longitud, el kilogramo como su unidad de masa y el litro como su unidad de capacidad *ver 8•1 Sistemas de medidas*

sólido figura tridimensional

solución respuesta a un problema matemático. En álgebra, la *solución* generalmente consta de un valor o conjunto de valores para la variable

sucesión *ver página 62*

sucesión aritmética progresión matemática en la cual la diferencia entre cualquier par de números consecutivos en la sucesión es la misma *ver página 61*

> *Ejemplo:* 2, 6, 10, 14, 18, 22, 26
> la diferencia común de esta *sucesión aritmética* es 4

sucesión armónica ver página 61

sucesión geométrica sucesión en que la razón entre cualquier par de términos consecutivos es la misma *ver razón común y la página 61*

> *Ejemplo:* 1, 4, 16, 64, 256, . . .
> la razón común de esta *sucesión geométrica* es 4

suma resultado de la adición de dos números o cantidades

> *Ejemplo:* 6 + 4 = 10
> 10 es la *suma* de los sumandos, 6 y 4

tabla colección organizada de datos que facilita su interpretación *ver 4•2 Presenta los datos*

tallo dígito de las decenas de un elemento de datos numéricos entre 1 y 99 *ver 4•2 Presenta los datos*

tamaño a escala tamaño proporcional de una representación reducida o ampliada de un objeto o área *ver 8•6 Tamaño y escala*

tamaño real el tamaño verdadero de un objeto representado en un modelo o dibujo a escala *ver 8•6 Tamaño y escala*

tasa [1] razón fija entre dos cosas; [2] comparación de dos tipos de unidades diferentes, como por ejemplo, millas por hora o dólares por hora *ver 6•4 Razones y proporciones*

tasa unitaria tasa en términos reducidos

Ejemplo: 120 millas en dos horas equivale a una *tasa unitaria* de 60 millas por hora

tendencia cambio consistente a lo largo del tiempo en los datos estadísticos que representan una población en particular

teorema de Pitágoras idea matemática que establece que la suma de los cuadrados de las longitudes de los dos catetos más cortos de un triángulo rectángulo es igual al cuadrado de la longitud de la hipotenusa

Ejemplo:

en un triángulo rectángulo, $a^2 + b^2 = c^2$

término producto de números y variables; x, ax^2, $2x^4y^2$; y $-4ab$
son cuatro ejemplos de un *término*

términos semejantes términos que contienen las mismas
variables elevadas a la misma potencia. Los *términos
semejantes* se pueden combinar *ver 6•2 Reduce expresiones*

Ejemplo: $5x^2$ y $6x^2$ son términos semejantes; $3xy$ y $3zy$ no
son términos semejantes

teselado *ver página 63*

Ejemplo:

teselados

teselar cubrir completamente un plano con figuras geométricas
ver teselado página 63

tetraedro sólido geométrico que tiene cuatro caras triangulares
ver 7•2 Nombra y clasifica polígonos y poliedros

Ejemplo:

un *tetraedro*

tiempo en matemáticas, los elementos de duración, se
representan por lo general con la variable t *ver 8•5 Tiempo*

tiempo total duración de un evento, se representa con t en la
ecuación $t = d$ (distancia) / r (rapidez)

transformación proceso matemático que cambia la forma o
posición de una figura geométrica *ver reflexión, rotación,
traslación, 7•3 Simetría y transformaciones*

trapecio cuadrilátero con un solo par de lados paralelos
ver *7•2 Nombra y clasifica polígonos y poliedros*

Ejemplo:

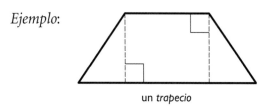

un *trapecio*

trapecio isósceles trapecio cuyo par de lados no paralelos tiene
la misma longitud

Ejemplos:

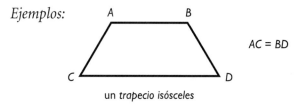

$AC = BD$

un *trapecio isósceles*

traslación transformación en que una figura geométrica se
desliza hacia otra posición sin rotarla o reflejarla
ver *deslizamiento, 7•3 Simetría y transformaciones*

triángulo polígono que tiene tres lados ver *7•1 Nombra y
clasifica ángulos y triángulos*

triángulo acutángulo triángulo con tres ángulos que miden
menos de 90° ver *7•1 Nombra y clasifica ángulos y
triángulos*

Ejemplo:

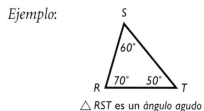

△ *RST* es un *ángulo agudo*

triángulo equiángulo triángulo en que cada ángulo mide 60°
ver *Triángulo equilátero, 7•1 Nombra y clasifica ángulos y triángulos*

triángulo equilátero triángulo cuyos lados tienen la misma
longitud *ver Triángulo equiángulo, 7•1 Nombra y clasifica
ángulos y triángulos*

Ejemplo:

$AB = BC = AC$
$m\angle A = m\angle B = m\angle C = 60°$
△*ABC* es equilátero

triángulo escaleno triángulo cuyos lados tienen diferentes
longitudes

Ejemplo:

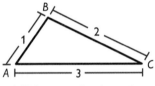

△*ABC* es un *triángulo escaleno*

triángulo isósceles triángulo que tiene por lo menos dos lados
de igual longitud *ver 7•1 Nombra y clasifica ángulos y
triángulos*

Ejemplos:

$AB = AC$

un *triángulo isósceles*

triángulo obtusángulo triángulo que tiene un ángulo obtuso
ver *7•1 Nombra y clasifica ángulos y triángulos*

Ejemplo:

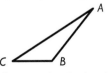

△*ABC* es un *triángulo obtusángulo*

triángulo rectángulo triángulo con un ángulo recto *ver 7•1 Nombra y clasifica ángulos y triángulos*

Ejemplo:

△ABC es un *triángulo rectángulo*

tridimensional que tiene tres cualidades que se pueden medir: largo, alto y ancho

unidades de medida medidas estándares, como el metro, el litro, el gramo, el pie, el cuarto de galón o la libra *ver 8•1 Sistemas de medidas*

unidimensional que tiene una sola característica que se puede medir

Ejemplo: una recta y una curva son *unidimensionales*

unión conjunto formado por la combinación de miembros de dos o más conjuntos, se representa con el símbolo ∪. La *unión* contiene todos los miembros que antes pertenecían a ambos conjuntos. *Ver 5•3 Conjuntos*

Ejemplo:

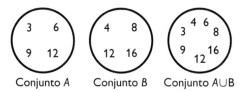

Conjunto A   Conjunto B   Conjunto A∪B

la *unión* de los conjuntos A y B

PALABRAS IMPORTANTES

valor absoluto distancia que un
número dista de cero en la recta
numérica *ver 1•5 Operaciones
con enteros*

Ejemplo:

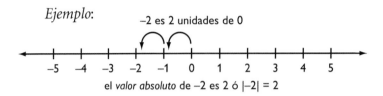

−2 es 2 unidades de 0

el *valor absoluto* de −2 es 2 ó |−2| = 2

valor de posición valor que se le da al lugar que puede ocupar
un dígito en un numeral *ver 1•1 Valor de posición de
números enteros*

valor máximo valor mayor de una función o de un conjunto de
números

valor mínimo valor menor de una función o conjunto de
números

variabilidad natural diferencia entre los resultados de un
número pequeño de experimentos y las probabilidades
teóricas

variable letra u otro símbolo que representa un número o
conjunto de números en una expresión o ecuación
ver 6•1 Escribe expresiones y ecuaciones

Ejemplo: en la ecuación $x + 2 = 7$, la variable es x

vertical recta perpendicular a una recta horizontal

Ejemplo:

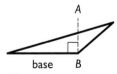

$\overline{AB}$ es *vertical* a la base
de este triángulo

vértice punto común de dos rayos de un ángulo, dos lados de un polígono o tres o más caras de un poliedro

Ejemplos:

vértice de
un ángulo

vértice de
un triángulo

vértice de un cubo

vértice de un teselado punto donde se unen tres o más figuras teseladas

Ejemplo:

vértice de teselado
(dentro del círculo)

volumen espacio que ocupa un sólido, el cual se mide en unidades cúbicas *ver 7•7 Volumen*

Ejemplo:

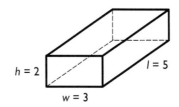

$h = 2$ $l = 5$

$w = 3$

el *volumen* de este prisma rectangular es 30 unidades cúbicas
$2 \times 3 \times 5 = 30$

Fórmulas

Área (*ver 7•5*)

círculo $A = \pi r^2$ (pi × cuadrado del radio)

cuadrado $A = s^2$ (lado al cuadrado)

paralelogramo $A = bh$ (base × altura)

rectángulo $A = lw$ (largo × ancho)

trapecio $A = \frac{1}{2} h (b_1 + b_2)$
$(\frac{1}{2}$ × altura × la suma de las bases)

triángulo $A = \frac{1}{2} bh$ ($\frac{1}{2}$ × base × altura)

Volumen (*ver 7•7*)

cilindro $V = \pi r^2 h$
(pi × cuadrado del radio × altura)

cono $V = \frac{1}{3}\pi r^2 h$
($\frac{1}{3}$ × pi × cuadrado del radio × altura)

esfera $V = \frac{4}{3} \pi r^3$ ($\frac{4}{3}$ × pi × cubo del radio)

pirámide $V = \frac{1}{3} Bh$ ($\frac{1}{3}$ × área de la base × altura)

prisma $V = Bh$ (área de la base × altura)

prisma rectangular $V = lwh$ (largo × ancho × alto)

Perímetro (*ver 7•4*)

cuadrado $P = 4s$ (4 × lado)

paralelogramo $P = 2a + 2b$ (2 × lado a + 2 × lado b)

rectángulo $P = 2l + 2w$ (dos veces el largo + dos veces el ancho)

triángulo $P = a + b + c$ (lado a + lado b + lado c)

Circunferencia (*ver 7•8*)

círculo $C = \pi d$ (pi × diámetro)
o
$C = 2\pi r$ (2 × pi × radio)

Fórmulas

Probabilidad (*ver 4•6*)

La *probabilidad experimental* de un evento es igual al número total de veces que ocurre un resultado favorable, dividido entre el número total de veces que se realiza el experimento.

$$\frac{probabilidad}{experimental} = \frac{resultados\ favorables\ que\ ocurren}{n\acute{u}mero\ total\ de\ veces\ que\ se\ realiza\ el\ experimento}$$

La *probabilidad teórica* de un evento es igual al número de veces que ocurre un resultado favorable, dividido entre el número total de resultados posibles.

$$\frac{probabilidad}{te\acute{o}rica} = \frac{resultados\ favorables}{resultados\ posibles}$$

Otros

distancia $d = rt$ (tasa $\times$ tiempo)

interés $i = prt$ (capital $\times$ tasa $\times$ tiempo)

UIG   Utilidad = Ingreso − Gastos

Símbolos

{ }   conjunto

∅   conjunto vacío

⊆   es un subconjunto de

∪   unión

∩   intersección

>   es mayor que

<   es menor que

≥   es mayor que o igual a

≤   es menor que o igual a

=   es igual a

≠   no es igual a

°   grado

%   porcentaje

$f(n)$ función, f de n

$a{:}b$ razón de a a b, $\frac{a}{b}$

$|a|$ valor absoluto de a

$P(E)$ probabilidad de un evento E

π   pi

⊥   es perpendicular a

∥   es paralelo a

≅   es congruente a

∼   es semejante a

≈   es aproximadamente igual a

∠   ángulo

∟   ángulo recto

△   triángulo

AB segmento AB

$\overrightarrow{AB}$ rayo AB

$\overleftrightarrow{AB}$ recta AB

$\triangle ABC$ triángulo ABC

$\angle ABC$ ángulo ABC

$m\angle ABC$ medida del ángulo ABC

AB or mAB longitud del segmento AB

$\overarc{AB}$ arco AB

!   factorial

$_nP_r$ permutaciones de n cosas tomadas r a la vez

$_nC_r$ combinación de n cosas tomadas r a la vez

√   raíz cuadrada

$\sqrt[3]{}$ raíz cúbica

'   pie

"   pulgada

÷   dividir

/   división

*   multiplicación

×   multiplicación

·   multiplicación

+   suma

−   resta

Patrones

cuadrado mágico arreglo de cuadrados de distintos
números en que todas las hileras, las columnas y las
diagonales suman lo mismo

Ejemplo:

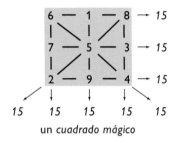

un *cuadrado mágico*

espiral plano curvo formado por un punto que se mueve
alrededor de un punto fijo y que aumenta o disminuye
continuamente su distancia de éste

Ejemplo:

La forma de la concha de un caracol es un *espiral.*

números cuadrados sucesión de números que se puede
representar con puntos ordenados en forma de cuadrado.
Puede expresarse como x^2. La sucesión comienza por 1, 4,
9, 16, 25, 36, 49, . . .

Ejemplo:

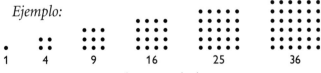

números cuadrados

números de Fibonacci sucesión en que cada número es la
suma de los dos números anteriores. Puede expresarse

como $x_n = x_{n-2} + x_{n-1}$. La sucesión comienza: 1, 1, 2, 3, 5, 8, 13, 21, 34, 55, . . .

Ejemplo:

1, 1, 2, 3, 5, 8, 13, 21, 34, 55 ...
1 + 1 = 2
1 + 2 = 3
2 + 3 = 5
3 + 5 = 8

números de Lucas sucesión en que cada número es la suma de los dos números anteriores. Se puede expresar como $x_n = x_{n-2} + x_{n-1}$

La sucesión comienza: 1, 3, 4, 7, 11, 18, 29, 47, . . .

números triangulares sucesión de números que se puede representar con puntos ordenados en forma de triángulo. Cualquier número en la sucesión puede expresarse como $x_n = x_{n-1} + n$. La sucesión comienza con 1, 3, 6, 10, 15, 21, . . .

Ejemplo:

números triangulares

serie suma de los términos de una sucesión

sucesión conjunto de elementos, especialmente números, que se organizan según alguna regla

sucesión aritmética sucesión de números o términos que tienen una diferencia común entre cualquier término y el siguiente en la sucesión. En la siguiente sucesión, la diferencia común es siete, de modo que $8 - 1 = 7$; $15 - 8 = 7$; $22 - 15 = 7$ y así sucesivamente.

Ejemplo: 1, 8, 15, 22, 29, 36, 43, . . .

sucesión armónica   una progresión $a_1, a_2, a_3, \ldots$ para la cual el recíproco de los términos, $\frac{1}{a_1}, \frac{1}{a_2}, \frac{1}{a_3}, \ldots$, forman una sucesión aritmética. Por ejemplo, en la mayoría de los tonos musicales, las frecuencias de las ondas sonoras son múltiplos enteros de la frecuencia fundamental.

sucesión geométrica   una sucesión de términos en que cada término es un múltiplo constante, llamado *razón común*, del que lo precede. Por ejemplo, en la naturaleza, la reproducción de muchos organismos unicelulares se representa con una progresión de células que se dividen y forman dos células, en una progresión de crecimiento de 1, 2, 4, 8, 16, 32, . . ., que es una sucesión geométrica con una razón común de 2.

teselado   patrón formado por polígonos que se repiten y llenan completamente un plano, sin dejar espacios vacíos

Ejemplo:

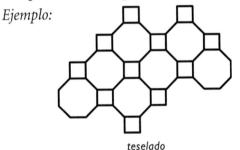

teselado

triángulo de Pascal   arreglo de números en forma piramidal. Blaise Pascal (1623–1662) desarrolló técnicas para aplicar este triángulo aritmético al patrón de probabilidades.

Ejemplo:

```
                1
              1   1
            1   2   1
          1   3   3   1
        1   4   6   4   1
      1   5   10  10  5   1
    1   6   15  20  15  6   1
```

Triángulo de Pascal

PATRONES

temas
de
actualidad

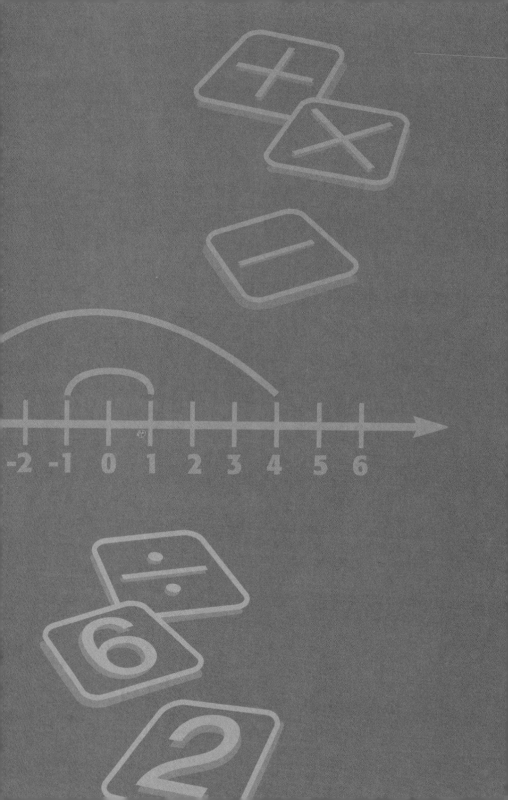

Números y cálculos

Puedes usar los siguientes problemas y la lista de palabras para averiguar lo que ya sabes sobre este capítulo. Las respuestas para los problemas se encuentran en el Solucionario, ubicado al final del libro y puedes consultar las definiciones de las palabras en la sección Palabras importantes ubicada al comienzo del libro. Puedes averiguar más acerca de un problema o palabra en particular al consultar el número de tema en negrilla (por ejemplo, 1•2).

Serie de problemas

Escribe el valor del 3 en cada número. **1•1**
1. 237,514
2. 736,154,987

3. Escribe 24,378, en notación desarrollada. **1•1**
4. Escribe en orden de mayor a menor: 56,418; 566,418; 5,618; 496,418 **1•1**
5. Redondea 52,564,764 en decenas, millares y millones. **1•1**

Resuelve. **1•2**
6. 258×0
7. $(5 \times 3) \times 1$
8. $3,589 + 0$
9. 0×1

Resuelve, mentalmente, si te es posible. **1•2**
10. $4 \times (31 + 69)$
11. $25 \times 16 \times 4$

Utiliza paréntesis para hacer verdadera cada expresión. **1•3**
12. $4 + 6 \times 5 = 50$
13. $10 + 14 \div 3 + 3 = 20$

¿Es un número primo? Escribe Sí o No. **1•4**
14. 99
15. 105
16. 106
17. 97

Escribe la factorización prima de cada uno. **1•4**
18. 33
19. 105
20. 180

Escribe el MCD de cada par. **1•4**
21. 15 y 30
22. 14 y 21
23. 18 y 120

Escribe el mcm de cada par. **1•4**
24. 3 y 15
25. 12 y 8
26. 16 y 40

27. ¿Cuál es el mínimo común múltiplo de 2, 3, y 16? **1•4**

Escribe el valor absoluto de cada entero.
Después escribe su opuesto. **1•5**

28. -6

29. 13

30. -15

31. 25

Suma o resta. **1•5**

32. $9 + (-3)$

33. $4 - 5$

34. $-9 + (-9)$

35. $3 - (-3)$

36. $-8 - (-8)$

37. $-6 + 8$

Calcula . **1•5**

38. $-4 \times (-7)$

39. $48 \div (-12)$

40. $-42 \div (-6)$

41. $(-4 \times 3) \times (-3)$

42. $3 \times [-6 + (-4)]$

43. $-5 [5 - (-7)]$

44. ¿Qué puedes decir acerca del producto de un entero negativo y un entero positivo? **1•5**

45. ¿Qué puedes decir acerca de la suma de dos enteros positivos? **1•5**

CAPÍTULO I

palabras **importantes**

	número compuesto **1•4**
	número negativo **1•5**
aproximación **1•1**	número primo **1•4**
entero negativo **1•5**	operación **1•3**
entero positivo **1•5**	PEMDSR (PEMDAS) **1•3**
factor **1•4**	propiedad asociativa **1•2**
factor común **1•4**	propiedad conmutativa **1•2**
factorización prima **1•4**	propiedad distributiva **1•2**
máximo común divisor **1•4**	redondear **1•1**
mínimo común múltiplo **1•4**	sistema numérico **1•1**
múltiplo **1•4**	valor absoluto **1•5**
notación desarrollada **1•1**	valor de posición **1•1**

1·1 Valor de posición de números enteros

Entiende nuestro sistema numérico

Debes saber que nuestro **sistema numérico** está basado en el número 10 y que el valor de cada posición es 10 veces la posición a su derecha. El valor de un dígito es el producto de ese dígito y su **valor de posición**. Por ejemplo, en el número 5,700, el 5 tiene un valor de cinco millares y el 7 tiene el valor de siete centenas.

El diagrama del *valor de posición* puede ayudarte a leer los números. En el diagrama, cada grupo de tres dígitos se llama *período*; las comas separan los períodos. El diagrama a continuación muestra el área de Asia, el continente más grande. El área es de aproximadamente 17,300,000 millas cuadradas; eso es casi el doble del tamaño de América del Norte.

PERÍODO DE TRILLONES			PERÍODO DE BILLONES			PERÍODO DE MILLONES			PERÍODO DE MILLARES			PERÍODO DE UNIDADES		
Centenas de trillón	Decenas de trillón	Unidades de trillón	Centenas de billón	Decenas de billón	Unidades de billón	Centenas de millón	Decenas de millón	Unidades de millón	Centenas de millar	Decenas de millar	Unidades de millar	Centenas	Decenas	Unidades
						1	7	3	0	0	0	0	0	0

Para leer un número muy grande piensa en los períodos. En cada coma, pronuncia el nombre del período.

17,300,000 se lee: diecisiete millones trescientos mil.

Practica tus conocimientos

Escribe el valor del 3 en cada número.

1. 14,038
2. 843,000,297

Escribe cada número en palabras.

3. 40,306,200
4. 14,030,500,000,000

1·1 VALOR DE POSICIÓN

Usa notación desarrollada

Para mostrar el valor de posición de los dígitos de un número, puedes escribir el número en **notación desarrollada.**

Puedes escribir 50,203 en notación desarrollada.

$$50,203 = 50,000 + 200 + 3$$

- Escribe las decenas de millar. ($5 \times 10,000$)
- Escribe los millares. ($0 \times 1,000$)
- Escribe las centenas. (2×100)
- Escribe las decenas. (0×10)
- Escribe las unidades. (3×1)

Por lo tanto, $50,203 = (5 \times 10,000) + (2 \times 100) + (3 \times 1)$.

Practica tus conocimientos
Usa la notación desarrollada para escribir cada número.
5. 83,046   6. 300,285

Compara y ordena números

Al comparar números, hay exactamente tres posibilidades: El primer número es mayor que el segundo ($2 > 1$); el segundo es mayor que el primero ($3 < 4$); o los dos son iguales ($6 = 6$). Cuando ordenas muchos números, debes compararlos de dos en dos.

CÓMO COMPARAR NÚMEROS

Compara 35,394 y 32,915.

- Ordena los dígitos comenzando con las unidades.

    35,394

    32,915

- Comenzando por la izquierda, observa los dígitos en orden. Encuentra la primera posición donde son diferentes.

    Los dígitos en la posición de los millares son diferentes.

- El número con el dígito mayor es el mayor.

$5 > 2$. Por lo tanto, 35,394 es mayor que 32,915.

Practica tus conocimientos

Escribe >, < o =.

7.   228,497 ☐ 238,006   8.   52,004 ☐ 51,888

Escribe en orden de menor a mayor.

9.   56,302; 52,617; 6,520; 526,000

Usa aproximaciones

En muchas ocasiones es apropiado usar una **aproximación**. Por ejemplo, es razonable redondear un número para expresar la población. Podrías decir que la población de un lugar es "más o menos de 60,000 habitantes", en vez de decir que es de "58,889 habitantes"

Usa esta regla para **redondear** números: Observa el dígito a la derecha de la posición que quieres redondear. Si el dígito es 5 ó mayor, redondea hacia arriba. Si es menor que 5, redondea hacia abajo.

Redondea 123,456 en centenas.

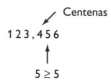

Por lo tanto 123,456 se redondea a 123,500.

Practica tus conocimientos

10.   Redondea 32,438 en centenas.

11.   Redondea 558,925 en decenas de millar.

12.   Redondea 2,479,500 en unidades de millón.

13.   Redondea 369,635 en centenas de millar.

1•1 EJERCICIOS

Escribe el valor del 4 en cada número.

1. 481,066   2. 628,014,257

Escribe cada número en palabras.

3. 22,607,400
4. 3,040,680,000,000

Usa notación desarrollada para escribir cada número.

5. 46,056
6. 4,800,325

Escribe >, < o =.

7. 436,252 ☐ 438,352   8. 85,106 ☐ 58,995

Escribe en orden de menor a mayor.

9. 38,388; 83,725; 18,652; 380,735

Redondea 48,463,522 a la posición indicada.

10. decenas
11. unidades de millar
12. centenas de millar
13. decenas de millón

Resuelve.

14. Durante el primer año, un juego de video logra $226,520,000 en ventas. Durante el segundo año, las ventas fueron de $239,195,200. ¿Fueron las ventas del juego mayores o menores el segundo año? ¿Cómo sabes?

15. Aproximadamente 2,000,000 de personas visitaron el acuario el año pasado. Si ese número se redondea en millones, ¿cuál es el mayor número de visitantes? ¿Cuál es el menor número de visitantes?

1·2 Propiedades

Propiedad conmutativa y asociativa

Las operaciones de adición y multiplicación comparten propiedades especiales, porque la multiplicación es la repetición de la suma.

Tanto la adición como la multiplicación son **conmutativas**. Es decir, el orden no altera la suma ni el producto. Si a y b son cualquier número entero, entonces

$5 + 3 = 3 + 5$ y $5 \times 3 = 3 \times 5$

$a + b = b + a$ y $a \times b = b \times a$

Tanto la adición como la multiplicación son **asociativas**. Esto quiere decir que la agrupación de los sumandos o los factores no altera la suma o el producto.

$(5 + 7) + 9 = 5 + (7 + 9)$ y $(3 \times 2) \times 4 = 3 \times (2 \times 4)$

$(a + b) + c = a + (b + c)$ y $(a \times b) \times c = a \times (b \times c)$

La sustracción y la división no comparten estas propiedades. Por ejemplo:

$6 - 3 = 3$, pero $3 - 6 = -3$; por lo tanto $6 - 3 \neq 3 - 6$

$6 \div 3 = 2$, pero $3 \div 6 = 0.5$; por lo tanto $6 \div 3 \neq 3 \div 6$

$(4 - 2) - 1 = 1$, pero $4 - (2 - 1) = 3$;
por lo tanto, $(4 - 2) - 1 \neq 4 - (2 - 1)$

$(4 \div 2) \div 2 = 1$, pero $4 \div (2 \div 2) = 4$;
por lo tanto, $(4 \div 2) \div 2 \neq 4 \div (2 \div 2)$

Practica tus conocimientos
Escribe Sí o No.

1. $3 \times 7 = 7 \times 3$
2. $10 - 5 = 5 - 10$
3. $(8 \div 2) \div 2 = 8 \div (2 \div 2)$
4. $4 + (5 + 6) = (4 + 5) + 6$

Propiedad del uno y el cero

Cuando sumas 0 a cualquier número, la suma es el mismo número que sumas. Esto se llama *propiedad del cero (o identidad) de la adición.*

$$32 + 0 = 32$$

Cuando multiplicas cualquier número por 1, el producto es el mismo número que multiplicas. Esto se llama *propiedad del uno (o identidad) de la multiplicación.*

$$32 \times 1 = 32$$

Sin embargo, el producto de cualquier número por 0 es 0. Esto se llama *propiedad del cero de la multiplicación.*

$$32 \times 0 = 0$$

Practica tus conocimientos

Resuelve.

5. $24{,}357 \times 1$
6. $99 + 0$
7. $6 \times (5 \times 0)$
8. $(3 \times 0.5) \times 1$

Propiedad distributiva

La **propiedad distributiva** es importante porque combina la adición y la multiplicación. Esta propiedad establece que multiplicar una suma por un número es lo mismo que multiplicar cada sumando por ese mismo número y luego sumar los dos productos.

$$3(8 + 2) = (3 \times 8) + (3 \times 2)$$

Si a, b y c son cualquier número entero, entonces

$$a \times (b + c) = (a \times b) + (a \times c)$$

Practica tus conocimientos

Vuelve a escribir cada expresión usando la propiedad distributiva.

9. $3 \times (3 + 6)$
10. $(5 \times 8) + (5 \times 7)$

1·2 PROPIEDADES

Atajos para la adición y la multiplicación

Usa las propiedades como ayuda al calcular mentalmente.

$$77 + 56 + 23 = (77 + 23) + 56 = 100 + 56 = 156$$

↑

Usa las propiedades
conmutativa y asociativa.

↓

$$4 \times 9 \times 25 = (4 \times 25) \times 9 = 100 \times 9 = 900$$

$$8 \times 340 = (8 \times 300) + (8 \times 40) = 2,400 + 320 = 2,720$$

↑

Usa la propiedad
distributiva.

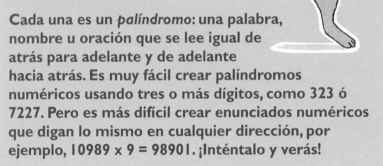

Palíndromos numéricos

¿Notas algo extraño en esta palabra, nombre u oración?

     oso   Otto

Acaso hubo búhos acá.

Cada una es un *palíndromo*: una palabra, nombre u oración que se lee igual de atrás para adelante y de adelante hacia atrás. Es muy fácil crear palíndromos numéricos usando tres o más dígitos, como 323 ó 7227. Pero es más difícil crear enunciados numéricos que digan lo mismo en cualquier dirección, por ejemplo, 10989 x 9 = 98901. ¡Inténtalo y verás!

1·2 EJERCICIOS

Escribe Sí o No.

1. $7 \times 21 = 21 \times 7$
2. $3 \times 4 \times 7 = 3 \times 7 \times 4$
3. $3 \times 140 = (3 \times 100) \times (3 \times 40)$
4. $b \times (p + r) = bp + br$
5. $(2 \times 3 \times 5) = (2 \times 3) + (2 \times 5)$
6. $a \times (c + d + e) = ac + ad + ae$
7. $11 - 6 = 6 - 11$
8. $12 \div 3 = 3 \div 12$

Resuelve.

9. $22{,}350 \times 1$
10. $278 + 0$
11. $4 \times (0 \times 5)$
12. $0 \times 3 \times 15$
13. 0×1
14. $2.8 + 0$
15. 4.25×1
16. $(3 + 6 + 5) \times 1$

Escribe cada expresión de nuevo usando la propiedad distributiva.

17. $5 \times (8 + 4)$
18. $(8 \times 12) + (8 \times 8)$
19. 4×350

Resuelve. Intenta resolverlo en tu mente.

20. $5 \times (27 + 3)$
21. $6 \times (21 + 79)$
22. 7×220
23. 25×8
24. $2 + 63 + 98$
25. $150 + 50 + 450$
26. 130×6
27. $12 \times 50 \times 2$

28. Escribe un ejemplo que muestre que la sustracción no es asociativa.
29. Escribe un ejemplo que muestre que la división no es conmutativa.
30. Escribe un ejemplo que muestre la propiedad del cero (o de identidad) de la adición.

1·3 El orden de las operaciones

El orden de las operaciones

A veces debemos usar más de una **operación** para resolver un problema. Tu respuesta depende del orden en que realices esas operaciones.

Por ejemplo, tomemos la expresión $2 + 3 \times 4$.

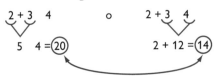

El orden de las operaciones
es muy importante.

Para estar seguros de que solo haya una respuesta para una serie de cálculos, los matemáticos se han puesto de acuerdo en el orden de las operaciones.

CÓMO USAR EL ORDEN DE LAS OPERACIONES

Reduce $2 + 8 \times (9 - 5)$.

- Reduce lo que está dentro del paréntesis. Evalúa el exponente (si lo hay).

  $2 + 8 \times (9 - 5) = 2 + 8 \times 4$

- Multiplica o divide de izquierda a derecha.

  $2 + 8 \times 4 = 2 + 32$

- Suma o resta de izquierda a derecha.

  $2 + 32 = 34$

Por lo tanto, $2 + 8 \times (9 - 5) = 34$.

Practica tus conocimientos

Reduce.

1. $20 - 2 \times 5$ 2. $3 \times (2 + 16)$

1·3 EJERCICIOS

¿Es verdadera cada expresión? Escribe Sí o No.

1. $6 \times 3 + 4 = 22$
2. $3 + 6 \times 5 = 45$
3. $4 \times (6 + 4 \div 2) = 20$
4. $25 - (12 \times 1) = 13$
5. $(1 + 5) \times (1 + 5) = 36$
6. $(4 + 3 \times 2) + 6 = 20$
7. $35 - 5 \times 5 = 10$
8. $(9 \div 3) \times 9 = 27$

Reduce.

9. $24 - (3 \times 6)$
10. $3 \times (4 + 16)$
11. $2 \times 2 \times (8 - 5)$
12. $9 + (5 - 3)$
13. $(12 - 9) \times 5$
14. $10 + 9 \times 4$
15. $(4 + 5) \times 9$
16. $36 \div (12 + 6)$
17. $32 - (10 - 5)$
18. $24 + 6 \times (16 \div 2)$

Usa paréntesis para hacer verdadera la expresión.

19. $4 + 5 \times 6 = 54$
20. $4 \times 25 + 25 = 200$
21. $24 \div 6 + 2 = 3$
22. $10 + 20 \div 4 - 5 = 10$
23. $8 + 3 \times 3 = 17$
24. $16 - 10 \div 2 \times 4 = 44$

25. Usa cada número 2, 3 y 4 una sola vez para crear una expresión igual a 14.

1·4 Factores y múltiplos

Factores

Imagina que quieres organizar 15 cuadrados pequeños para crear un patrón rectangular.

$1 \times 15 = 15$

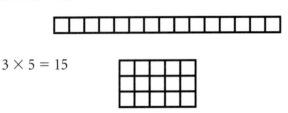

$3 \times 5 = 15$

Dos números que al multiplicarse entre sí dan como resultado 15 se consideran **factores** de 15. De modo que los factores de 15 son 1, 3, 5 y 15.

Para determinar si un número es factor de otro, divide. Si el residuo es 0, entonces el número es un factor.

CÓMO HALLAR LOS FACTORES DE UN NÚMERO

¿Cuáles son los factores de 20?

- Halla todos los pares de números que al multiplicarse dan como resultado ese producto.

$1 \times 20 = 20$ $2 \times 10 = 20$ $4 \times 5 = 20$

- Haz una lista de factores, en orden, comenzando con 1.

Los factores de 20 son 1, 2, 4, 5, 10 y 20.

Practica tus conocimientos

Escribe los factores de cada número.

1. 6   2. 18

Factores comunes

Aquellos factores que son iguales para dos o más números se llaman **factores comunes**.

CÓMO HALLAR FACTORES COMUNES

¿Cuáles son los factores de 8 y 20?

- Haz una lista de los factores del primer número.

  1, 2, 4, 8

- Haz una lista de los factores del segundo número.

  1, 2, 4, 5, 10, 20

- Los factores comunes son los números que están en ambas listas.

  1, 2, 4

Los factores comunes de 8 y 20 son 1, 2 y 4.

Practica tus conocimientos

Escribe la lista de los factores comunes de estos conjuntos.

3. 8 y 12   4. 10, 15, y 20

Máximo común divisor

El **máximo común divisor** (MCD) de dos números enteros es el número mayor que es factor de ambos números.

Una manera de calcular el MCD es seguir estos pasos:
- Halla los factores comunes.
- Escoge el máximo común divisor.

¿Cuál es el MCD de 12 y 40?
- Factores de 12 son 1, 2, 3, 4, 6, 12.
- Factores de 40 son 1, 2, 4, 5, 8, 10, 20, 40.
- Factores comunes en ambas listas: 1, 2, 4.

El máximo común divisor de 12 y 40 es 4.

Practica tus conocimientos

Halla el MCD de cada par de números.

5. 8 y 10   6. 10 y 40

Reglas de divisibilidad

A veces deseamos saber si un número es un factor de otro número mucho más grande. Por ejemplo, si quieres formar equipos de 3 de un grupo de 147 jugadores de baloncesto para competir en un torneo, necesitarías saber si 3 es un factor de 147.

Puedes averiguar fácilmente si 147 es divisible entre 3, si conoces la regla de divisibilidad del 3. Un número es divisible entre 3 si la suma de sus dígitos es divisible entre 3. Por ejemplo, 147 es divisible entre 3 porque 1 + 4 + 7 = 12 y 12 es divisible entre 3.

Es muy útil conocer las reglas de divisibilidad de otros números. Un número es divisible entre:

2, si el dígito de las unidades es par.

3, si la suma de sus dígitos es divisible entre 3.

4, si el número formado por los últimos dos dígitos es divisible entre 4.

5, si el dígito de las unidades es 5 ó 0.

6, si el número es divisible entre 2 y 3.

8, si el número formado por los últimos tres dígitos es divisible entre 8.

9, si la suma de los dígitos es divisible entre 9.

y...

Cualquier número es divisible entre **10,**
si el dígito de las unidades es 0.

 Practica tus conocimientos

7. ¿Es 416 divisible entre 4?

8. ¿Es 129 divisible entre 9?

9. ¿Es 462 divisible entre 6?

10. ¿Es 1,260 divisible entre 5?

Números primos y compuestos

Un **número primo** es un número entero mayor que uno con exactamente dos factores, 1 y sí mismo. Los 10 primeros números primos son:

2, 3, 5, 7, 11, 13, 17, 19, 23, 29

Los primos gemelos son pares de primos cuya diferencia es 2. $(3, 5)$, $(5, 7)$ y $(11, 13)$ son ejemplos de primos gemelos.

Un número con más de dos factores se llama **número compuesto.** Cuando dos números compuestos no tienen factores comunes (además del 1), se dice que son *relativamente primos*. Los números 8 y 25 son relativamente primos.

Una forma de averiguar si un número es primo o compuesto es usar la "criba de Eratóstenes", la cual funciona de la siguiente manera.

- Usa un diagrama de números escritos en orden. Primero, sáltate el número 1, porque no es primo ni compuesto.
- Dibuja un círculo alrededor del 2 y tacha con una raya los múltiplos del 2.
- Dibuja un círculo alrededor del 3 y tacha con una raya los múltiplos del 3.
- Luego continúa este proceso con 5, 7, 11 y todos los números que no estén tachados.
- Los números primos son todos los números dentro de círculos y los tachados son los compuestos.

Practica tus conocimientos

¿Es primo el número? Puedes usar la "criba de Eratóstenes" para contestar.

11. 61   12. 93
13. 83   14. 183

Factorización prima

Todos los números compuestos pueden expresarse como el producto de sus factores primos. Usa un diagrama de árbol para hallar los factores primos.

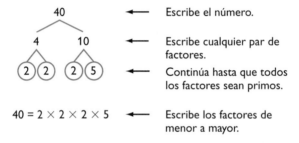

40	← Escribe el número.
4 10	← Escribe cualquier par de factores.
② ② ② ⑤	← Continúa hasta que todos los factores sean primos.
40 = 2 × 2 × 2 × 5	← Escribe los factores de menor a mayor.

Aunque el orden de los factores sea diferente porque puedes comenzar con diferentes pares de factores, todo diagrama de árbol para el número 40 presenta la misma **factorización prima**. También puedes usar exponentes para escribir la factorización prima.

$$40 = 2 \times 2 \times 2 \times 5 = 2^3 \times 5$$

Practica tus conocimientos

Escribe la factorización prima de cada uno.

15. 30
16. 80
17. 120
18. 110

Atajo para calcular el MCD

Usa la factorización prima para calcular el máximo común divisor.

CÓMO USAR LA FACTORIZACIÓN PRIMA PARA CALCULAR EL MCD

Calcula el máximo común divisor de 12 y 20.

- Escribe los factores primos de cada número. Usa un diagrama de árbol, si te es de ayuda.

  $12 = 2 \times 2 \times 3$

  $20 = 2 \times 2 \times 5$

- Halla los factores primos comunes de ambos números.

  2 y 2

- Escribe su producto.

  $2 \times 2 = 4$

El MCD de 12 y 20 es 2 × 2, o 4.

Practica tus conocimientos

Usa la factorización prima para calcular el MCD de cada par de números.

19. 6 y 15
20. 10 y 30
21. 12 y 30
22. 24 y 36

Múltiplos y el mínimo común múltiplo

Los **múltiplos** de un número son los productos que son números enteros, cuando ese número es un factor. En otras palabras, puedes hallar el múltiplo de un número al multiplicarlo por $-3, -2, -1, 0, 1, 2, 3$, y así sucesivamente.

El **mínimo común múltiplo** (mcm) de dos números es el número menor, excluyendo el cero, que es múltiplo de ambos números.

Una manera de calcular el mcm de un par de números es hallar primero la lista de múltiplos de cada uno y luego identificar el menor número común a ambos. Por ejemplo, para calcular el mcm de 6 y 8:
• Haz una lista de los múltiplos de 6: 6, 12, 18, 24, 30, ...
• Haz una lista de los múltiplos de 8: 8, 16, 24, 32, 40, ...
• mcm = 24
Otra manera de averiguar el mcm es usando la factorización prima.

CÓMO USAR LA FACTORIZACIÓN PRIMA PARA CALCULAR EL MCM

Calcula el mínimo común múltiplo de 6 y 8.
• Halla los factores primos de cada número.

$$6 = 2 \times 3 \qquad 8 = 2 \times 2 \times 2$$

• Multiplica los factores primos del número menor por los factores primos del número mayor que no sean factores del número menor.

$$2 \times 2 \times 2 \times 3 = 24$$

El mínimo común múltiplo de 6 y 8 es 24.

Practica tus conocimientos
Usa cualquiera de los dos métodos para calcular el mcm.
23. 6 y 9   24. 10 y 25
25. 8 y 14   26. 15 y 50

1·4 EJERCICIOS

Escribe los factores de cada número.
1. 9
2. 24
3. 30
4. 48

¿Es primo el número? Escribe Sí o No.
5. 51
6. 79
7. 103
8. 219

Escribe la factorización prima de cada uno.
9. 55
10. 100
11. 140
12. 200

Calcula el MCD de cada par.
13. 8 y 24
14. 9 y 30
15. 18 y 25
16. 20 y 25
17. 16 y 30
18. 15 y 40

Calcula el mcm de cada par.
19. 6 y 7
20. 12 y 24
21. 16 y 24
22. 10 y 35

23. ¿Cuál es la regla de divisibilidad para el 6? ¿Es 4,124 divisible entre 8?
24. ¿Cómo se usa la factorización prima para calcular el MCD de dos números?
25. ¿Cuál es el mínimo común múltiplo de 3, 4 y 5?

1.5 Operaciones con enteros

Enteros positivos y negativos

De un vistazo al periódico puedes notar que muchas cantidades se expresan con números negativos. Por ejemplo, los **números negativos** indican las temperaturas bajo cero.

Los números enteros mayores que cero se llaman **enteros positivos**. Los números enteros menores que cero se llaman **enteros negativos**.

Este es el conjunto de todos los enteros:
$$..., -5, -4, -3, -2, -1, 0, 1, 2, 3, 4, 5, ...$$
El entero 0 no es positivo ni negativo.

 Practica tus conocimientos

Escribe un entero para describir cada situación.
1. 3 bajo cero
2. un ganancia de $250

Opuestos de los enteros y valor absoluto

Los enteros pueden describir ideas opuestas. Cada entero tiene un opuesto.

El opuesto de ganar 5 libras es perder 5 libras.
El opuesto de +5 es –5.
El opuesto de gastar $3 es ganar $3.
El opuesto de –3 es +3.

El **valor absoluto** de un entero es la distancia desde 0 en la recta numérica. El valor absoluto de –2 se escribe $|-2|$.

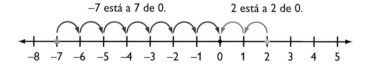

–7 está a 7 de 0.   2 está a 2 de 0.

El valor absoluto de 2 es 2 y se escribe $|2| = 2$.
El valor absoluto de –7 es 7 y se escribe $|-7| = 7$.

I·5 OPERACIONES CON ENTEROS

Practica tus conocimientos

Escribe el valor absoluto de cada entero. Después, escribe el opuesto del número original.

3. -12 4. $+4$

5. -8 6. 0

Suma y resta enteros

Usa una recta numérica para demostrar la suma y la resta de enteros.

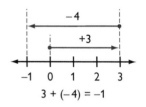

$3 + (-4) = -1$

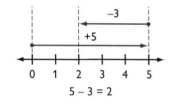

$5 - 3 = 2$

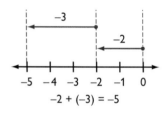

$-2 + (-3) = -5$

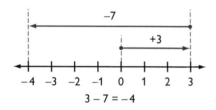

$3 - 7 = -4$

Reglas para sumar y restar enteros		
Para	Resuelve	Ejemplo
Sumar con el mismo signo	Suma los valores absolutos. Usa el signo original en el resultado.	$-3 + (-3)$: $\|-3\| + \|-3\| = 3 + 3 = 6$ Así, $-3 + (-3) = -6$.
Sumar con distintos signos	Resta los valores absolutos. Usa el signo del sumando con el mayor valor absoluto en el resultado.	$-6 + 4$: $\|-6\| - \|4\| = 6 - 4 = 2$ $\|-6\| > \|4\|$ Así, $-6 + 4 = -2$.
Restar	Suma el opuesto.	$-4 - 2 = -4 + (-2) = -6$

Practica tus conocimientos

7. $5 - 7$ 8. $6 + (-6)$

9. $-5 - (-7)$ 10. $0 + (-3)$

Multiplica y divide enteros

Multiplica y divide los enteros como con cualquier otro número entero. Luego usa estas reglas para escribir el signo del resultado.

El producto, o el cociente, de dos enteros con el mismo signo es positivo.

$$2 \times 3 = 6 \qquad -4 \times (-3) = 12 \qquad -12 \div (-4) = 3$$

Cuando dos enteros tienen distintos signos, el producto o el cociente, es negativo.

$$-6 \div 3 = -2 \qquad -3 \times 5 = -15 \qquad -4 \times 10 = -40$$

 Practica tus conocimientos

Calcula el producto o el cociente.

11. $-3 \times (-2)$ 12. $12 \div (-4)$

13. $-15 \div (-3)$ 14. -6×9

¡Upa!

Colin Rizzio, de diecisiete años, tomó el examen SAT y encontró un error en la parte de matemáticas. Una de las preguntas usaba la letra _a_ para representar un número. Los que prepararon el examen supusieron que _a_ era un número positivo, pero Colin Rizzio pensó que podía representar cualquier entero. Y Rizzio tenía razón.

Él notificó por correo electrónico a los creadores del examen y ellos tuvieron que cambiar las calificaciones de 45,000 alumnos.

Explica cómo cambia 2 + _a_ > 2 si _a_ puede ser positiva, negativa o igual a cero. Consulta la respuesta en el Solucionario, ubicado al final del libro.

1·5 EJERCICIOS

Escribe el valor absoluto de cada entero y luego escribe su opuesto.

1. -11
2. 5
3. -5
4. 2

Suma o resta.

5. $4 - 3$
6. $4 + (-6)$
7. $-5 - (-4)$
8. $0 + (-3)$
9. $-2 + 6$
10. $0 - 8$
11. $0 - (-6)$
12. $-3 - 8$
13. $7 + (-7)$
14. $-5 - (-8)$
15. $-2 - (-2)$
16. $-6 + (-9)$

Calcula cada producto y cociente.

17. $-2 \times (-6)$
18. $8 \div (-4)$
19. $-35 \div 5$
20. -5×7
21. $4 \times (-9)$
22. $-40 \div 8$
23. $-18 \div (-3)$
24. $6 \times (-7)$

Calcula.

25. $[-6 \times (-2)] \times 3$
26. $4 \times [2 \times (-4)]$
27. $[-3 \times (-3)] \times -3$
28. $-4 \times [3 + (-4)]$
29. $[-7 + (-3)] \times 4$
30. $-2 \times [6 - (-2)]$

31. ¿Es positivo o negativo el valor absoluto de un entero negativo?
32. Si sabes que el valor absoluto de un entero es 5, ¿cuáles son los posibles valores del entero?
33. ¿Qué puedes decir de la suma de dos enteros negativos?
34. La temperatura al mediodía era 10°F. Durante las próximas 3 horas, la temperatura bajó a una tasa de 3 grados por hora. Primero, escribe este cambio como un entero. Luego, indica cuál era la temperatura a las 3:00 P.M.
35. ¿Qué puedes decir del producto de dos enteros positivos?

¿Qué has aprendido?

Puedes utilizar los siguientes problemas y la lista de palabras para averiguar lo que has aprendido en este capítulo. Puedes aprender más acerca de un problema o palabra en particular al consultar el número del tema en negrilla (por ejemplo, **1•2**).

Serie de problemas

Escribe el valor del 8 en cada número. **1•1**
1. 287,617
2. 758,122,907

3. Escribe 36,514 en notación desarrollada. **1•1**
4. Escribe en orden de mayor a menor: 243,254; 283,254; 83,254; y 93,254. **1•1**
5. Redondea 46,434,482 en decenas, unidades de millar y unidades de millón, respectivamente. **1•1**

Resuelve. **1•2**
6. 736×0
7. $(5 \times 4) \times 1$
8. $5,945 + 0$
9. 0×0

Resuelve, mentalmente, si te es posible. **1•2**
10. $8 \times (34 + 66)$
11. $50 \times 15 \times 2$

Utiliza paréntesis para hacer verdadera cada expresión. **1•3**
12. $5 + 7 \times 2 = 24$
13. $32 + 12 \div 4 + 5 = 40$

¿Es primo el número? Escribe Sí o No **1•4**
14. 51
15. 102
16. 173
17. 401

Escribe la factorización prima de cada uno. **1•4**
18. 35
19. 130
20. 190

Calcula el MCD de cada par. **1•4**
21. 16 y 36
22. 12 y 45
23. 20 y 160

Calcula el mcm de cada par. **1•4**

24. 5 y 10

25. 12 y 8

26. 18 y 20

27. ¿Cuál es la regla de divisibilidad del 10? ¿Es 2,550 un múltiplo de 10?

Escribe el valor absoluto del entero. Después, escribe el opuesto del entero original. **1•5**

28. -4

29. 14

30. -17

31. -5

Suma o resta. **1•5**

32. $10 + (-9)$

33. $3 - 8$

34. $-4 + (-4)$

35. $2 - (-2)$

36. $-12 - (-12)$

37. $-6 + 12$

Calcula. **1•5**

38. $-9 \times (-6)$

39. $36 \div (-12)$

40. $-54 \div (-9)$

41. $(-4 \times 2) \times (-5)$

42. $3 \times [-6 + (-6)]$

43. $-2 + [4 - (-9)]$

44. ¿Qué puedes decir acerca del cociente de un entero positivo y de un entero negativo? **1•5**

45. ¿Qué puedes decir acerca del producto de dos enteros positivos? **1•5**

ESCRIBE LAS DEFINICIONES DE LAS SIGUIENTES PALABRAS.

palabras
importantes

aproximación **1•1**
entero negativo **1•5**
entero positivo **1•5**
factor **1•4**
factor común **1•4**
factorización prima **1•4**
máximo común divisor **1•4**
mínimo común múltiplo **1•4**
múltiplo **1•4**
notación desarrollada **1•1**
número compuesto **1•4**

número negativo **1•5**
número primo **1•4**
operación **1•3**
PEMDSR (PEMDAS) **1•3**
propiedad asociativa **1•2**
propiedad conmutativa **1•2**
propiedad distributiva **1•2**
redondear **1•1**
sistema numérico **1•1**
valor absoluto **1•5**
valor de posición **1•1**

temas *de* **actualidad** 2

Fracciones, decimales y porcentajes

¿Qué sabes ya?

Puedes usar los siguientes problemas y la lista de palabras para averiguar lo que ya sabes sobre este capítulo. Las respuestas para los problemas se encuentran en el Solucionario, ubicado al final del libro y puedes consultar las definiciones de las palabras en la sección Palabras importantes ubicada al comienzo del libro. Puedes averiguar más acerca de un problema o palabra en particular al consultar el número de tema en negrilla (por ejemplo, **2.1**).

Serie de problemas

1. Para las vacaciones de la familia, Chenelle compró 3 camisetas por $6.75 cada una y 3 gorras por $8.50 cada una. ¿Cuánto dinero gastó Chenelle? **2•6**

2. Para recaudar fondos para beneficencia, 28 alumnos del sexto grado aceptaron participar en una caminata. Cada uno de los patrocinadores dijo que pagaría $0.45 por cada milla que los alumnos caminaran. Si los 28 alumnos caminaron 20 millas cada uno, ¿cuánto dinero recaudaron? **2•6**

3. Kelly contestó mal 4 de los 50 problemas en su prueba de estudios sociales. ¿Qué porcentaje contestó bien? **2•8**

4. Un par de zapatos de $37 tiene un descuento de 15%. ¿Cuánto es el monto del descuento? **2•8**

5. ¿Cuál de estas fracciones no es equivalente a $\frac{2}{3}$? **2•1**

    A. $\frac{4}{6}$ B. $\frac{40}{60}$ C. $\frac{12}{21}$ D. $\frac{18}{27}$

Suma o resta. Reduce tus respuestas. **2•3**

6. $3\frac{2}{3} + \frac{1}{2}$ 　　　　　　　　7. $2\frac{1}{4} - \frac{4}{5}$

8. $6 - 2\frac{1}{6}$ 　　　　　　　　　9. $2\frac{1}{7} + 2\frac{4}{9}$

10. Halla la fracción impropia y escríbela como número mixto **2•1**

    A. $\frac{4}{9}$ B. $\frac{5}{2}$ C. $3\frac{1}{2}$ D. $\frac{7}{8}$

Resuelve. Reduce tus respuestas. **2•4**

11. $\frac{5}{6} \times \frac{3}{8}$ 　　　　　　　　12. $\frac{3}{5} \div 4\frac{1}{3}$

13. $2\frac{1}{2} \times \frac{1}{5}$ 　　　　　　　　14. $3\frac{3}{7} \div 5\frac{1}{6}$

15. ¿Cuál es el valor de posición del 6 en 23.064? **2•5**

16. Escribe la forma desarrollada de 4.603 **2•5**

17. Escribe en formal decimal: doscientas cuarenta y siete milésimas. **2•5**

18. Escribe los siguientes números en orden, de menor a mayor: 1.655; 1.605; 16.5; 1.065. **2•5**

Calcula cada respuesta. **2•6**

19. $5.466 + 12.45$

20. $13.9 - 0.677$

21. 4.3×23.67

Usa una calculadora para resolver los Ejercicios 22 al 24. Redondea en décimas. **2•8**

22. ¿Qué porcentaje de 56 es 14?

23. ¿Cuánto es el 16% de 33?

24. ¿Qué porcentaje de 76 es 15?

Escribe cada decimal como porcentaje. **2•9**

25. 0.68

26. 0.5

Escribe cada fracción como porcentaje. **2•9**

27. $\frac{6}{100}$

28. $\frac{56}{100}$

Escribe cada porcentaje como decimal. **2•9**

29. 34%

30. 125%

Escribe cada porcentaje como fracción reducida. **2•9**

31. 28%

32. 130%

CAPÍTULO 2

palabras importantes

decimal periódico **2•9**
decimal terminal **2•9**
denominador **2•1**
denominador común **2•2**
descuento **2•8**
equivalente **2•1**
estimar **2•3**
factor **2•4**
fracción **2•1**
fracción impropia **2•1**
fracciones equivalentes **2•1**

máximo común divisor **2•1**
mínimo común múltiplo **2•2**
numerador **2•1**
número entero **2•1**
número mixto **2•1**
porcentaje **2•7**
producto **2•4**
producto cruzado **2•1**
proporciones **2•8**
razón **2•7**
recíproco **2•4**
referencia **2•7**
valor de posición **2•5**

¿QUÉ SABES YA?

2·1 Fracciones y fracciones equivalentes

Nombra fracciones

Se puede usar una **fracción** para nombrar una parte de un todo. La bandera de Sierra Leona está dividida en 3 partes iguales: una verde, una blanca y una azul. Cada parte o color, representa $\frac{1}{3}$ de toda la bandera. $\frac{3}{3}$ ó 1 es toda la bandera.

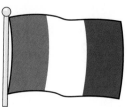

Con una fracción también se puede nombrar parte de un conjunto. Hay cuatro pelotas en un conjunto. Cada pelota es $\frac{1}{4}$ del conjunto. $\frac{4}{4}$ ó 1 es igual al conjunto completo. Tres las pelotas son de béisbol y representan $\frac{3}{4}$ del conjunto. Una de las pelotas es de fútbol y representa $\frac{1}{4}$ del conjunto.

Las fracciones se nombran según su **numerador** y **denominador**.

CÓMO NOMBRAR FRACCIONES

Escribe una fracción para el número de rectángulos coloreados.

- El denominador de la fracción indica el número de partes del conjunto total.

    Hay 5 rectángulos en total.

- El numerador de la fracción indica el número de partes que se toman.

    Hay 4 rectángulos coloreados.

- Escribe la fracción:

$$\frac{\text{partes que se toman}}{\text{partes del conjunto completo}} = \frac{\text{numerador}}{\text{denominador}}$$

La fracción para el número de rectángulos coloreados es $\frac{4}{5}$.

Practica tus conocimientos

Escribe una fracción para cada dibujo.

1. ____ del círculo está sombreado.

2. ___ de los triángulos están sombreados.

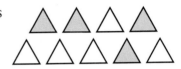

3. Haz dos dibujos que representen la fracción $\frac{5}{8}$. Usa regiones y conjuntos.

Métodos para calcular fracciones equivalentes

Las **fracciones equivalentes** son fracciones que describen la misma cantidad de una región. Puedes usar partes de un todo para mostrar fracciones equivalentes.

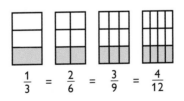

$$\frac{1}{3} = \frac{2}{6} = \frac{3}{9} = \frac{4}{12}$$

Cada una de las partes de un todo representa fracciones iguales a $\frac{1}{3}$. Esto las hace fracciones equivalentes.

2·4 FRACCIONES EQUIVALENTES

Representaciones de un todo

Hay un número infinito de fracciones que son igual a uno.

Representaciones de un todo	Éstos no son un todo
$\dfrac{2}{2}$ $\dfrac{365}{365}$ $\dfrac{1}{1}$ $\dfrac{5}{5}$	$\dfrac{1}{0}$ $\dfrac{3}{1}$ $\dfrac{1}{365}$ $\dfrac{11}{12}$

Dado que cualquier número multiplicado por uno siempre es igual al número, conocer diferentes maneras de nombrar el todo te puede ayudar con las fracciones equivalentes.

Para hallar una fracción **equivalente** a otra, puedes multiplicar la fracción original por una forma del todo. Puedes también dividir el numerador y denominador entre el mismo número para hallar una fracción equivalente.

MÉTODOS PARA HALLAR FRACCIONES EQUIVALENTES

Escribe una fracción equivalente a $\frac{9}{12}$.

- Multiplica la fracción por una forma del todo. O divide el numerador y denominador entre el mismo número.

Multiplica   O   Divide

$$\frac{9}{12} \times \frac{2}{2} = \frac{18}{24} \qquad \frac{9 \div 3}{12 \div 3} = \frac{3}{4}$$

$$\frac{9}{12} = \frac{18}{24} \qquad \frac{9}{12} = \frac{3}{4}$$

Practica tus conocimientos

Escribe dos fracciones equivalentes para cada fracción.

4. $\frac{1}{3}$ 5. $\frac{6}{12}$ 6. $\frac{3}{5}$

7. Escribe tres nombres para un todo.

2·1 FRACCIONES EQUIVALENTES

Decide si dos fracciones son equivalentes

Se considera que dos fracciones son equivalentes, si ambas fracciones nombran la misma cantidad.

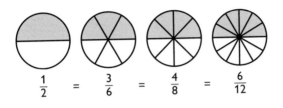

$$\frac{1}{2} = \frac{3}{6} = \frac{4}{8} = \frac{6}{12}$$

Un método que puedes usar para identificar fracciones equivalentes es con los **productos cruzados** de las fracciones.

2·4 FRACCIONES EQUIVALENTES

CÓMO DECIDIR SI DOS FRACCIONES SON EQUIVALENTES

Determina si $\frac{2}{3}$ es equivalentes a $\frac{10}{15}$.

- Halla los productos cruzados de las fracciones.

$$\frac{2}{3} \overset{?}{\bowtie} \frac{10}{15}$$

$$2 \times 15 \overset{?}{=} 10 \times 3$$
$$30 = 30$$

- Compara los productos cruzados.

$$30 = 30$$

- Si los productos cruzados son iguales, entonces las fracciones son equivalentes.

Por lo tanto, $\frac{2}{3} = \frac{10}{15}$.

Practica tus conocimientos

Usa el método de productos cruzados para determinar si cada par es una fracción equivalente.

8. $\frac{3}{4}, \frac{27}{36}$ 9. $\frac{5}{6}, \frac{25}{30}$ 10. $\frac{15}{32}, \frac{45}{90}$

Escribe fracciones en forma reducida

Cuando el único factor común del numerador y denominador de una fracción es uno, las fracciones están *reducidas*. Puedes usar partes de un todo para mostrar fracciones en forma reducida.

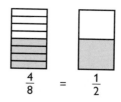

$$\frac{4}{8} = \frac{1}{2}$$

El número menor de partes de un todo necesarias para mostrar el equivalente de $\frac{4}{8}$ es $\frac{1}{2}$. Por lo tanto, la fracción $\frac{4}{8}$ es igual a $\frac{1}{2}$ en forma reducida.

Oseola McCarty

Oseola McCarty tuvo que salirse de la escuela después del sexto grado. Al principio, ella cobraba $1.50 por bulto de ropa para lavar y después, $10.00. Ella siempre lograba ahorrar dinero. A los 86 años de edad, había acumulado $250,000. En 1995, decidió donar $150,000 para una beca escolar. Su recomendación fue: "El secreto de acumular una fortuna es el interés compuesto. Tienes que dejar tu inversión sin tocarla el tiempo suficiente para que crezca".

Para expresar fracciones en forma reducida, puedes dividir el numerador y denominador entre el **máximo común divisor** (MCD).

CÓMO REDUCIR FRACCIONES

Expresa $\frac{12}{18}$ en forma reducida.

- Escribe la lista de los factores del numerador.
  Los factores de 12 son:

  1, 2, 3, 4, 6, 12

- Enumera los factores del denominador.
  Los factores de 18 son:

  1, 2, 3, 6, 9, 18

- Escribe el máximo común divisor (MCD).
  El máximo común divisor del 12 y 18 es 6
  El MCD es 6.

- Divide el numerador y el denominador de la fracción entre el MCD.

  $$\frac{12 \div 6}{18 \div 6} = \frac{2}{3}$$

- Reduce la fracción.

  $$\frac{2}{3}$$

Escrita en forma reducida, $\frac{12}{18}$ es $\frac{2}{3}$.

Practica tus conocimientos

Escribe cada fracción en forma reducida.

11. $\frac{4}{20}$

12. $\frac{9}{27}$

13. $\frac{18}{20}$

Fracciones musicales

Las notas musicales se escriben en una serie de líneas que se denomina *pentagrama*. La forma de cada nota muestra su valor en términos de tiempo: el tiempo que dura la nota cuando se toca la música. La redonda es la más larga. La blanca se sostiene por la mitad del tiempo que la redonda. Otras notas se sostienen por fracciones de tiempo en relación con la redonda. Cada corchete hace que el valor de la nota sea la mitad de lo que era antes de que se le pusiera un corchete.

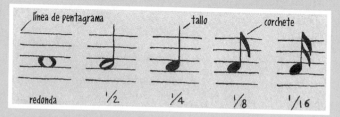

Una serie de notas cortas pueden conectarse con una barra, en vez de escribir cada una con un corchete.

¿Cuánto duran estas notas? Consulta la respuesta en el Solucionario, ubicado al final del libro.

Escribe una serie de notas que muestren que 1 redonda es igual a 2 blancas, 4 negras y 16 semicorcheas. Consulta la respuesta en el Solucionario, ubicado al final del libro.

Escribe fracciones impropias y números mixtos

Puedes escribir fracciones de cantidades mayores que uno. Las fracciones cuyos numeradores son mayores que o igual a sus denominadores se llaman **fracciones impropias.**

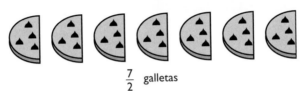

$\frac{7}{2}$ galletas

$\frac{7}{2}$ es una fracción impropia.

Un **número entero** y una fracción componen un **número mixto.**

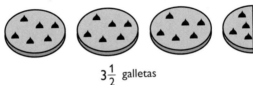

$3\frac{1}{2}$ galletas

$3\frac{1}{2}$ es un número mixto.

Puedes escribir cualquier número mixto como fracción impropia y cualquier fracción impropia como número mixto. Puedes usar la división para convertir una fracción impropia en un número mixto.

CÓMO CONVERTIR UNA FRACCIÓN IMPROPIA EN UN NÚMERO MIXTO

Convierte $\frac{8}{3}$ en un número mixto.

- Divide el numerador entre el denominador

$$\text{Divisor} \longrightarrow 3\overline{)\,8} \longleftarrow \text{Cociente} = 2$$
$$\underline{6}$$
$$2 \longleftarrow \text{Residuo}$$

- Escribe el número mixto.

$$\text{Cociente} \longrightarrow 2\frac{2}{3} \begin{array}{l} \longleftarrow \text{Residuo} \\ \longleftarrow \text{Divisor} \end{array}$$

Puedes usar la multiplicación para convertir un número mixto en una fracción impropia. Para comenzar, convierte la parte del número entero en una fracción impropia con el mismo denominador fraccionario y luego suma las dos partes.

CÓMO CONVERTIR UN NÚMERO MIXTO EN UNA FRACCIÓN IMPROPIA

Convierte $2\frac{1}{2}$ en una fracción impropia. Expresa en forma reducida.

- Multiplica el número entero por una versión del todo que tenga el mismo denominador que la parte fraccionaria.

$$2 \times \frac{2}{2} = \frac{4}{2}$$

- Suma ambas partes (pág. 112).

$$2\frac{1}{2} = \frac{4}{2} + \frac{1}{2} = \frac{5}{2}$$

Por lo tanto, $2\frac{1}{2} = \frac{5}{2}$.

Practica tus conocimientos

Escribe un número mixto para cada fracción impropia.

14. $\frac{24}{5}$

15. $\frac{13}{9}$

16. $\frac{33}{12}$

17. $\frac{29}{6}$

Escribe una fracción impropia para cada número mixto.

18. $1\frac{7}{10}$

19. $5\frac{1}{8}$

20. $6\frac{3}{5}$

21. $7\frac{3}{7}$

2·1 EJERCICIOS

Escribe la fracción para cada dibujo.

1. ___ de las frutas son limones.

2. ___ de los círculos son rojos.

3. ___ de los triángulos son verdes.

4. ___ de las pelotas son de baloncesto.

5. ___ de las pelotas son de béisbol.

Escribe la fracción.

6. cuatro novenos

7. doce treceavos

8. quince tercios

9. dos medios

Escribe una fracción equivalente a la fracción dada.

10. $\frac{2}{5}$ 11. $\frac{1}{9}$ 12. $\frac{9}{36}$ 13. $\frac{60}{70}$

Escribe cada fracción en forma reducida.

14. $\frac{10}{24}$ 15. $\frac{16}{18}$ 16. $\frac{36}{40}$

Escribe cada fracción impropia como número mixto.

17. $\frac{24}{7}$ 18. $\frac{32}{5}$ 19. $\frac{12}{7}$

Escribe cada número mixto como fracción impropia.

20. $2\frac{3}{4}$ 21. $11\frac{8}{9}$ 22. $1\frac{5}{6}$

23. $3\frac{1}{3}$ 24. $4\frac{1}{4}$ 25. $8\frac{3}{7}$

2·2 Compara y ordena fracciones

Compara fracciones

Puedes usar las partes de un todo para comparar fracciones.

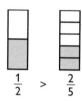

$\frac{1}{2} > \frac{2}{5}$

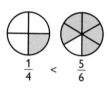

$\frac{1}{4} < \frac{5}{6}$

También puedes comparar fracciones si calculas *fracciones equivalentes* (pág. 100) y comparas los numeradores.

(pág. 100)

CÓMO COMPARAR FRACCIONES

Compara las fracciones $\frac{4}{5}$ y $\frac{5}{7}$.

- Observa los denominadores.

$\frac{4}{⑤} \quad y \quad \frac{5}{⑦}$

Los denominadores son diferentes.

- Si los denominadores son diferentes, escribe las fracciones equivalentes con un **denominador común**.

35 es el mínimo común múltiplo de 5 y 7.
Usa 35 como denominador común.

$$\frac{4}{5} \times \frac{7}{7} = \frac{28}{35} \qquad \frac{5}{7} \times \frac{5}{5} = \frac{25}{35}$$

- Compara los numeradores.

28 > 25

- Las fracciones se comparan de la misma forma como se comparan los numeradores.

$\frac{28}{35} > \frac{25}{35}$, por lo tanto, $\frac{4}{5} > \frac{5}{7}$.

Practica tus conocimientos

Compara las fracciones. Usa $<$, $>$ o $=$ para cada $\square$.

1. $\frac{3}{8} \square \frac{1}{2}$ 2. $\frac{7}{10} \square \frac{3}{4}$ 3. $\frac{7}{8} \square \frac{7}{10}$ 4. $\frac{3}{10} \square \frac{9}{30}$

Compara números mixtos

Para comparar *números mixtos* (pág. 105), primero compara los números enteros. Después compara las fracciones, si es necesario.

CÓMO COMPARAR NÚMEROS MIXTOS

Compara $1\frac{2}{5}$ y $1\frac{4}{7}$.

- Asegúrate de que no sean fracciones impropias.

  $\frac{2}{5}$ y $\frac{4}{7}$ no son impropias.

- Compara la parte de los números enteros. Si son diferentes, la parte mayor será el número mixto mayor. Si son iguales, continúa.

  $1 = 1$

  Compara la parte de la fracción convirtiéndola de modo que tenga un *denominador común* (pág. 108).

  35 es el mínimo común múltiplo de 5 y 7.
  Usa 35 como el denominador común.

  $\frac{2}{5} \times \frac{7}{7} = \frac{14}{35}$ $\frac{4}{7} \times \frac{5}{5} = \frac{20}{35}$

- Compara las fracciones.

  $\frac{14}{35} < \frac{20}{35}$, por lo tanto, $1\frac{2}{5} < 1\frac{4}{7}$.

2·2 COMPARA FRACCIONES

Practica tus conocimientos

Compara cada número mixto. Usa $<$, $>$ o $=$ en cada $\square$.

5. $1\frac{3}{4} \square 1\frac{2}{5}$

6. $2\frac{2}{9} \square 2\frac{1}{17}$

7. $5\frac{16}{19} \square 5\frac{4}{7}$

Ordena fracciones

Para comparar y ordenar fracciones, puedes hallar fracciones equivalentes y luego comparar los numeradores de las fracciones.

CÓMO ORDENAR FRACCIONES CON DISTINTOS DENOMINADORES

Ordena las fracciones $\frac{2}{5}$, $\frac{3}{4}$ y $\frac{3}{10}$ de menor a mayor.

- Calcula el **mínimo común múltiplo** (mcm) (pág. 86) de $\frac{2}{5}$, $\frac{3}{4}$ y $\frac{3}{10}$.

  Múltiplos de   4: 4, 8, 12, 16, ⓐ, 24,...
  Múltiplos de   5: 5, 10, 15, ⓐ, 25,...
  Múltiplos de 10: 10, ⓐ, 30, 40,...
  El mcm de 4, 5 y 10 es 20.

- Escribe las fracciones equivalentes con el mcm como denominador común.

  $$\frac{2}{5} = \frac{2}{5} \times \frac{4}{4} = \frac{8}{20}$$

  $$\frac{3}{4} = \frac{3}{4} \times \frac{5}{5} = \frac{15}{20}$$

  $$\frac{3}{10} = \frac{3}{10} \times \frac{2}{2} = \frac{6}{20}$$

- Las fracciones se comparan así como se comparan los numeradores.

  $\frac{6}{20} < \frac{8}{20} < \frac{15}{20}$, por lo tanto, $\frac{3}{10} < \frac{2}{5} < \frac{3}{4}$.

 Practica tus conocimientos

Ordena las fracciones de menor a mayor.

8. $\frac{2}{4}$, $\frac{4}{5}$, $\frac{5}{8}$

9. $\frac{3}{4}$, $\frac{2}{3}$, $\frac{7}{12}$

10. $\frac{5}{6}$, $\frac{2}{3}$, $\frac{5}{8}$

2·2 EJERCICIOS

Compara cada fracción. Usa $<$, $>$ o $=$.

1. $\frac{1}{2}, \frac{3}{7}$

2. $\frac{10}{12}, \frac{5}{6}$

3. $\frac{4}{5}, \frac{3}{4}$

4. $\frac{5}{8}, \frac{2}{3}$

5. $\frac{1}{5}, \frac{20}{100}$

6. $\frac{4}{3}, \frac{3}{4}$

Compara cada número mixto. Usa $<$, $>$ o $=$ en cada $\square$.

7. $3\frac{3}{8} \square 3\frac{4}{7}$

8. $1\frac{2}{3} \square 1\frac{3}{5}$

9. $2\frac{3}{4} \square 2\frac{5}{6}$

10. $5\frac{4}{5} \square 5\frac{5}{8}$

11. $2\frac{1}{3} \square 2\frac{3}{9}$

12. $2\frac{3}{4} \square 1\frac{4}{5}$

Ordena las fracciones y números mixtos de menor a mayor.

13. $\frac{4}{7}; \frac{1}{3}; \frac{9}{14}$

14. $\frac{2}{3}; \frac{5}{9}; \frac{4}{7}$

15. $\frac{3}{8}; \frac{1}{2}; \frac{5}{32}; \frac{3}{4}$

16. $\frac{2}{3}; \frac{5}{6}; \frac{5}{24}; \frac{7}{12}$

17. $2\frac{1}{3}; \frac{6}{3}; \frac{3}{4}; \frac{13}{4}$

18. $\frac{4}{5}; \frac{7}{10}; \frac{15}{5}; \frac{16}{10}$

Usa la siguiente información para responder el Ejercicio 19.

Goles durante el receso

An-An	$\frac{2}{5}$
Derrick	$\frac{4}{7}$
Roberto	$\frac{5}{8}$
Gwen	$\frac{8}{10}$

numerador = goles hechos
denominador = intentos de goles

19. ¿Quién tuvo mejor puntería, Derrick o An-An?

20. Los Gatos Rojos ganaron $\frac{3}{4}$ de los partidos que jugaron. Las Águilas ganaron $\frac{5}{6}$ de los de ellos. Los Azulejos ganaron $\frac{7}{8}$ de los de ellos. ¿Qué equipo ganó la mayor parte fraccionaria de sus partidos? ¿Quién ganó la menor parte fraccionaria?

2·3 Suma y resta fracciones

Suma y resta fracciones con el mismo denominador

Cuando sumas o restas fracciones que tienen el mismo *denominador* (pág. 98) solo tienes que sumar o restar los *numeradores* (pág. 98). El denominador permanece igual.

$$\frac{1}{3} + \frac{2}{3} = \frac{3}{3} = 1$$

CÓMO SUMAR Y RESTAR FRACCIONES CON EL MISMO DENOMINADOR

Suma $\frac{1}{8} + \frac{5}{8}$. Resta $\frac{8}{10} - \frac{3}{10}$.

• Suma o resta los numeradores.

$$\frac{1}{8} + \frac{5}{8} \qquad 1 + 5 = 6 \qquad\qquad \frac{8}{10} - \frac{3}{10} \qquad 8 - 3 = 5$$

• Escribe el resultado sobre el denominador.

$$\frac{1}{8} + \frac{5}{8} = \frac{6}{8} \qquad\qquad\qquad \frac{8}{10} - \frac{3}{10} = \frac{5}{10}$$

• Reduce, si es posible.

$$\frac{6}{8} = \frac{3}{4} \qquad\qquad\qquad\qquad \frac{5}{10} = \frac{1}{2}$$

Por lo tanto, $\frac{1}{8} + \frac{5}{8} = \frac{3}{4}$ y $\frac{8}{10} - \frac{3}{10} = \frac{1}{2}$.

Practica tus conocimientos

Suma o resta. Escribe tus respuestas en forma reducida.

1. $\frac{5}{6} + \frac{7}{6}$ 2. $\frac{4}{25} + \frac{2}{25}$

3. $\frac{11}{23} - \frac{6}{23}$ 4. $\frac{13}{16} - \frac{7}{16}$

Suma y resta fracciones con distinto denominador

Para sumar o restar fracciones con distinto denominador, debes convertir las fracciones de modo que tengan el mismo denominador.

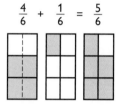

Convierte $\frac{2}{3}$ a sextos, de modo que las fracciones tengan el mismo denominador. Luego suma.

Para sumar o restar fracciones con distinto denominador, debes convertir las fracciones en fracciones equivalentes con denominadores comunes o iguales, antes de sumar o restar.

CÓMO SUMAR FRACCIONES CON DISTINTO DENOMINADOR

Suma $\frac{1}{4} + \frac{3}{8}$.

- Calcula el *mínimo común múltiplo* (mcm) (pág.86) de 4 y 8.

    Múltiplos de 8: ⑧, 16, 24, 32,…

    Múltiplos de 4: 4, ⑧, 12, 16,…

    El mcm de 4 y 8 es 8.

- Escribe las fracciones equivalentes con el mcm como denominador común.

    $\frac{1}{4} \times \frac{2}{2} = \frac{2}{8}$ y $\frac{3}{8} = \frac{3}{8}$

- Suma las fracciones. Expresa cada fracción en forma reducida

    $\frac{2}{8} + \frac{3}{8} = \frac{5}{8}$

Por lo tanto, $\frac{1}{4} + \frac{3}{8} = \frac{5}{8}$.

Practica tus conocimientos

Suma o resta. Escribe cada respuesta en forma reducida.

5. $\frac{3}{4} + \frac{1}{2}$ 6. $\frac{5}{6} - \frac{2}{3}$

7. $\frac{1}{5} + \frac{1}{2}$ 8. $\frac{2}{3} - \frac{1}{12}$

Suma y resta números mixtos

La suma y la resta de números mixtos es similar a las de fracciones. A veces tendrás que convertir el número para restar. Otras veces tendrás que reducir una fracción impropia.

Suma números mixtos con el mismo denominador

Para sumar *números mixtos* (pág. 105) con denominadores comunes, sólo tienes que escribir la suma de los numeradores sobre el denominador común. Después, suma los números enteros.

CÓMO SUMAR NÚMEROS MIXTOS CON EL MISMO DENOMINADOR

Suma $2\frac{1}{3} + 4\frac{2}{3}$.

Suma los números enteros. $\left\{ \begin{array}{l} 2\frac{1}{3} \\ 4\frac{2}{3} \\ + \end{array} \right\}$ Suma las fracciones.

$$6\frac{3}{3}$$

Reduce, si es posible.

$$6\frac{3}{3} = 7$$

Practica tus conocimientos

Suma. Reduce, si es posible.

9. $4\frac{2}{6} + 5\frac{3}{6}$ 10. $21\frac{7}{8} + 12\frac{6}{8}$

11. $23\frac{7}{10} + 37\frac{3}{10}$

Suma números mixtos con distinto denominador

Puedes usar partes del todo para simular la suma de números mixtos con distinto denominador.

$1\frac{1}{2}$

$+\ 1\frac{1}{3}$

$2\frac{5}{6}$

Para sumar números mixtos con distinto denominador, debes escribir fracciones equivalentes con un denominador común.

CÓMO SUMAR NÚMEROS MIXTOS CON DISTINTO DENOMINADOR

Suma $2\frac{2}{5} + 3\frac{1}{10}$.

- Escribe fracciones equivalentes con un denominador común.

$$2\frac{2}{5} = 2\frac{4}{10} \text{ y } 3\frac{1}{10} = 3\frac{1}{10}$$

- Suma.

Suma los números enteros.
$\left\{\begin{array}{c} 2\frac{4}{10} \\ +\ 3\frac{1}{10} \end{array}\right\}$ Suma las fracciones.

$5\frac{5}{10}$

Reduce, si es posible.

$$5\frac{5}{10} = 5\frac{1}{2}$$

Practica tus conocimientos

Suma. Reduce, si es posible.

12. $1\frac{5}{8} + 4\frac{3}{4}$

13. $4\frac{5}{12} + 55\frac{3}{4}$

14. $46\frac{1}{2} + 12\frac{7}{8}$

2.3 SUMA Y RESTA FRACCIONES

Resta números mixtos con un denominador común o uno diferente

Puedes simular la resta de *números mixtos* (pág. 105) con distinto denominador.

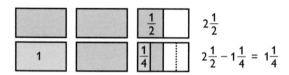

Para restar números mixtos, debes tener denominadores comunes o convertir los denominadores.

CÓMO RESTAR NÚMEROS MIXTOS

Resta $12\frac{2}{3} - 5\frac{3}{4}$.

- Si los denominadores son diferentes, escribe fracciones equivalentes con un denominador común.

$$12\frac{2}{3} = 12\frac{8}{12} \qquad 5\frac{3}{4} = 5\frac{9}{12}$$

- Ahora sí puedes restar.

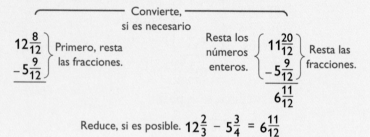

Convierte, si es necesario

$12\frac{8}{12}$ } Primero, resta las fracciones.
$-5\frac{9}{12}$

Resta los números enteros $\left\{ \begin{array}{l} 11\frac{20}{12} \\ -5\frac{9}{12} \end{array} \right.$ Resta las fracciones.

$6\frac{11}{12}$

Reduce, si es posible. $12\frac{2}{3} - 5\frac{3}{4} = 6\frac{11}{12}$

Practica tus conocimientos

Resta. Expresa la respuesta en forma reducida.

15. $6\frac{7}{8} - \frac{1}{2}$
16. $32\frac{1}{2} - 16\frac{5}{15}$
17. $30\frac{4}{5} - 12\frac{5}{6}$
18. $26\frac{2}{5} - 17\frac{7}{10}$

Estima sumas y diferencias de fracciones

Para **estimar** la suma o diferencia de una fracción, debes usar las técnicas de redondeo o sustituir números compatibles.

CÓMO ESTIMAR SUMAS Y DIFERENCIAS DE FRACCIONES

Estima la suma de $7\frac{3}{8} + 8\frac{1}{9} + 5\frac{6}{7}$.

SUSTITUYE NÚMEROS COMPATIBLES

Convierte cada número en un número entero o en un número mixto que contenga $\frac{1}{2}$.

$$7\frac{3}{8} + 8\frac{1}{9} + 5\frac{6}{7}$$
$$\downarrow \qquad \downarrow \qquad \downarrow$$
$$7\frac{1}{2} + 8 \ + 6 = 21\frac{1}{2}$$

REDONDEA LAS PARTES FRACCIONARIAS

Redondea hacia abajo, si la parte fraccionaria es menos de $\frac{1}{2}$. Redondea hacia arriba, si la parte fraccionaria es mayor que o igual a $\frac{1}{2}$.

$$7\frac{3}{8} + 8\frac{1}{9} + 5\frac{6}{7}$$
$$\downarrow \qquad \downarrow \qquad \downarrow$$
$$7 \ + \ 8 \ + \ 6 = 21$$

Practica tus conocimientos

Estima cada suma o diferencia. Usa tanto el método de números compatibles como el de redondeo para cada problema.

19. $6\frac{1}{4} - 2\frac{5}{6}$
20. $12\frac{1}{8} - 4\frac{3}{4}$
21. $2 + 1\frac{1}{2} + 5\frac{3}{8}$
22. $3\frac{1}{8} + \frac{3}{4} + 4\frac{1}{6}$

Altos y bajos de la bolsa de valores

Una corporación gana dinero vendiendo sus acciones: certificados que representan parte de la propiedad de una corporación. La página del periódico de las acciones tiene una lista de los precios altos, bajos y final de cada acción del día anterior. Allí también aparece la cantidad fraccionaria por la cual cambió el precio de cada acción. Un signo más (+) indica que el valor de la acción subió; un signo menos (–) indica que el precio de la acción bajó.

Supongamos que el precio de cierre del día de una acción es $21\frac{3}{4}$ con $+\frac{1}{4}$ al lado. ¿Qué quieren decir esas fracciones? Primero, esto te indica que el precio de la acción fue $21\frac{3}{4}$ dólares o $21.75. El $+\frac{1}{4}$ quiere decir que el precio subió $\frac{1}{4}$ de dólar del día anterior. Dado que $\frac{1}{4}$ $1.00 = $0.25, la acción subió 25¢. Para hallar el aumento porcentual del precio de la acción primero tienes que saber el precio original de la acción. La acción subió $\frac{1}{4}$, por lo tanto, el precio original era $21\frac{3}{4} - \frac{1}{4} = 21\frac{1}{2}$. ¿Cuál es el aumento porcentual del precio redondeado en enteros? Consulta la respuesta en el Solucionario, ubicado al final del libro.

2·3 EJERCICIOS

Suma o resta. Escribe la respuesta en forma reducida.

1. $\frac{3}{16} + \frac{5}{16}$

2. $\frac{5}{25} + \frac{6}{25}$

3. $\frac{3}{8} + \frac{7}{8}$

4. $\frac{15}{29} - \frac{14}{29}$

5. $\frac{25}{60} - \frac{15}{60}$

Suma o resta. Escribe la respuesta en forma reducida.

6. $\frac{3}{5} + \frac{6}{9}$

7. $\frac{4}{12} + \frac{2}{15}$

8. $\frac{5}{18} + \frac{1}{6}$

9. $\frac{7}{9} - \frac{2}{3}$

10. $\frac{5}{9} - \frac{1}{3}$

Redondea cada suma o diferencia.

11. $7\frac{9}{10} + 8\frac{3}{4}$

12. $4\frac{5}{6} - 3\frac{3}{4}$

13. $2\frac{9}{10} + 8\frac{3}{5} + 1\frac{1}{2}$

14. $13\frac{4}{5} - 6\frac{1}{9}$

15. $5\frac{1}{3} + 2\frac{7}{8} + 6\frac{1}{4}$

Suma o resta. Reduce la respuesta si es posible.

16. $7\frac{4}{10} - 3\frac{1}{10}$

17. $3\frac{3}{8} - 1\frac{2}{8}$

18. $13\frac{4}{5} + 12\frac{2}{5}$

19. $24\frac{6}{11} + 11\frac{5}{11}$

20. $22\frac{2}{7} + 11\frac{4}{7}$

Suma. Reduce la respuesta si es posible.

21. $3\frac{1}{2} + 5\frac{1}{4}$

22. $17\frac{1}{3} + 23\frac{1}{6}$

23. $26\frac{3}{4} + 5\frac{1}{2}$

24. $21\frac{7}{10} + 16\frac{3}{5}$

Resta. Reduce la respuesta si es posible.

25. $6\frac{1}{5} - 1\frac{9}{10}$

26. $19\frac{1}{4} - 1\frac{1}{2}$

27. $48\frac{1}{3} - 19\frac{11}{12}$

28. $55\frac{3}{8} - 26\frac{2}{7}$

29. María está pintando su cuarto y tiene $4\frac{2}{3}$ galones de pintura. Ella necesita $\frac{3}{4}$ de galón para el borde y $3\frac{1}{2}$ para las paredes. ¿Hay suficiente pintura para pintar el cuarto?

30. María tiene una moldura de $22\frac{5}{8}$ pies de largo. Ella usó $8\frac{2}{3}$ pies para la pared en el cuarto. ¿Hay suficiente moldura para la otra pared que mide $12\frac{1}{2}$ pies de largo?

2·4 Multiplica y divide fracciones

Multiplica fracciones

Sabes que 2×2 significa "2 grupos de 2". La multiplicación de fracciones involucra el mismo concepto: $2 \times \frac{1}{2}$ significa "2 grupos de $\frac{1}{2}$". Quizás te resulte más fácil pensar que *por* significa *de*.

Un grupo de $\frac{1}{2}$	Dos grupos de $\frac{1}{2}$	Tres grupos de $\frac{1}{2}$
$1 \times \frac{1}{2} = \frac{1}{2}$	$2 \times \frac{1}{2} = \frac{2}{2} = 1$	$3 \times \frac{1}{2} = \frac{3}{2} = 1\frac{1}{2}$

Esto es igualmente verdadero cuando multiplicas una fracción por una fracción. Por ejemplo, $\frac{1}{4} \times \frac{1}{2}$ significa que calculas $\frac{1}{4}$ de $\frac{1}{2}$.

$$\frac{1}{4} \times \frac{1}{2} = \frac{1}{8}$$

Cuando no uses modelos para multiplicar fracciones, debes multiplicar los numeradores y luego los denominadores. No se necesita un denominador común.

$$\frac{1}{3} \times \frac{1}{4} = \frac{1}{12}$$

CÓMO MULTIPLICAR FRACCIONES

Multiplica $\frac{4}{5}$ y $\frac{5}{6}$.

$$\frac{4}{5} \times \frac{5}{6}$$

• Convierte los números mixtos en fracciones impropias, si los hay.

$$\frac{4}{5} \times \frac{5}{6} = \frac{20}{30}$$

• Multiplica los numeradores.
• Multiplica los denominadores.

$$\frac{20 \div 10}{30 \div 10} = \frac{2}{3}$$

• Escribe el producto en forma reducida, si es necesario.

$$\frac{4}{5} \times \frac{5}{6} = \frac{2}{3}$$

Practica tus conocimientos

Multiplica. Usa la forma reducida.

1. $\frac{1}{2} \times \frac{5}{9}$

2. $\frac{3}{4} \times \frac{5}{7}$

3. $\frac{2}{3} \times \frac{5}{15}$

4. $\frac{3}{5} \times \frac{11}{20}$

Atajo para multiplicar fracciones

Puedes usar un atajo para multiplicar fracciones. En vez de multiplicar directamente y luego reducir, puedes reducir los **factores**.

CÓMO REDUCIR FACTORES

Multiplica $\frac{2}{5}$ y $\frac{10}{14}$.

$\frac{2}{5} \times \frac{10}{14}$ • Convierte los números mixtos en fracciones impropias; si los hay.

$= \frac{2}{\overset{1}{\cancel{5}}} \times \frac{\overset{1}{\cancel{2} \cdot \cancel{5}}^{1}}{\underset{1}{\cancel{2}} \cdot 7}$ • Reduce los factores, si puedes.

$= \frac{2}{1} \times \frac{1}{7} = \frac{2}{7}$ • Multiplica.

$= \frac{2}{7}$ • Escribe el producto en forma reducida, si es necesario.

2·4 MULTIPLICA Y DIVIDE

Practica tus conocimientos

Multiplica, reduciendo factores.

5. $\frac{4}{9} \times \frac{3}{8}$

6. $\frac{3}{5} \times \frac{15}{21}$

7. $\frac{12}{15} \times \frac{4}{9}$

8. $\frac{7}{8} \times \frac{16}{21}$

Halla recíprocos

Para hallar el **recíproco** de un número, invierte el numerador y el denominador.

Número	Recíproco
$\frac{4}{5}$	$\frac{5}{4}$
$3 = \frac{3}{1}$	$\frac{1}{3}$
$6\frac{1}{2} = \frac{13}{2}$	$\frac{2}{13}$

Cuando multiplicas un número por su recíproco, el producto es 1.

$$\frac{2}{5} \times \frac{5}{2} = \frac{10}{10} = 1$$

El número 0 no tiene recíproco.

Practica tus conocimientos

Escribe el recíproco de cada número.

9. $\frac{3}{8}$ 10. 5   11. $4\frac{1}{2}$

Multiplica números mixtos

Puedes usar lo que ya sabes de la multiplicación de fracciones como ayuda para multiplicar números mixtos. Para multiplicar números mixtos debes escribirlos como fracciones impropias.

CÓMO MULTIPLICAR NÚMEROS MIXTOS

Multiplica $2\frac{1}{3} \times 1\frac{1}{4}$.

- Escribe los números mixtos en forma de fracciones impropias.

$$2\frac{1}{3} \times 1\frac{1}{4} = \frac{7}{3} \times \frac{5}{4}$$

- Factoriza, si es posible, y luego multiplica las fracciones.

$$\frac{7}{3} \times \frac{5}{4} = \frac{35}{12}$$

- Convierte a número mixto y escribe en *forma reducida* (pág. 102), si es necesario.

$$\frac{35}{12} = 2\frac{11}{12}$$

Practica tus conocimientos

Multiplica. Escribe la respuesta en forma reducida.

12. $2\frac{2}{5} \times 3\frac{2}{6}$ 13. $4\frac{5}{9} \times 2\frac{1}{16}$

14. $15\frac{2}{3} \times 4\frac{5}{8}$ 15. $16\frac{1}{2} \times 4\frac{3}{4}$

Divide fracciones

Cuando divides una fracción entre otra fracción, por ejemplo $\frac{1}{3} \div \frac{1}{6}$, en realidad lo que estás tratando de hallar es cuántos $\frac{1}{6}$ hay en $\frac{1}{3}$.

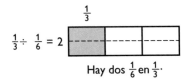

$$\frac{1}{3} \div \frac{1}{6} = 2$$

Hay dos $\frac{1}{6}$ en $\frac{1}{3}$.

Para dividir fracciones, debes reemplazar el divisor con su recíproco y luego multiplicar para obtener la respuesta.

$$\frac{1}{3} \div \frac{1}{6} = \frac{1}{3} \times \frac{6}{1} = 2$$

CÓMO DIVIDIR FRACCIONES

Divide $\frac{3}{4} \div \frac{9}{10}$.

- Reemplaza el divisor con su recíproco y multiplica.

$$\frac{3}{4} \div \frac{9}{10} = \frac{3}{4} \times \frac{10}{9}$$

- Factoriza.

$$\frac{\overset{1}{\cancel{3}}}{2 \times \underset{1}{\cancel{2}}} \times \frac{\overset{1}{\cancel{2}} \times 5}{\underset{1}{\cancel{3}} \times 3} = \frac{1}{2} \times \frac{5}{3}$$

- Multiplica las fracciones.

$$\frac{1}{2} \times \frac{5}{3} = \frac{5}{6}$$

Practica tus conocimientos

Divide. Escribe la respuesta en forma reducida.

16. $\frac{3}{4} \div \frac{3}{5}$ 17. $\frac{5}{7} \div \frac{1}{2}$ 18. $\frac{7}{9} \div \frac{1}{8}$

Divide números mixtos

Cuando divides $3\frac{3}{4}$ entre $1\frac{1}{4}$, en realidad estás tratando de hallar cuántos conjuntos de $1\frac{1}{4}$ hay en $3\frac{3}{4}$.

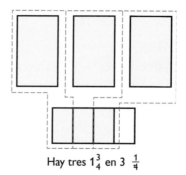

Hay tres $1\frac{3}{4}$ en $3\ \frac{1}{4}$

La división de números mixtos es similar a la división de fracciones. Antes de comenzar el proceso, tienes que convertir los *números mixtos* en *fracciones impropias* (pág. 106).

$$3\frac{3}{4} \div 1\frac{1}{4} = \frac{15}{4} \div \frac{5}{4} = \frac{15}{4} \times \frac{4}{5} = \frac{60}{20} = 3$$

CÓMO DIVIDIR NÚMEROS MIXTOS

Resuelve $2\frac{1}{2} \div 1\frac{1}{3}$.

- Escribe los números mixtos como fracciones impropias.

$$2\frac{1}{2} \div 1\frac{1}{3} = \frac{5}{2} \div \frac{4}{3}$$

- Reemplaza el divisor con su recíproco.

El recíproco de $\frac{4}{3}$ es $\frac{3}{4}$.

- Multiplica las fracciones. Escribe en forma reducida, si es necesario.

$$\frac{5}{2} \times \frac{3}{4} = \frac{15}{8} = 1\frac{7}{8}$$

Practica tus conocimientos

Divide. Escribe la respuesta en forma reducida.

19. $1\frac{1}{8} \div \frac{3}{4}$

20. $\frac{16}{2} \div 1\frac{1}{2}$

21. $4\frac{3}{4} \div 6\frac{1}{3}$

2-4 MULTIPLICA Y DIVIDE

2·4 EJERCICIOS

Multiplica. Reduce la respuesta.

1. $\frac{2}{5} \times \frac{7}{9}$
2. $\frac{3}{8} \times \frac{3}{5}$
3. $\frac{6}{7} \times \frac{7}{8}$
4. $\frac{3}{4} \times \frac{5}{11}$
5. $\frac{4}{7} \times \frac{21}{24}$

Escribe el recíproco.

6. $\frac{5}{7}$
7. $5\frac{1}{2}$
8. 4
9. $6\frac{2}{3}$
10. $7\frac{5}{6}$
11. 27

Multiplica. Reduce la respuesta.

12. $5\frac{1}{8} \times 12\frac{2}{7}$
13. $3\frac{3}{4} \times 16\frac{4}{5}$
14. $11\frac{1}{2} \times 4\frac{1}{6}$
15. $10\frac{2}{9} \times 2\frac{13}{16}$
16. $6\frac{5}{12} \times 4\frac{4}{9}$
17. $8\frac{4}{5} \times 5\frac{5}{8}$

Divide. Reduce la respuesta.

18. $\frac{1}{5} \div \frac{2}{3}$
19. $\frac{4}{9} \div \frac{11}{15}$
20. $\frac{3}{8} \div \frac{12}{21}$
21. $\frac{13}{19} \div \frac{26}{27}$
22. $\frac{21}{26} \div \frac{12}{13}$

Divide. Reduce la respuesta.

23. $5\frac{5}{6} \div 7\frac{7}{9}$
24. $3\frac{3}{5} \div 2\frac{2}{17}$
25. $12\frac{2}{7} \div 2\frac{13}{15}$
26. $7\frac{1}{3} \div 6\frac{1}{9}$
27. $4\frac{4}{5} \div 3\frac{4}{5}$
28. $3\frac{1}{3} \div 1\frac{2}{3}$

29. En el restaurante Shady Tree se sirve $\frac{1}{2}$ taza de maíz con cada plato de comida. Si hay aproximadamente 4 tazas de maíz en una libra, ¿cuántos platos de comida se podrían servir con 16 libras de maíz?

30. Jamie está haciendo tortitas de chocolate. La receta indica que debe usar $\frac{2}{3}$ de taza de chocolate. Ella quiere hacer $\frac{1}{2}$ receta. ¿Cuánto chocolate necesita?

2·5 Nombra y ordena decimales

Valor de posición decimal: Décimas y centésimas

Puedes usar lo que ya sabes del **valor de posición** de números enteros para leer y escribir decimales.

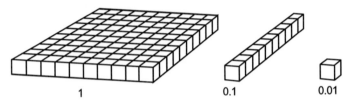

| 1 | 0.1 | 0.01 |

Los bloques de base diez muestran que:
Un entero es diez veces más grande que una décima (0.1).
Una décima (0.1) es diez veces más grande que una centésima (0.01).

Puedes usar un diagrama de valor de posición para leer y escribir números decimales.

Decenas de millar	Unidades de millar	Centenas	Decenas	Unidades	Décimas	Centésimas	
		3	5	2	6		treinta y cinco con veintiséis centésimas
1	0	2	0	0	2		mil veinte con dos centésimas
		7	0	7			setenta con siete décimas
		7	0	7	0		setenta con setenta centésimas
			0	3			tres décimas

Puedes leer el decimal como leerías el número entero a la izquierda del punto decimal. Uno dice "con" para el punto decimal. Luego busca el último dígito decimal y úsalo para darle el nombre adecuado.

Puedes escribir un decimal escribiendo el número entero, poniendo un punto decimal, y luego colocando el último dígito del número decimal en la posición que le corresponde.

1,000 + 20 + 0.02 es 1,020.02 escrito en notación desarrollada. El diagrama de valor de posición puede ayudarte cuando escribas decimales en forma de notación desarrollada. Escribe cada posición, que no sea cero, como un número y los sumas.

Practica tus conocimientos
Escribe el decimal.
1. nueve décimas
2. cincuenta y cinco centésimas
3. siete con dieciocho centésimas
4. cinco con tres centésimas

Valor de posición decimal: Milésimas

Se usan las milésimas como una medida precisa en estadísticas deportivas y estudios científicos. El número 1 equivale a 1,000 milésimas y una centésima es igual a diez milésimas ($\frac{1}{100} = \frac{10}{1,000}$).

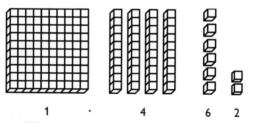

| 1 | . | 4 | 6 | 2 |

Los bloques de base diez muestran el número decimal 1.462.

• Lee el número:
"uno con cuatrocientos sesenta *y* dos milésimas"

• El número decimal en forma desarrollada es:
1 + 0.4 + 0.06 + 0.002

Practica tus conocimientos
Escribe el decimal en forma desarrollada.
5. 0.634
6. 3.221
7. 0.077

Nombra decimales mayores y menores que uno

Los números decimales se basan en unidades de diez.

El diagrama muestra el valor para algunos de los dígitos de un decimal. Puedes usar un diagrama de valor de posición como ayuda al nombrar decimales mayor y menor que uno.

CÓMO NOMBRAR DECIMALES MAYORES Y MENORES QUE UNO

Escribe los valores de los dígitos en el número decimal 45.6317.

- Los valores a la izquierda del punto decimal son mayores a uno.

  45 es igual a 4 decenas y 5 unidades.

- Lee el decimal. El nombre del decimal depende del valor de posición del último dígito.

  El último dígito (7) está en la posición de las diezmilésimas.

45.6317 se lee cuarenta y cinco con seis mil trescientos diecisiete diezmilésimas.

Practica tus conocimientos
Usa el diagrama del valor de posición para determinar qué significa cada dígito azul. Luego escribe el número en palabras.

8. 5.633
9. 0.045
10. 6.0074
11. 0.00271

Compara decimales

Los ceros se pueden añadir a la derecha del decimal de la siguiente manera, sin cambiar su valor.

$$1.045 = 1.0450 = 1.04500 = 1.04500\ldots$$

Para comparar decimales, puedes comparar sus valores de posición.

CÓMO COMPARAR DECIMALES

Compara 18.4053 y 18.4063.

- Comienza por la izquierda. Halla la primera posición en la que los números son diferentes.

    18.4053 y 18.4063

    La posición de las milésimas es diferente.

- Compara los dígitos que son diferentes.

    5 < 6

- Los números se comparan como si fueran dígitos.

18.4053 < 18.4063

Practica tus conocimientos
Escribe <, > o = para cada ☐.

12. 37.5 ☐ 37.60   13. 15.336 ☐ 15.636
14. 0.0018 ☐ 0.0015

2·5 NOMBRA Y ORDENA DECIMALES

Ordena decimales

Para escribir los decimales de menor a mayor y al revés, tienes que comparar primero los números, de dos en dos.

Ordena los decimales: 1.123; 0.123; 1.13.
* Compara los números de dos en dos.

> 1.123 > 0.123
> 1.13 > 1.123

* Ordénalos de menor a mayor.

> 0.123; 1.123; 1.13

Practica tus conocimientos
Ordena de menor a mayor.
15. 4.0146; 40.146; 4.1406
16. 8.073; 8.373; 8; 83.037
17. 0.522; 0.552; 0.52112; 0.5512

Redondea decimales

Redondear decimales se parece al redondeo de números enteros.
Redondea 13.046 en centésimas.
* Halla la posición   13.046
  a redondear.   ↑

                         centésimas

* Observa el dígito a la derecha de la posición a redondear. 13.046
* Si es menor que 5, no cambies el dígito en la posición a redondear. Si es mayor que o igual a 5, aumenta el dígito por uno. 6 > 5
* Escribe el número redondeado.

> 13.05

13.046 redondeado en centésimas es 13.05.

Practica tus conocimientos
Calcula cada suma o diferencia. Usa ambos métodos para cada problema.
18. 1.656   19. 226.948
20. 7.399   21. 8.594

2·5 EJERCICIOS

Escribe el decimal.
1. cuatro con veintiséis milésimas
2. cinco décimas
3. setecientos cincuenta y seis diezmilésimas

Escribe el decimal en forma desarrollada.
4. setenta y seis milésimas
5. setenta y cinco con ciento treinta y cuatro milésimas

Escribe el valor de cada dígito azul.
6. 34.241
7. 4.3461
8. 0.1296
9. 24.14

Compara. Usa $<$, $>$ o $=$ para cada ☐.
10. 14.0990 ☐ 14.11   11. 13.46400 ☐ 13.46
12. 8.1394 ☐ 8.2   13. 0.664 ☐ 0.674

Ordena de menor a mayor.
14. 0.707; 0.070; 0.70; 0.777
15. 5.722; 5.272; 5.277; 5.217
16. 4.75; 0.75; 0.775; 77.5

Redondea cada decimal a la posición indicada.
17. 1.7432 décimas   18. 49.096 centésimas

19. Hay cinco niñas en una competencia de gimnasia donde la puntuación máxima posible es 10.0. En la rutina de piso, Rita obtuvo 9.3, Minh 9.4, Sujey 9.9 y Sonja 9.8. ¿Qué puntuación tiene que obtener Aisha para ganar la competencia?

20. De acuerdo con la siguiente tabla, ¿cuál banco ofrece la mejor tasa de interés en sus cuentas de ahorros?

Banco	Interés
First Federal	7.25
Western Trust	7.125
National Savings	7.15
South Central	7.1

2·6 Operaciones decimales

Suma y resta decimales

La suma y la resta de decimales es muy parecida a la suma y la resta de números enteros.

CÓMO SUMAR Y RESTAR DECIMALES	

Suma 3.65 + 0.5 + 22.45.

* Alinea los puntos decimales.

$$
\begin{array}{r}
3.65 \\
0.5 \\
+22.45 \\
\end{array}
$$

* Suma o resta la posición más hacia la derecha. Convierte, si es necesario.

$$
\begin{array}{r}
\overset{1}{3}.65 \\
0.5 \\
+22.45 \\
\hline
0 \\
\end{array}
$$

* Suma o resta la próxima posición hacia la izquierda. Convierte, si es necesario.

$$
\begin{array}{r}
\overset{1}{3}.\overset{1}{6}5 \\
0.5 \\
+22.45 \\
\hline
60 \\
\end{array}
$$

* Continúa hasta finalizar con los números enteros. Escribe el punto decimal en el resultado.

$$
\begin{array}{r}
3.65 \\
0.5 \\
+22.45 \\
\hline
26.60 \\
\end{array}
$$

Practica tus conocimientos

Resuelve.

1. 18.68 + 47.30 + 22.9
2. 16.8 + 5.99 + 39.126
3. 6.77 − 0.64
4. 47.026 − 0.743

2·6 OPERACIONES DECIMALES

Suma y resta decimales

Una de las formas de calcular la suma y resta de decimales es usando números compatibles. Los números compatibles son números que se acercan al número verdadero del problema, pero que facilitan el cálculo mental.

2·6 OPERACIONES DECIMALES

CÓMO SUMAR Y RESTAR DECIMALES

Calcula la suma de $1.344 + 8.744$.

- Reemplaza los números por números compatibles.

    $1.344 \rightarrow 1$

    $8.744 \rightarrow 9$

- Suma los números.

    $1 + 9 = 10$

    $1.344 + 8.744$ es más o menos 10.

Calcula la diferencia de $18.572 - 7.231$.

- Reemplaza los números por números compatibles.

    $18.572 \rightarrow 18$

    $7.231 \rightarrow 7$

- Resta los números compatibles.

    $18 - 7 = 11$

    $18.572 - 7.231$ es más o menos 11.

Practica tus conocimientos

Calcula cada suma o diferencia.

5. $7.64 + 4.33$
6. $12.4 - 8.3$
7. $19.144 - 4.66$
8. $2.66 + 3.14 + 6.54$

Multiplica decimales

La multiplicación de decimales es muy parecida a la multiplicación de números enteros. Puedes usar una plantilla de 10 por 10 para visualizar la multiplicación de decimales. Cada cuadradito es igual a una centésima.

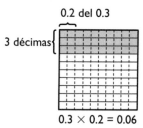

0.2 del 0.3

3 décimas

$0.3 \times 0.2 = 0.06$

CÓMO MULTIPLICAR DECIMALES

Multiplica 24.5×0.07.

- Multiplica como si fueran números enteros.

$$\begin{array}{r} 24.5 \\ \times 0.07 \\ \hline \end{array} \qquad \begin{array}{r} 245 \\ \times 7 \\ \hline 1715 \end{array}$$

- Añade el número de lugares decimales para los factores.

$24.5 \rightarrow$ 1 lugar decimal
$\times 0.07 \rightarrow$ 2 lugares decimales
$1715 \qquad 1 + 2 = 3$ lugares decimales

- Escribe el punto decimal en el producto.

$$\begin{array}{r} 24.5 \\ \times 0.07 \\ \hline 1.715 \end{array}$$

$24.5 \times 0.07 = 1.715$

Practica tus conocimientos

9. 2.8×1.68 10. 33.566×3.4

Multiplica decimales con ceros en el producto
A veces, al multiplicar decimales tienes que agregar ceros en el producto.

CEROS EN EL PRODUCTO

Multiplica 0.9×0.0456.

- Multiplica como si fueran números enteros. Cuenta los lugares decimales de los factores para ver cuántos lugares necesitas en el producto.

$$
\begin{array}{r} 0.0456 \\ \times\ 0.9 \\ \hline \end{array}
\qquad
\begin{array}{r} 456 \\ \times\ 9 \\ \hline 4104 \end{array}
\qquad \text{Necesitas 5 lugares decimales.}
$$

- Agrega ceros en el producto, de ser necesario.

    Como se necesitan 5 lugares decimales en el producto, escribe un cero a la izquierda del 4.

$0.0456 \times 0.9 = 0.04104$

Practica tus conocimientos

11. 0.051×0.033 12. 0.881×0.055

Estima productos decimales
Para estimar productos decimales, puedes reemplazar números dados con números compatibles. Los números compatibles son números estimados que escoges porque son más fáciles de calcular mentalmente.

Estima el producto de 37.3×48.5.

- Reemplaza los factores con números compatibles.

    $37.3 \rightarrow 40$
    $48.5 \rightarrow 50$

- Multiplica mentalmente.

    $40 \times 50 = 2,000$

2•6 OPERACIONES DECIMALES

Practica tus conocimientos

Calcula cada producto mediante números compatibles.

13. 34.84 × 6.6

14. 43.87 × 10.63

Decimales olímpicos

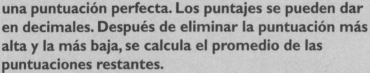

En gimnasia olímpica, los competidores realizan ciertos eventos específicos. La puntuación se basa en una escala de diez puntos, siendo diez una puntuación perfecta. Los puntajes se pueden dar en decimales. Después de eliminar la puntuación más alta y la más baja, se calcula el promedio de las puntuaciones restantes.

Para algunos eventos, se juzga el mérito técnico, la composición y el estilo de los gimnastas. Las puntuaciones para mérito técnico se basan en la dificultad y la variedad de la rutina y las habilidades del gimnasta. Para composición y estilo se toman en cuenta la originalidad y calidad artística de la rutina.

	Mérito técnico	Composición y estilo
EE.UU.	9.4	9.8
China	9.6	9.7
Francia	9.3	9.9
Alemania	9.5	9.6
Australla	9.6	9.7
Canadá	9.5	9.6
Japón	9.7	9.8
Rusia	9.6	9.5
Suecia	9.4	9.7
Inglaterra	9.6	9.7

Usa estos puntajes para determinar la media de los puntajes olímpicos para mérito técnico y composición y estilo. (*Ayuda*: Para calcular el promedio, suma los puntajes y divide entre el número de puntajes.) Consulta la respuesta en el Solucionario.

2·6 OPERACIONES DECIMALES

Divide decimales

La división de decimales se parece a la división de números enteros. Puedes usar un modelo como una ayuda para dividir decimales. Por ejemplo, 0.8 ÷ 0.2 significa: ¿cuántos grupos de 0.2 hay en 0.8?

Hay 4 grupos de 0.2 en 0.8, de modo que 0.8 ÷ 0.2 = 4.

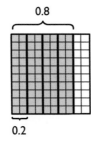

CÓMO DIVIDIR DECIMALES

Divide 0.592 ÷ 1.6.

- Multiplica el divisor por una potencia de diez, para que sea un número entero.

  $1.6 \times 10 = 16$

- Multiplica el dividendo por la misma potencia de diez.

  $0.592 \times 10 = 5.92$

- Escribe el punto decimal en el cociente.

$$16.\overline{)5.92}$$

- Divide.

$$
\begin{array}{r}
0.37 \\
16.\overline{)5.92} \\
4\,8 \\
\hline
112 \\
112 \\
\hline
\end{array}
$$

$0.592 \div 1.6 = 0.37$

Practica tus conocimientos
Divide.
15. $10.5 \div 2.1$ 16. $0.0936 \div 0.02$
17. $3.024 \div 0.06$ 18. $3.68 \div 0.08$

Redondea cocientes decimales

Puedes usar una calculadora para dividir decimales. Luego, puedes seguir los siguientes pasos para redondear el cociente.

Divide $8.3 \div 3.6$. Redondea en centésimas.

• Usa tu calculadora para dividir.

  8.3 $\boxed{\div}$ 3.6 $\boxed{=}$ 2.3055555

• Para redondear el cociente, mira la posición a la derecha del lugar a redondear.

  2.305

• Si el dígito a la derecha de la posición a redondear es 5 ó más, redondea hacia arriba. Si el dígito a la derecha de la posición a redondear es menor de 5, el dígito se queda igual.

  5 = 5, por lo tanto 2.305555556 redondeado en centésimas es 2.31.

Practica tus conocimientos
Usa una calculadora para calcular cada cociente.
Redondea en centésimas.
19. $0.509 \div 0.7$
20. $0.1438 \div 0.56$
21. $0.2817 \div 0.47$

2·6 EJERCICIOS

Calcula cada suma o diferencia.
1. $4.64 + 2.44$ 2. $7.09 - 4.7$
3. $6.666 + 0.34$ 4. $4.976 + 3.224$
5. $12.86 - 7.0064$

Suma.
6. $224.2 + 3.82$ 7. $55.12 + 11.65$
8. $10.84 + 174.99$ 9. $8.0217 + 0.71$
10. $1.9 + 6 + 2.5433$

Resta.
11. $24 - 10.698$ 12. $32.034 - 0.649$
13. $487.1 - 3.64$ 14. $53.44 - 17.844$
15. $11.66 - 4.0032$

Multiplica.
16. 0.5×5.533 17. 11.5×23.33
18. 0.13×0.03 19. 39.12×0.5494
20. 0.47×0.81

Divide.
21. $273.5 \div 20.25$ 22. $29.3 \div 0.4$
23. $76.5 \div 25.5$ 24. $38.13 \div 8.2$

Usa una calculadora para dividir. Redondea el cociente en centésimas.
25. $583.5 \div 13.2$ 26. $798.46 \div 92.3$
27. $56.22 \div 0.28$ 28. $0.226 \div 0.365$

29. El récord escolar en carreras de relevo era 45.78 segundos. Este año rompieron el récord por 0.19 segundos. ¿Cuál es el nuevo récord de este año?

30. Arturo gana $4.75 por hora repartiendo pizzas. La semana pasada trabajó 43 horas. ¿Cuánto dinero ganó?

2·6 EJERCICIOS

2·7 El significado de porcentaje

Nombra porcentajes

Un **porcentaje** es una **razón** que compara un número con 100. La palabra porcentaje proviene de la locución *por ciento*, que significa "de cada 100" y se representa con el símbolo %.

Puedes usar papel cuadriculado para modelar porcentajes. Hay 100 cuadrados en una plantilla de 10 por 10. Puedes usar la plantilla para representar 100%. Dado que porcentaje significa "de cada 100", es fácil ver qué porcentaje de la plantilla de 100 cuadrados está sombreado.

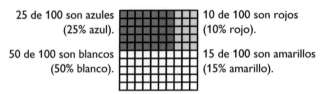

25 de 100 son azules (25% azul).

10 de 100 son rojos (10% rojo).

50 de 100 son blancos (50% blanco).

15 de 100 son amarillos (15% amarillo).

Practica tus conocimientos
Escribe el porcentaje de cada número de cuadrados sombreados y el número de cuadrados que no están sombreados.

1.   2. 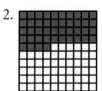   3.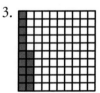

Entiende el significado de porcentaje

Cualquier *razón* con 100 como el segundo número se puede expresar de tres formas. Puedes escribir la razón como fracción, como decimal o como porcentaje.

Una moneda de 25¢ es el 25% de $1.00. Puedes expresar esto como 25¢, $0.25, $\frac{1}{4}$ de un dólar, $\frac{25}{100}$ y 25%.

Una manera de pensar en porcentajes es familiarizándote con algunos de ellos. Acumulas tus conocimientos sobre porcentajes usando algunas de estas **referencias**. Puedes usarlas para calcular porcentajes de otras cosas.

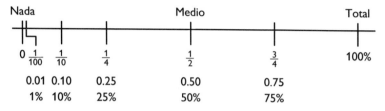

CÓMO ESTIMAR PORCENTAJES

Calcula 47% de 60.

- Escoge una referencia o combinación de referencias, cercanas al porcentaje que buscas.

  47% se acerca a 50%.

- Halla la fracción o decimal equivalente a la referencia del porcentaje.

  $50\% = \frac{1}{2}$

- Usa el equivalente de referencia para estimar el porcentaje.

  $\frac{1}{2}$ de 60 es 30.

47% de 60 aproximadamente 30.

Practica tus conocimientos

Usa referencias fraccionarias para estimar los porcentajes.

4. 34% de 70
5. 45% de 80
6. 67% de 95
7. 85% de 32

Estima porcentajes mentalmente

Puedes usar referencias fraccionarias o decimales en situaciones reales como ayuda para calcular el porcentaje de algo, como por ejemplo, la propina en un restaurante.

2·7 EL SIGNIFICADO DE PORCENTAJE

CÓMO CALCULAR PORCENTAJES MENTALMENTE

Calcula una propina del 20% para una cuenta de $15.40.

- Redondea a un número conveniente.

 $15.40 se redondea a $15.00

- Piensa en una referencia porcentual.

 20% = 0.20

- Multiplica mentalmente.

 $0.20 \times 15.00 = (0.10 \times 15.00) \times 2 = (1.5) \times 2 = \$3.00$

La propina es aproximadamente $3.00.

Practica tus conocimientos

Calcula la cantidad de cada propina.

8. 10% de $14.55   9. 23% de $16

10. 47% de $110

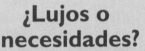

¿Lujos o necesidades?

China tiene una de las economías más prósperas del mundo.
Debido a los años de trabajo, el país aún no ha logrado proveer lujos para su enorme población de casi 1,200,000,000.

	China	EE.UU.
Número de personas por teléfono	36.4	1.3
Número de personas por TV	6.7	1.2

Cuando China tenga el mismo número teléfonos por personas que Estados Unidos, ¿cuántos tendrá? Consulta la respuesta en el Solucionario.

2·7 EJERCICIOS

Escribe el porcentaje para la parte sombreada y la parte sin sombrear.

1.   2.   3.

Escribe cada razón como fracción, decimal o porcentaje.
 4. 8 a 100
 5. 23 a 100
 6. 59 a 100

Usa las referencias fraccionarias para estimar el porcentaje de cada número.
 7. 27% de 60
 8. 49% de 300
 9. 11% de 75
10. 74% de 80

Calcula mentalmente cada porcentaje.
11. 15% de $45
12. 20% de $29
13. 10% de $79
14. 25% de $69
15. 6% de $35

2•8 Usa y calcula porcentajes

Calcula el porcentaje de un número

Hay muchas maneras de calcular el porcentaje de un número. Puedes usar decimales o fracciones. Para calcular el porcentaje de un número, primero debes convertir el porcentaje en decimal o fracción. A veces es más fácil convertir en decimal y otras veces es más fácil convertir en fracción.

Para calcular el 50% de 80, puedes usar el método de fracción o el método decimal.

DOS MÉTODOS PARA CALCULAR EL PORCENTAJE DE UN NÚMERO	
MÉTODO DECIMAL	**MÉTODO FRACCIONARIO**
• Convierte el porcentaje en un decimal equivalente. $50\% = 0.5$ • Multiplica $0.5 \times 80 = 40$	• Convierte el porcentaje en una fracción reducida. $50\% = \frac{50}{100} = \frac{1}{2}$ • Multiplica. $\frac{1}{2} \times 80 = 40$
El 50% de 80 es igual a 40.	

Practica tus conocimientos

Escribe el porcentaje de cada número.

1. 55% de 35
2. 94% de 600
3. 22% de 55
4. 71% de 36

Calcula el porcentaje de un número: Método proporcional

Puedes usar **proporciones** como ayuda en el cálculo del porcentaje de un número.

CÓMO USAR UNA PROPORCIÓN PARA CALCULAR EL PORCENTAJE DE UN NÚMERO

Ramón trabaja en una tienda de patinetas. Él recibe una comisión (parte de las ventas) del 15% de sus ventas. El mes pasado Ramón vendió $1,400 en patinetas, cascos, rodilleras y protectores. ¿Cuánto fue su comisión?

- Usa una proporción para calcular el porcentaje de un número.

P = Parte (de la base o del total) R = Tasa (porcentaje)
B = Base (total) $\dfrac{P}{R} = \dfrac{B}{100}$

- Identifica lo que tienes antes de despejar la incógnita.

P es R es B es.
la incógnita n.   15%. $1400.

- Establece la proporción.

$\dfrac{P}{R} = \dfrac{B}{100}$ $\dfrac{n}{15} = \dfrac{1400}{100}$

- Halla los productos cruzados.

$100 \times n = 1400 \times 15 \rightarrow 100n = 21{,}000$

- Divide ambos lados de la ecuación entre el coeficiente de n.

$100n = 21{,}000$ $n = \$210$

Ramón recibió una comisión de $210.

Practica tus conocimientos

Usa una proporción para calcular el porcentaje de cada número.

5. 56% de 65   6. 12% de 93
7. 67% de 139   8. 49% de 400

Calcula porcentajes y bases

Puede ser un poco confuso calcular qué porcentaje un número es de otro, y qué número es cierto porcentaje de otro número. Puedes facilitar el proceso al establecer y resolver una proporción.

Usa la razón $\frac{P}{B} = \frac{R}{100}$, donde Parte (de la base), B = Base (total) y R = Tasa (porcentaje).

CÓMO CALCULAR EL PORCENTAJE

¿Qué porcentaje de 30 es 6?

○ Usa la siguiente fórmula para establecer una proporción:

$$\frac{\text{Parte}}{\text{Base}} = \frac{\text{Porcentaje}}{100}$$

$$\frac{6}{30} = \frac{n}{100}$$

(El número después de la palabra de es la base.)

• Escribe los productos cruzados de la proporción.

$$100 \times 6 = 30 \times n$$

• Calcula el producto.

$$600 = 30n$$

• Divide ambos lados de la ecuación entre el coeficiente de n.

$$\frac{600}{30} = \frac{30n}{30}$$

$$n = 20$$

16 es 20% de 30.

Practica tus conocimientos

Resuelve .

9. ¿Qué porcentaje de 240 es 60?

10. ¿Qué porcentaje de 500 es 75?

11. ¿Qué porcentaje de 60 es 3?

12. ¿Qué porcentaje de 44 es 66?

CÓMO CALCULAR LA BASE

¿De qué número es 60 el 48%?

- Establece una proporción porcentual usando esta fórmula:

$$\frac{\text{Parte}}{\text{Base}} = \frac{\text{Porcentaje}}{100}$$

$$\frac{60}{n} = \frac{48}{100}$$

(La frase *qué número* después de la palabra *de* es la base.)

- Escribe los productos cruzados de la proporción.

$$60 \times 100 = 48 \times n$$

- Calcula el producto.

$$6000 = 48n$$

- Divide ambos lados de la ecuación entre el coeficiente de *n*.

$$\frac{6000}{48} = \frac{48n}{48}$$

$$n = 125$$

60 es el 48% de 125.

Practica tus conocimientos

Resuelve. Redondea el cociente en centésimas.

13. ¿De qué número es 54 el 50%?
14. ¿De qué número es 16 el 80%?
15. ¿De qué número es 35 el 150%?
16. ¿De qué número es 74 el 8%?

Porcentaje de aumento o disminución

A veces, es útil mantener un registro de tus gastos mensuales. Dicho registro te permite ver el porcentaje real de aumento o disminución de tus gastos. Puedes hacer una tabla para registrar tus gastos.

2·8 USA Y CALCULA PORCENTAJES

Gastos	Enero	Febrero	Cantidad de aumento o disminución	Porcentaje de aumento o disminución
Almuerzos	$47	$35	$12	
Útiles escolares	$15	$7	$8	53%
Meriendas	$20	$33	$13	65%
Cine	$8	$12		
Otros	$14	$10	$4	29%
Total	$104	$97		

Puedes usar una calculadora para calcular el porcentaje de aumento o disminución.

CÓMO CALCULAR EL PORCENTAJE DE AUMENTO

Durante el mes de enero se gastaron $8 en cine. En febrero, el gasto para cine fue de $12.

- En una calculadora, ingresa lo siguiente:

nueva cantidad $\boxed{-}$ cantidad original $\boxed{=}$ cantidad de aumento

$12 \boxed{-} 8 \boxed{=} \boxed{\qquad 4.}$

- Deja la respuesta en la calculadora.

$\boxed{\qquad 4.}$

- Usa la calculadora para dividir la cantidad de aumento entre la cantidad original.

cantidad de aumento $\boxed{\div}$ cantidad original $\boxed{=}$ porcentaje de aumento

$\boxed{\qquad 4.} \boxed{\div} 8 \boxed{=} \boxed{\qquad .5}$

- Redondea y convierte en un porcentaje.

$0.5 = 50\%$

El porcentaje de aumento de $8 a $12 es 50%.

Practica tus conocimientos

Usa una calculadora para calcular el porcentaje de aumento.

17. 15 a 29

18. 23 a 64

19. 6 a 88

20. 5 a 25

CÓMO CALCULAR EL PORCENTAJE DE DISMINUCIÓN

En enero, se gastó un total de $104. En febrero, el total fue de $97. Puedes usar tu calculadora para calcular el porcentaje de disminución de las cantidades gastadas en enero y febrero.

- En una calculadora, ingresa lo siguiente:

  cantidad original $\boxed{-}$ nueva cantidad $\boxed{=}$ cantidad de disminución

  104 $\boxed{-}$ 97 $\boxed{=}$ $\boxed{\qquad 7.}$

- Deja la respuesta en la calculadora.

  $\boxed{\qquad 7.}$

- Usa la calculadora para dividir la cantidad de aumento entre la cantidad original.

  cantidad de disminución $\boxed{\div}$ cantidad original $\boxed{=}$ porcentaje de disminución

  $\boxed{\qquad 7.}$ $\boxed{\div}$ 104 $\boxed{=}$ $\boxed{0.0673076}$

- Redondea el cociente en centésimas y convierte en un porcentaje.

  $0.0673076 = 0.07 = 7\%$

El porcentaje de aumento es de 7%.

2·8 USA Y CALCULA PORCENTAJES

Practica tus conocimientos

Usa una calculadora para calcular el porcentaje de disminución. Redondea el cociente en porcentajes enteros.

21. 65 a 21   22. 42 a 18
23. 156 a 122   24. 143 a 60

Descuentos y precios de oferta

Un **descuento** es la cantidad que se le reduce al precio regular de un artículo. El precio de oferta es el precio regular menos el descuento. Los precios regulares en las tiendas de descuento son menores que el precio sugerido por el fabricante. Puedes usar porcentajes para calcular un descuento y el precio de oferta resultante.

Este televisor tiene un precio regular de $199.99. Ahora está en oferta con un 20% de descuento de su precio regular. ¿Cuánto dinero ahorrarías si lo compras en oferta?

20% menos

regularmente $199.⁹⁹

Puedes usar una calculadora para calcular el descuento y el precio en oferta de algo.

2•8 USA Y CALCULA PORCENTAJES

CÓMO CALCULAR DESCUENTOS Y PRECIOS DE OFERTA

El precio regular de un artículo es $199.99. El porcentaje de descuento es 20%. Calcula el descuento y el precio de oferta.

- Usa una calculadora para multiplicar el precio regular por el porcentaje de descuento. Esto te dará la cantidad del descuento.

    precio regular ⊠ porcentaje de descuento = descuento

    199.99 ⊠ 20 % [**39.998**]

- Si es necesario, redondea el descuento en centésimas.

    $39.998 → $40.00   El descuento es $40.00.

- Usa la calculadora para restar el descuento del precio regular. Esto te dará el precio de oferta.

    precio regular ⊟ descuento = precio de oferta

    199.99 ⊟ 40.00 = [**159.99**]

El precio de oferta es $159.99.

Practica tus conocimientos

Usa una calculadora para calcular el descuento y el precio de oferta.

25. Precio regular: $75, porcentaje de descuento: 25%

26. Precio regular: $180, porcentaje de descuento: 15%

Calcula el porcentaje de un número

Puedes usar lo que ya sabes sobre números compatibles y fracciones simples para calcular el porcentaje de un número. Puedes usar esta tabla como ayuda para calcular el porcentaje de un número.

Porcentaje	1%	5%	10%	20%	25%	$33\frac{1}{3}$%	50%	$66\frac{2}{3}$%	75%	100%
Fracción	$\frac{1}{100}$	$\frac{1}{20}$	$\frac{1}{10}$	$\frac{1}{5}$	$\frac{1}{4}$	$\frac{1}{3}$	$\frac{1}{2}$	$\frac{2}{3}$	$\frac{3}{4}$	1

CÓMO CALCULAR EL PORCENTAJE DE UN NÚMERO

Calcula 17% de 46.

- Halla el porcentaje que esté más cercano al porcentaje que necesitas.

    17% está cerca de 20%.

- Halla la fracción equivalente para el porcentaje.

    20% es equivalente a $\frac{1}{5}$.

- Halla un número compatible para el número para el cual necesitas calcular el porcentaje.

    46 es casi 50.

- Usa la fracción para calcular el porcentaje.

    $\frac{1}{5}$ de 50 es 10.

17% de 46 es aproximadamente 10.

Practica tus conocimientos

Usa números compatibles para calcular.

27. 67% de 150   28. 35% de 6

29. 27% de 54   30. 32% de 89

Calcula el interés simple

Cuando tienes una cuenta de ahorros, el banco te paga por usar tu dinero. Cuando pides un préstamo, le pagas al banco por el uso de su dinero. En ambas situaciones, el pago se llama *interés*. La cantidad de dinero que pides prestada o que ahorras se llama *capital*.

2·8 USA Y CALCULA PORCENTAJES

Quieres pedir prestados $2,000 al 5% de interés por 2 años. Para saber cuánto interés tendrás que pagar, puedes usar la fórmula $I = P \times R \times T$. La siguiente tabla te ayudará a entender la fórmula.

P	Capital: - la cantidad de dinero que pides prestado o que ahorras
R	Tasa de interés o rédito: un porcentaje del capital que pagas o ganas
T	Tiempo: el período de tiempo que debes el dinero o que ahorras
I	Interés total: interés que pagas o que ganas durante todo el tiempo
A	Cantidad: cantidad total (capital más intereses) que pagas o ganas

CÓMO CALCULAR EL INTERÉS SIMPLE

Puedes usar una calculadora para calcular el interés que deberías en $2,000 al 5% por 2 años.

• Multiplica el capital (P) por la tasa de interés (R) por el tiempo (T) para calcular el interés que pagarás (I).

$$P \times R \times T = I$$

2000 $\boxed{\times}$ 5 $\boxed{\%}$ $\boxed{\times}$ 2 $\boxed{=}$ $\boxed{\quad 200.\quad}$

$200 es el interés.

• Suma el capital y el interés para calcular la cantidad total (A) que pagarás.

$$P + I = A$$

2000 $\boxed{+}$ 200 $\boxed{=}$ $\boxed{\quad 2200.\quad}$

$2,200 es la cantidad total de dinero a pagar al prestamista.

Practica tus conocimientos
Calcula el interés (I) y la cantidad total (A).

31. $P = \$650$
    $R = 11\%$
    $T = 3$ años

32. $P = \$2,400$
    $R = 14\%$
    $T = 2\frac{1}{2}$ años

2·8 EJERCICIOS

Calcula el porcentaje de cada número.
1. 7% de 34   2. 34% de 135
3. 85% de 73   4. 3% de 12.4

Resuelve.
5. ¿Qué porcentaje de 500 es 35?   6. ¿Qué porcentaje de 84 es 147?
7. ¿Qué porcentaje de 78 es 52?   8. ¿Qué porcentaje de 126 es 42?

Resuelve. Redondea en centésimas.
9. ¿De qué número es 28 el 38%?
10. ¿De qué número es 13 el 23%?
11. ¿De qué número es 22 el 97%?
12. ¿De qué número es 34.2 el 65%?

Calcula el porcentaje de aumento o disminución. Redondea al porcentaje más cercano.
13. 7 a 9   14. 56 a 22
15. 21 a 16   16. 13 a 21

Calcula el descuento y el precio de oferta.
17. Precio regular: $79   18. Precio regular: $229
    Descuento: 15%   Descuento: 25%
19. Precio regular: $189   20. Precio regular: $359
    Descuento : 30%   Descuento: 45%

Calcula el interés (I) y la cantidad total (A). Usa una calculadora.
21. $P = \$7,500$ 22. $P = \$1,100$
    $R = 5.5\%$ $R = 6\%$
    $T = 1$ años $T = 2$ años

Estima el porcentaje de cada número.
23. 12% de 72   24. 29% de 185
25. 79% de 65

2·9 Relaciones entre fracciones, decimales y porcentajes

Porcentajes y fracciones

Los porcentajes y las fracciones describen una razón con respecto a 100. La siguiente tabla te ayudará a entender la relación entre porcentajes y fracciones.

Porcentaje	Fracción
50 de 100 = 50%	$\dfrac{50}{100} = \dfrac{1}{2}$
$33\frac{1}{3}$ de 100 = 33 % $\frac{1}{3}$	$\dfrac{33.\overline{3}}{100} = \dfrac{1}{3}$
25 de 100 = 25%	$\dfrac{25}{100} = \dfrac{1}{4}$
20 de 100 = 20%	$\dfrac{20}{100} = \dfrac{1}{5}$
10 de 100 = 10%	$\dfrac{10}{100} = \dfrac{1}{10}$
1 de 100 = 1%	$\dfrac{1}{100}$
$66\frac{2}{3}$ de 100 = 66 % $\frac{2}{3}$	$\dfrac{66.\overline{6}}{100} = \dfrac{2}{3}$
75 de 100 = 75%	$\dfrac{75}{100} = \dfrac{3}{4}$

Puedes escribir fracciones como porcentajes y porcentajes como fracciones.

CÓMO CONVERTIR FRACCIONES EN PORCENTAJES

Usa una proporción para expresar $\frac{2}{5}$ como porcentaje.

- Establece una proporción. $\frac{2}{5} = \frac{n}{100}$
- Resuelve la proporción. $5n = 2 \times 100$

$$n = 40$$

- Expresa en forma de porcentaje $n = 40\%$

$$\tfrac{2}{5} = 40\%$$

Practica tus conocimientos

Convierte cada fracción en porcentaje. Redondea en porcentajes enteros.

1. $\frac{11}{20}$ 2. $\frac{4}{10}$

3. $\frac{6}{8}$ 4. $\frac{3}{7}$

Convierte porcentajes en fracciones

Para convertir un porcentaje en fracción, escribe el porcentaje como numerador de una fracción cuyo denominador es 100 y reduce la fracción.

CÓMO CONVERTIR PORCENTAJES EN FRACCIONES

Expresa 45% como fracción.

- Convierte el porcentaje directamente en una fracción cuyo denominador es 100. El número del porcentaje se convierte en el numerador de la fracción.

  $45\% = \frac{45}{100}$

- Escribe la fracción en *forma reducida* (pág. 102).

  $\frac{45}{100} = \frac{9}{20}$

45% escrito como fracción en forma reducida es $\frac{9}{20}$.

Practica tus conocimientos

Convierte cada porcentaje en una fracción en forma reducida.

5. 16%   6. 4%

7. 38%   8. 72%

2·9 RELACIONES

Convierte porcentajes de números mixtos en fracciones

Para convertir el porcentaje de un número mixto $15\frac{1}{4}\%$ en fracción, primero tienes que convertir el número mixto en una fracción impropia (pág. 106).

- Convierte el número mixto en *fracción impropia*.

$$15\frac{1}{4}\% = \frac{61}{4}\%$$

- Multiplica el porcentaje por $\frac{1}{100}$.

$$\frac{61}{4} \times \frac{1}{100} = \frac{61}{400}$$

- Reduce, si es posible.

$$15\frac{1}{4}\% = \frac{61}{400}$$

Practica tus conocimientos

Convierte cada porcentaje de número mixto en fracción en forma reducida.

9. $24\frac{1}{2}\%$ 10. $16\frac{3}{4}\%$

11. $121\frac{1}{8}\%$

La honradez paga

En el asiento trasero de su taxi, David Hacker, un taxista, se encontró una billetera con $25,000, más o menos el salario de un año para él.

El nombre del dueño estaba en la billetera y Hacker se acordó donde lo había llevado. Se fue directo al hotel y se encontró con el hombre. El dueño era un hombre de negocios y habiéndose caído ya en cuenta que había perdido su billetera, se imaginó que nunca más la vería. ¡Nunca pensó que había alguien tan honrado! Allí mismo le entregó al taxista cincuenta billetes de $100.

¿Qué porcentaje del dinero recibió Hacker como recompensa? Consulta la respuesta en el Solucionario, ubicado al final del libro.

Porcentajes y decimales

Los porcentajes pueden expresarse como decimales y los decimales como porcentajes. *Porcentaje* significa "de cada cien".

CÓMO CONVERTIR DECIMALES EN PORCENTAJES

Convierte 0.9 en porcentaje.

- Multiplica el decimal por 100.

    $0.9 \times 100 = 90$

- Agrega el signo de porcentaje al producto.

    $0.9 = 90\%$

Un atajo para convertir decimales en porcentajes

Convierte 0.9 en porcentaje.

- Mueve el punto decimal dos lugares a la derecha. Añade ceros, si es necesario.

    $0.9 \longrightarrow 0.90.$

- Agrega el signo de porcentaje.

    90%

Por lo tanto, $0.9 = 90\%$.

 Practica tus conocimientos

Escribe cada decimal como porcentaje.

12. 0.45
13. 0.606
14. 0.019
15. 2.5

2•9 RELACIONES

Convierte porcentajes en decimales

Dado que *porcentaje* quiere decir "de cada cien", los porcentajes se pueden convertir directamente en decimales.

CÓMO CONVERTIR PORCENTAJES EN DECIMALES

Convierte 6% en decimal.

- Expresa el porcentaje como fracción con 100 como denominador.

$$6\% = \frac{6}{100}$$

- Convierte la fracción en decimal dividiendo el numerador entre el denominador.

$$6 \div 100 = 0.06$$

$$6\% = 0.06$$

Un atajo para convertir porcentajes en decimales

Convierte 6% a decimal.

- Mueve el punto decimal dos lugares a la derecha.

$$6\% \rightarrow \underset{\curvearrowleft}{.\,6.}$$

- Añade ceros, si es necesario.

$$6\% = 0.06$$

Practica tus conocimientos

Escribe cada porcentaje como decimal.

16. 54%

17. 190%

18. 4%

19. 29%

Fracciones y decimales

Las fracciones se pueden escribir como decimales **terminales** o **periódicos**.

Fracciones	Decimales	Terminales o periódicos
$\frac{1}{2}$	0.5	terminal
$\frac{1}{3}$	0.3333333...	periódico
$\frac{1}{6}$	0.166666...	periódico
$\frac{2}{3}$	0.666666...	periódico
$\frac{3}{5}$	0.6	terminal

CÓMO CONVERTIR FRACCIONES EN DECIMALES

Escribe $\frac{2}{5}$ en forma decimal.

- Divide el numerador de la fracción entre el denominador.

   $2 \div 5 = 0.4$

El residuo es cero. 0.4 es un decimal terminal.

Escribe $\frac{2}{3}$ como decimal.

- Divide el numerador de la fracción entre el denominador.

   $2 \div 3 = 0.666666\ldots$

   El decimal es periódico.

- Coloca una barra sobre el dígito que se repite.

   $0.6\overline{6}$ ó $0.\overline{6}$

$\frac{2}{3} = 0.6\overline{6}$. Es un decimal periódico.

2·9 RELACIONES

Practica tus conocimientos

Usa una calculadora para hallar la forma decimal de cada fracción.

20. $\frac{4}{5}$ 21. $\frac{5}{16}$ 22. $\frac{5}{9}$

CÓMO CONVERTIR DECIMALES EN FRACCIONES

Escribe el decimal 0.24 como fracción.

- Escribe el decimal como fracción.

$$0.24 = \frac{24}{100}$$

- Expresa la fracción en *forma reducida* (pág.102).

$$\frac{24}{100} = \frac{24 \div 4}{100 \div 4} = \frac{6}{25}$$

Por lo tanto, $0.24 = \frac{6}{25}$.

Practica tus conocimientos

Escribe cada decimal como fracción.

23. 0.225

24. 0.5375

25. 0.36

2·9 EJERCICIOS

Convierte cada fracción en decimal.
1. $\frac{1}{5}$　　　　　2. $\frac{3}{25}$
3. $\frac{1}{100}$　　　　4. $\frac{13}{50}$

Convierte cada porcentaje en fracción reducida.
5. 28%　　　　　6. 64%
7. 125%　　　　　8. 87%

Escribe cada decimal como porcentaje.
9. 0.9　　　　　10. 0.27
11. 0.114　　　　12. 0.55
13. 3.7

Escribe cada porcentaje como decimal.
14. 38%　　　　15. 13.6%　　　　16. 19%
17. 5%　　　　　18. 43.2%

Convierte cada fracción en decimal. Usa una barra para mostrar los dígitos que se repiten.
19. $\frac{1}{5}$　　　　20. $\frac{2}{9}$　　　　21. $\frac{3}{16}$
22. $\frac{4}{9}$　　　　23. $\frac{9}{10}$

Escribe cada decimal como fracción reducida.
24. 0.05　　　　25. 0.005　　　　26. 10.3
27. 0.875　　　　28. 0.6

29. Bargain Barn tiene una liquidación de reproductores de CD a 50% del precio regular de $149.95. Larry's Lowest ofrece los mismos reproductores con $\frac{1}{3}$ de descuento del precio regular de $119.95. ¿Qué tienda tiene la mejor oferta?

30. Una encuesta en la escuela media Franklin decía que el deporte favorito del 24% de los alumnos de sexto grado era el baloncesto. Otra encuesta decía que el deporte favorito de $\frac{6}{25}$ de los alumnos de sexto grado era el baloncesto. ¿Pueden estar correctas ambas encuestas? Explica.

¿Qué has aprendido?

Puedes usar los siguientes problemas y la lista de palabras para averiguar lo que has aprendido en este capítulo. Puedes aprender más acerca de un problema o palabra en particular al consultar el número de tema en negrilla (por ejemplo, **2.1**).

Serie de problemas

1. Miguel compró 0.8 kg de uvas a $0.55 el kilo y 15 toronjas a $0.69 cada una. ¿Cuánto dinero gastó? **2•6**

2. Hadas compró $12\frac{3}{4}$ yardas de tela para cortina. Ella quería hacer cortinas para dos ventanas. Para una de las ventanas necesita $6\frac{1}{2}$ yardas de tela y para la otra necesita $5\frac{3}{4}$ yardas de tela. ¿Tiene suficiente tela para hacer las dos cortinas? **2•3**

3. Jacobo aumentó su velocidad mecanográfica de 40 a 48 palabras por minuto. ¿Cuál es el porcentaje de aumento en velocidad mecanográfica? **2•8**

4. ¿Cuál fracción es equivalente a $\frac{16}{24}$? **2•1**

   A. $\frac{2}{3}$ B. $\frac{8}{20}$ C. $\frac{4}{5}$ D. $\frac{6}{4}$

5. ¿Cuál fracción es mayor: $\frac{1}{16}$ ó $\frac{2}{19}$? **2•2**

Suma o resta. Escribe tus resultados en forma reducida. **2•3**

6. $\frac{3}{5} + \frac{5}{9}$ 7. $4\frac{1}{7} - 2\frac{3}{4}$

8. $6 - 1\frac{2}{3}$ 9. $7\frac{1}{9} + 2\frac{7}{8}$

10. Escribe la fracción impropia $\frac{16}{5}$ como número mixto. **2•1**

Multiplica o divide. Reduce el resultado. **2•4**

11. $\frac{4}{7} \times \frac{6}{7}$ 12. $\frac{2}{3} \div 7\frac{1}{4}$

13. $4\frac{1}{4} \times \frac{3}{4}$ 14. $5\frac{1}{4} \div 2\frac{1}{5}$

15. ¿Cuál es el valor de posición del 5 en 432.159? **2•5**

16. Escribe la forma desarrollada de 4.613. **2•5**

17. Escribe en formal decimal: trescientos sesenta y seis milésimas **2•5**

18. Escribe los siguientes números en orden, de menor a mayor: **2•5**

Calcula cada respuesta. **2•6**

19. 12.344 + 2.89

20. 14.66 − 0.487

21. 34.89 × 0.0076

22. 0.86 ÷ 0.22

Usa una calculadora para resolver los Ejercicios 23 al 25. Redondea en décimas. **2•8**

23. ¿Cuánto es el 53% de 244?

24. Calcula el 154% de 50.

25. ¿Qué porcentaje de 20 es 17?

Escribe cada decimal como porcentaje. **2•9**

26. 0.65

27. 0.05

Escribe cada fracción como porcentaje. **2•9**

28. $\frac{3}{8}$

29. $\frac{7}{20}$

Escribe cada porcentaje como decimal. **2•9**

30. 16%

31. 3%

Escribe cada porcentaje como fracción en forma reducida. **2•9**

32. 36%

33. 248%

ESCRIBE LAS DEFINICIONES DE LAS SIGUIENTES PALABRAS

palabras **importantes**

decimal periódico **2•9**
decimal terminal **2•9**
denominador **2•1**
denominador común **2•2**
descuento **2•8**
equivalente **2•1**
estimar **2•3**
factor **2•4**
fracción **2•1**
fracción impropia **2•1**
fracciones equivalentes **2•1**

máximo común divisor **2•1**
mínimo común múltiplo **2•2**
numerador **2•1**
número entero **2•1**
número mixto **2•1**
porcentaje **2•7**
producto **2•4**
producto cruzado **2•1**
proporciones **2•8**
razón **2•7**
recíproco **2•4**
referencia **2•7**
valor de posición **2•5**

¿QUÉ HAS APRENDIDO?

temas
de
actualidad

3

Potencias
y raíces

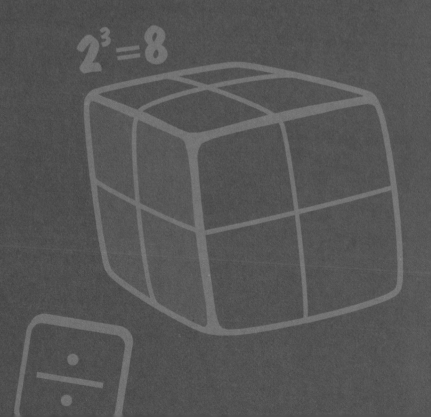

$2^3 = 8$

Serie de problemas

Escribe cada multiplicación usando exponentes. **3•1**
1. $7 \times 7 \times 7 \times 7 \times 7$
2. $a \times a \times a \times a \times a \times a \times a \times a$
3. $4 \times 4 \times 4$
4. $x \times x$
5. $3 \times 3 \times 3 \times 3$

Calcula el cuadrado de cada número. **3•1**
6. 2^2
7. 5^2
8. 10^2
9. 7^2
10. 12^2

Calcula el cubo de cada número. **3•1**
11. 2^3
12. 4^3
13. 10^3
14. 7^3
15. 1^3

Calcula cada potencia de 10. **3•1**
16. 10^2
17. 10^6
18. 10^{10}
19. 10^7
20. 10^1

Calcula cada raíz cuadrada. **3•2**

21. $\sqrt{9}$

22. $\sqrt{25}$

23. $\sqrt{144}$

24. $\sqrt{64}$

25. $\sqrt{4}$

Estima entre cuál par de números consecutivos se encuentra cada raíz cuadrada. **3•2**

26. $\sqrt{20}$

27. $\sqrt{45}$

28. $\sqrt{5}$

29. $\sqrt{75}$

30. $\sqrt{3}$

Estima cada raíz cuadrada en milésimas. **3•2**

31. $\sqrt{5}$

32. $\sqrt{20}$

33. $\sqrt{50}$

34. $\sqrt{83}$

35. $\sqrt{53}$

CAPÍTULO 3

palabras **importantes**

área **3•1**
base **3•1**
cuadrado **3•1**
cuadrado perfecto **3•2**
cubo **3•1**

exponente **3•1**
factor **3•1**
potencia **3•1**
raíz cuadrada **3•2**
volumen **3•1**

¿QUÉ SABES YA?

3·1 Potencias y exponentes

Exponentes

La multiplicación es el atajo para mostrar una adición que se repite muchas veces: $4 \times 6 = 4 + 4 + 4 + 4 + 4 + 4$. Una manera de abreviar la multiplicación $4 \times 4 \times 4 \times 4 \times 4 \times 4$ es escribir 4^6. El número 4 es el factor que se multiplica y se conoce como **base**. El número 6 es el **exponente** e indica el número de veces que se multiplica la base. La expresión se lee "4 elevado a la sexta **potencia**". El exponente se escribe con un número más pequeño, a la derecha y un poco más arriba de la base.

PARA MULTIPLICAR CON EXPONENTES

Expresa la multiplicación $3 \times 3 \times 3 \times 3$ usando exponentes.

- Verifica que se use el mismo **factor** en la multiplicación.

  Todos los factores son iguales a 3.

- Cuenta el número de veces que 3 se multiplica.

  Hay cuatro factores de 3.

- Expresa la multiplicación usando exponentes.

Dado que el factor 3 se multiplica 4 veces, escribe 3^4.

Practica tus conocimientos

Expresa cada multiplicación usando exponentes.
1. $8 \times 8 \times 8 \times 8$
2. $3 \times 3 \times 3 \times 3 \times 3 \times 3 \times 3$
3. $x \times x \times x$
4. $y \times y \times y \times y \times y$

Calcula el cuadrado de un número

Elevar un número al **cuadrado** significa aplicar el exponente 2 a la base. Por lo tanto, el cuadrado de 3 es 3^2. Para calcular 3^2, identifica el 3 como la base y el 2 como el exponente. Recuerda que el exponente te indica cuántas veces debes usar la base como factor. Por consiguiente, 3^2 significa que debes usar 2 veces el número 3 como factor:

$3^2 = 3 \times 3 = 9$

La expresión 3^2 se puede leer como "3 elevado a la segunda potencia" o como "3 al cuadrado".

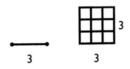

Si se construye un cuadrado con un segmento de recta de 3 unidades, el **área** del cuadrado es igual a $3 \times 3 = 3^2 = 9$.

PARA CALCULAR EL CUADRADO DE UN NÚMERO

Calcula 7^2.

- Identifica la base y el exponente.

    La base es 7 y el exponente es 2.

- Escribe la expresión en forma de multiplicación.

    $7^2 = 7 \times 7$

- Calcula.

    $7 \times 7 = 49$

Practica tus conocimientos

Calcula cada cuadrado.

5. 4^2 6. 5^2

7. 8 al cuadrado   8. 6 al cuadrado

Calcula el cubo de un número

Elevar un número al **cubo** significa aplicar el exponente 3 a la base. Entonces, 2 elevado al cubo es 2^3. El cálculo del cubo de un número es muy similar al del cuadrado de un número. Por ejemplo, si quieres evaluar 2^3, ten en cuenta que 2 es la base y 3 es el exponente. Recuerda que el exponente te indica el número de veces que la base se usa como factor. Por lo tanto, 2^3 significa que debes usar 3 veces el 2 como factor:

$$2^3 = 2 \times 2 \times 2 = 8$$

La expresión 2^3 se puede leer como "2 elevado a la tercera potencia" o como "2 al cubo".

El **volumen** de un cubo cuyas aristas miden 2 es
$2 \times 2 \times 2 = 2^3 = 8$.

PARA CALCULAR EL CUBO DE UN NÚMERO

Calcula 2^3.

- Identifica la base y el exponente.

    La base es 2 y el exponente es 3.

- Escribe la expresión en forma de multiplicación.

    $2^3 = 2 \times 2 \times 2$

- Calcula.

    $2 \times 2 \times 2 = 8$

Puedes usar una calculadora para calcular el cubo de un número. Simplemente usa la calculadora para multiplicar el número correcto de veces (pág. 379) o utiliza las teclas especiales (pág. 386).

Practica tus conocimientos

Calcula cada cubo.

9. 3^3

10. 6^3

11. 9 al cubo

12. 5 al cubo

Potencias de 10

El sistema decimal está basado en el número 10. Por cada factor de 10, el punto decimal se desplaza un lugar a la derecha.

3.151→ 31.51   14.25 → 1,425   3. → 30
$\times 10$ $\times 100$ $\times 10$

Cuando el punto decimal se encuentra al final de un número y dicho número se multiplica por 10, se añade un cero al final del número.

Trata de descubrir el patrón de las potencias de 10.

Potencias	Como multiplicación	Resultado	Número de ceros
10^2	10×10	100	2
10^4	$10 \times 10 \times 10 \times 10$	10,000	4
10^5	$10 \times 10 \times 10 \times 10 \times 10$	100,000	5
10^8	$10 \times 10 \times 10 \times 10 \times 10 \times 10 \times 10 \times 10$	100,000,000	8

Observa que el número de ceros después del número 1 es igual a la potencia de 10. Esto significa que si quieres calcular 10^7, sólo tienes que escribir el número 1 seguido por 7 ceros: 10,000,000.

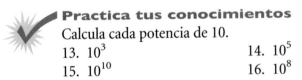

Practica tus conocimientos
Calcula cada potencia de 10.
13. 10^3 14. 10^5
15. 10^{10} 16. 10^8

Insectos

Los insectos son la forma de vida más exitosa sobre la Tierra. Se han clasificado y nombrado cerca de un millón de variedades de insectos y se estima que existen cuatro millones más. Este número no se refiere al total de insectos, sino a las distintas *clases* de insectos.

Los insectos se han adaptado a vivir en cualquier sitio imaginable: en el suelo y en el aire; en las plantas, los cuerpos de animales y otros insectos; en las orillas de los lagos salados, en charcos de petróleo y en las aguas calientes de los manantiales termales.

El tamaño de los insectos varía muchísimo. Pueden alcanzar más de 15 pulgadas como el insecto palo o menos de 0.1 de pulgada como las moscas parásitas. Los insectos muestran una gran variedad de adaptaciones. El diminuto jején puede batir sus alas 62,000 veces por minuto. Una pulga puede saltar 130 veces su tamaño. Las hormigas pueden llegar a formar colonias con 1,000,000 de reinas y 300,000,000 de hormigas obreras.

Se estima que existen 200,000,000 de insectos por cada persona en el planeta. Dado que la población humana es de aproximadamente 6,000,000,000 de personas, ¿con cuántos insectos compartimos un planeta? Usa una calculadora para obtener el estimado. Expresa este número en notación científica. Consulta la respuesta en el Solucionario, ubicado al final del libro.

3·1 EJERCICIOS

Expresa cada multiplicación usando exponentes.
1. $7 \times 7 \times 7$
2. $6 \times 6 \times 6 \times 6 \times 6 \times 6 \times 6 \times 6$
3. $y \times y \times y \times y \times y \times y$
4. $m \times m \times m \times m \times m \times m \times m \times m \times m \times m$
5. 12×12

Calcula cada cuadrado.
6. 2^2
7. 7^2
8. 10^2
9. 1 al cuadrado
10. 15 al cuadrado

Calcula cada cubo.
11. 3^3
12. 8^3
13. 11^3
14. 10 al cubo
15. 7 al cubo

Calcula cada potencia de 10.
16. 10^2
17. 10^6
18. 10^{14}

19. ¿Cuál es el área de un cuadrado cuyos lados miden 9 unidades?
   A. 18
   B. 36
   C. 81
   D. 729

20. ¿Cuál es el volumen de un cubo cuyos lados miden 5 unidades?
   A. 60
   B. 120
   C. 125
   D. 150

3·1 EJERCICIOS

3·2 Raíces cuadradas

Raíces cuadradas

En matemáticas, ciertas operaciones son opuestas entre sí. Esto quiere decir que una operación anula a la otra. Por ejemplo, la adición es lo opuesto de la sustracción: $3 - 2 = 1$, por lo tanto, $1 + 2 = 3$. La multiplicación es lo opuesto de la división: $6 \div 3 = 2$, por lo tanto, $2 \times 3 = 6$. La **raíz cuadrada** de un número es la operación opuesta a elevar el número al cuadrado. Ya sabes que 3 al cuadrado $= 3^2 = 9$. La raíz cuadrada de 9 es el número que al ser multiplicado por sí mismo es igual a 9, es decir, es el número 3. El símbolo para la raíz cuadrada es $\sqrt{}$. Por lo tanto, $\sqrt{9} = 3$.

PARA CALCULAR LA RAÍZ CUADRADA

Calcula $\sqrt{25}$.

- Piensa, ¿cuál número multiplicado por sí mismo es igual a 25?

    $5 \times 5 = 25$

- Calcula la raíz cuadrada.

    Dado que $5 \times 5 = 25$, entonces la raíz cuadrada de 25 es igual a 5.

Por lo tanto, $\sqrt{25} = 5$.

Practica tus conocimientos

Calcula cada raíz cuadrada.

1. $\sqrt{16}$
2. $\sqrt{25}$
3. $\sqrt{64}$
4. $\sqrt{100}$

Estima raíces cuadradas

La tabla siguiente muestra los primeros diez **cuadrados perfectos** y sus respectivas raíces cuadradas.

Cuadrado perfecto	1	4	9	16	25	36	49	64	81	100
Raíz cuadrada	1	2	3	4	5	6	7	8	9	10

Puedes estimar una raíz cuadrada, si identificas los dos números consecutivos entre los que se encuentra el valor de la raíz cuadrada.

PARA ESTIMAR UNA RAÍZ CUADRADA

Estima $\sqrt{40}$.

- Establece entre cuáles cuadrados perfectos se encuentra 40.

  40 está entre 36 y 49.

- Calcula las raíces cuadradas de los cuadrados perfectos.

  $\sqrt{36} = 6$ y $\sqrt{49} = 7$.

- Estima la raíz cuadrada.

  $\sqrt{40}$ está entre 6 y 7.

Practica tus conocimientos

Estima cada raíz cuadrada.

5. $\sqrt{20}$ 6. $\sqrt{38}$

Mejores estimados de raíces cuadradas

Si quieres obtener un mejor estimado de la raíz cuadrada de un número, utiliza una calculadora. La mayoría de las calculadoras tienen la tecla $\boxed{\sqrt{}}$ para calcular raíces cuadradas.

En algunas calculadoras, la función $\sqrt{}$ no aparece en la tecla misma, sino que aparece por encima de la tecla $\boxed{x^2}$ en la superficie de la calculadora. Si tu calculadora es de este tipo, entonces busca la tecla $\boxed{\text{INV}}$ o $\boxed{\text{2nd}}$ porque para usar la función $\sqrt{}$, debes presionar primero $\boxed{\text{INV}}$ y después la tecla con $\boxed{\text{2nd}}$ por encima de ella.

PARA ESTIMAR LA RAÍZ CUADRADA DE UN NÚMERO

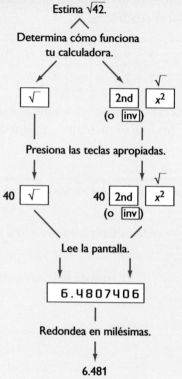

Estima $\sqrt{42}$.

Determina cómo funciona tu calculadora.

Presiona las teclas apropiadas.

Lee la pantalla.

6.4807406

Redondea en milésimas.

6.481

Practica tus conocimientos

Estima cada raíz cuadrada en milésimas.

7. $\sqrt{2}$ 8. $\sqrt{28}$

3·2 EJERCICIOS

Calcula cada raíz cuadrada.
1. $\sqrt{9}$
2. $\sqrt{49}$
3. $\sqrt{121}$
4. $\sqrt{4}$
5. $\sqrt{144}$

6. ¿Entre cuáles números se encuentra $\sqrt{30}$?
   A. 3 y 4
   B. 5 y 6
   C. 29 y 31
   D. Ninguna de las anteriores

7. ¿Entre cuáles números se encuentra $\sqrt{72}$?
   A. 4 y 5
   B. 8 y 9
   C. 9 y 10
   D. 71 y 73

8. ¿Entre cuál par de números consecutivos se encuentra $\sqrt{10}$?
9. ¿Entre cuál par de números consecutivos se encuentra $\sqrt{41}$?
10. ¿Entre cuál par de números consecutivos se encuentra $\sqrt{105}$?

Estima cada raíz cuadrada. Redondea en milésimas.
11. $\sqrt{3}$
12. $\sqrt{15}$
13. $\sqrt{50}$
14. $\sqrt{77}$
15. $\sqrt{108}$

3·2 EJERCICIOS

¿Qué has aprendido?

Puedes utilizar los siguientes problemas y la lista de palabras para averiguar lo que has aprendido en este capítulo. Puedes aprender más acerca de un problema o palabra en particular al consultar el número de tema en negrilla (por ejemplo, **3•2**).

Serie de problemas

Expresa cada multiplicación utilizando exponentes. **3•1**

1. $5 \times 5 \times 5 \times 5 \times 5 \times 5 \times 5 \times 5$
2. $m \times m \times m \times m$
3. 9×9
4. $y \times y \times y \times y \times y \times y \times y \times y \times y \times y$
5. $45 \times 45 \times 45 \times 45$

Calcula cada cuadrado. **3•1**

6. 3^2
7. 6^2
8. 12^2
9. 8^2
10. 15^2

Calcula cada cubo. **3•1**

11. 3^3
12. 6^3
13. 1^3
14. 8^3
15. 2^3

Calcula cada potencia de 10. **3•1**

16. 10^3
17. 10^5
18. 10^8
19. 10^{13}
20. 10^1

Calcula cada raíz cuadrada. **3•2**

21. $\sqrt{4}$
22. $\sqrt{36}$
23. $\sqrt{121}$
24. $\sqrt{81}$
25. $\sqrt{225}$

Estima entre cuál par de números consecutivos se encuentra cada raíz cuadrada. **3•2**

26. $\sqrt{27}$
27. $\sqrt{8}$
28. $\sqrt{109}$
29. $\sqrt{66}$
30. $\sqrt{5}$

Estima cada raíz cuadrada en milésimas. **3•2**

31. $\sqrt{11}$
32. $\sqrt{43}$
33. $\sqrt{88}$
34. $\sqrt{6}$
35. $\sqrt{57}$

ESCRIBE LAS DEFINICIONES DE LAS SIGUIENTES PALABRAS.

palabras **importantes**

área **3•1**
base **3•1**
cuadrado **3•1**
cuadrado perfecto **3•2**

cubo **3•1**
exponente **3•1**
factor **3•1**
potencia **3•1**
raíz cuadrada **3•2**
volumen **3•1**

temas
de
actualidad
4

Datos, estadística y probabilidad

¿Qué sabes ya?

Puedes usar los siguientes problemas y la lista de palabras para averiguar lo que ya sabes sobre este capítulo. Las respuestas para los problemas se encuentran en el Solucionario, ubicado al final del libro y puedes consultar las definiciones de las palabras en la sección Palabras importantes ubicada al comienzo del libro. Puedes averiguar más acerca de un problema o palabra en particular al consultar el número de tema en negrilla (por ejemplo, **4•2**).

Serie de problemas

1. Jacob encuestó a 20 personas que estaban usando la piscina y les preguntó si ellos querían una piscina nueva. ¿Es ésta una muestra aleatoria? **4•1**

2. Silvia preguntó a 40 personas si ellas pensaban votar en favor del bono escolar. ¿Qué clase de pregunta hizo ella? **4•2**

Usa la tabla siguiente para contestar las preguntas 3 a 5. **4•2**
Vanessa anotó el número de personas que usaron cada día el nuevo paso elevado en la escuela.

3. ¿Qué clase de gráfica trazó Vanessa?

4. ¿En qué día usaron más el paso elevado los alumnos?

5. ¿Cuáles grados escolares usan más el paso elevado?

NÚMERO DE ALUMNOS QUE USAN EL PASO ELEVADO

Usa los siguientes datos para contestar las preguntas 6 y 7. Los datos enumeran el número de personas que hacen cola en el banco cada vez que se hace el conteo.

2 0 4 3 1 2 5 1 0 2 1 5 1 3 6 1

6. Traza una gráfica de frecuencias de los datos. **4•2**

7. Haz un histograma de los datos. **4•3**

8. Los salarios semanales en una heladería son $45, $188, $205, $98 y $155. ¿Cuál es el rango de los salarios? **4•4**
9. Calcula la media y la mediana de los salarios en la pregunta 8. **4•4**
10. $P(6, 2) = ?$ **4•5**
11. $C(7, 3) = ?$ **4•5**

12. ¿Cuál es el valor de 5!? **4•5**

Usa la siguiente información para contestar las preguntas 13 a la 15. **4•6** Una caja contiene 40 pelotas de tenis. Dieciocho son verdes y el resto amarillas.
13. Se saca una pelota. ¿Cuál es la probabilidad de que sea amarilla? **4•6**
14. Se sacan dos pelotas. ¿Cuál es la probabilidad de que ambas sean verdes? **4•6**
15. Se saca una pelota y luego se devuelve a la bolsa. Luego se saca una segunda pelota. ¿Cuál es la probabilidad de que ambas sean amarillas? **4•6**

palabras importantes
CAPÍTULO 4

combinación **4•5**
cuadrícula de resultados **4•6**
diagrama de árbol **4•5**
diagrama de caja **4•2**
diagrama de tallo y hojas **4•2**
distribución **4•3**
distribución normal **4•3**
encuesta **4•1**
evento **4•6**
eventos dependientes **4•6**
eventos independientes **4•6**
factorial **4•5**
girador **4•5**
gráfica circular **4•2**
gráfica de barras dobles **4•2**
gráfica de trazos **4•6**
gráfica lineal **4•2**
histograma **4•2**
hojas **4•2**

línea de probabilidad **4•6**
marcas de conteo **4•1**
media **4•4**
mediana **4•4**
moda **4•4**
muestra **4•1**
muestra aleatoria **4•1**
muestreo con reemplazo **4•6**
permutación **4•5**
población **4•1**
porcentaje **4•2**
probabilidad **4•6**
probabilidad experimental **4•6**
probabilidad teórica **4•6**
promedio **4•4**
rango **4•4**
resultado **4•6**
tabla **4•1**
tallo **4•2**

4·1 Recopila datos

Encuestas

¿Te han preguntado alguna vez cuál es tu color favorito o qué tipo de música te gusta? Estos son los tipos de preguntas que generalmente se hacen en las **encuestas**. Un estadístico estudia un grupo de gente u objetos que se llama **población**. Por lo general, obtienen la información a través de una parte pequeña de la población llamada **muestra**.

Se escogieron aleatoriamente a 150 alumnos de sexto grado de la escuela Kennedy para una encuesta y se les preguntó qué tipo de mascota tenían. La siguiente gráfica de barras muestra el porcentaje de alumnos que mencionó cada uno de los tipos de mascotas.

En este caso, la población son todos los alumnos de sexto grado de la escuela Kennedy. La muestra son los 150 alumnos a quiénes se les preguntó el tipo de mascota que tenían.

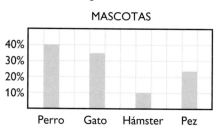

En cualquier encuesta:
* La población consta de personas u objetos de los cuales se desea información.
* La muestra consta de las personas u objetos en la población que, en realidad, están bajo estudio.

Practica tus conocimientos

Identifica la población y el tamaño de la muestra:
1. Se les preguntó a sesenta alumnos que se inscribieron para practicar deportes después de clases si querían practicar los deportes durante el verano.
2. Se marcaron y se liberaron quince lobos de la isla Royal.

Muestras aleatorias

Cuando escoges una muestra para realizar una encuesta debes asegurarte de que la muestra representa la población. También debes estar seguro(a) de que sea una **muestra aleatoria** donde cada persona de la población tiene igual posibilidad de ser incluida.

Shayna quería averiguar a cuántos de sus compañeros de clase les gustaría tener una fiesta de curso al final del año. Para escoger la muestra, escribió los nombres de sus compañeros en tarjetas que metió en una bolsa y luego seleccionó 15 de ellas. Posteriormente les preguntó a estos 15 compañeros si ellos querían tener la fiesta.

CÓMO DETERMINAR SI UNA MUESTRA ES ALEATORIA

Determina si la muestra de Shayna es aleatoria.

- Define la población.

    La población son los alumnos de la clase de Shayna.

- Define la muestra.

    La muestra consta de 15 alumnos.

- Determina si la muestra es aleatoria.

Puesto que cada compañero tuvo la misma oportunidad de ser escogido, la muestra es aleatoria.

Practica tus conocimientos

3. ¿Cómo crees que podrías seleccionar una muestra aleatoria de tus compañeros de clase?

4. Supongamos que les preguntas a 20 personas que están haciendo ejercicios en un gimnasio, el gimnasio de su preferencia. ¿Es ésta una muestra aleatoria?

Cuestionarios

Cuando escribes las preguntas de una encuesta, es importante que estés seguro(a) de que no sean preguntas sesgadas. Es decir, las preguntas no deben suponer nada o influir sobre las respuestas. Los dos cuestionarios siguientes se diseñaron para averiguar cuáles deportes te gustan. El primer cuestionario usa preguntas sesgadas. El segundo cuestionario usa preguntas insesgadas.

Encuesta 1:
A. ¿Prefieres deportes aburridos como el tenis de mesa?
B. ¿Eres del tipo aventurero a quien le gusta el paracaidismo?
Encuesta 2:
A. ¿Te gusta jugar tenis de mesa?
B. ¿Te gusta el paracaidismo?

Para elaborar un cuestionario:
- Decide el tema bajo estudio.
- Define una población y decide cómo seleccionar una muestra de esa población.
- Desarrolla preguntas que no sean sesgadas.

Practica tus conocimientos

5. ¿Por qué en la Encuesta 1, **A** es sesgada?
6. ¿Por qué es **B** en la Encuesta 2 mejor que **B** en la Encuesta 1?
7. Escribe una pregunta insesgada que pregunte lo mismo que la siguiente pregunta: ¿Eres una persona bondadosa que hace donaciones caritativas?

Recopila datos

Una vez que recogió los datosde sus compañeros acerca de la fiesta de curso, Shayna tuvo que decidir cómo presentar los resultados. A medida que les preguntaba a sus compañeros si querían ir a la fiesta, ella hacía una **marca de conteo** en una tabla. La siguiente tabla muestra los resultados.

¿Quieres tener una fiesta?	Número de alumnos
Sí	~~|||~~ |||
No	||||
No me interesa	|||

Para hacer una tabla que recopile los datos:
- Lista las categorías o preguntas en la primera columna o fila.
- Marca las respuestas en la segunda columna o fila.

Practica tus conocimientos

8. ¿A cuántos alumnos no les interesa la fiesta?

9. ¿Cuál fue la respuesta de la mayoría de los alumnos?

10. ¿Qué debe hacer Shayna si ella usa la encuesta para tomar una decisión sobre tener la fiesta? Explica.

Calado de frío hasta los huesos

El viento transporta el calor fuera del cuerpo aumentando la tasa de enfriamiento. De esta manera, cuando el viento sopla sientes más frío. Si vives en un área donde la temperatura baja mucho en invierno, sabes que puedes sentir mucho, mucho más frío que el que indica la temperatura en un día de invierno con vientos fuertes.

Velocidad del viento (mi/hr)	Temperatura del aire (°F)							
	35	30	25	20	15	10	5	0
Calmado	35	30	25	20	15	10	5	0
5	32	27	22	16	11	6	0	–5
10	22	16	10	3	–3	–9	–15	–22
15	16	9	2	–5	–11	–18	–25	–31
20	12	4	–3	–10	–17	–24	–31	–39
25	8	1	–7	–15	–22	–29	–36	–44
30	6	–2	–10	–18	–25	–33	–41	–49

Esta tabla de la sensación térmica muestra el efecto de enfriamiento del viento con relación a las temperaturas bajo condiciones calmadas (sin viento). Observa que la velocidad del viento (en millas por hora) está correlacionada con la temperatura del aire (en grados Fahrenheit). Para determinar el efecto de la sensación térmica lee horizontal y verticalmente hasta encontrar la entrada en la tabla que corresponde a la velocidad del viento y la temperatura dadas.

Durante el invierno, escucha o lee tu boletín meteorológico local diariamente, durante una semana o dos. Registra la temperatura promedio diaria y la velocidad del viento. Usa la tabla para determinar cuánto frío se sintió cada día.

4·1 EJERCICIOS

1. Se les preguntó a mil votantes registrados cuál era su partido preferido. Identifica la población y la muestra. ¿De qué tamaño es la muestra?

2. Livna escribió los nombres de 14 compañeros de clase en tiras de papel, las metió en una bolsa y sacó cinco de las tiras. ¿Es ésta una muestra aleatoria?

3. LeRon les preguntó a los alumnos que viajaban con él en el autobús si participaban en clubes escolares. ¿Es ésta una muestra aleatoria?

¿Son sesgadas las siguientes preguntas? Explica.

4. ¿Cómo llegas a la escuela?

5. ¿Traes un almuerzo soso de la casa o compras el almuerzo en la cafetería escolar?

Escribe preguntas insesgadas para formular las siguientes preguntas.

6. ¿Eres una persona consciente que recicla?

7. ¿Te gustan las sillas incómodas de la cafetería escolar?

La señora Sandover preguntó a sus alumnos cuál de los siguientes parques nacionales les gustaría visitar.

Parque nacional	Número de alumnos de sexto grado	Número de alumnos de séptimo grado
Yellowstone	𝍸𝍸𝍸 𝍸𝍸	𝍸𝍸𝍸 𝍸𝍸𝍸 𝍸𝍸
Yosemite	𝍸𝍸𝍸 𝍸𝍸𝍸 𝍸𝍸	𝍸𝍸𝍸𝍸
Olympic	𝍸𝍸𝍸 𝍸𝍸𝍸	𝍸𝍸𝍸 𝍸𝍸𝍸
Grand Canyon	𝍸𝍸𝍸 𝍸𝍸𝍸𝍸	𝍸𝍸𝍸 𝍸𝍸𝍸 𝍸𝍸𝍸
Glacier	𝍸𝍸𝍸 𝍸	𝍸𝍸𝍸 𝍸𝍸

8. ¿Cuál parque fue el más popular? ¿Cuántos alumnos prefirieron este parque?

9. ¿Cuál parque escogieron más los alumnos, Yellowstone u Olympic?

10. ¿A cuántos alumnos se encuestó?

4·2 Presenta los datos

Interpreta y crea una tabla

Sabes que los estadísticos recopilan datos sobre personas u objetos. Una forma de mostrar estos datos es usando una tabla. Por ejemplo, Desrie contó el número de carros que pasaron frente a su escuela en un día, durante períodos de 15 minutos y obtuvo los siguientes resultados.

10 14 13 12 17 18 12 18 18 11 10 13 15 18 17 10 18 10

CÓMO TRAZAR UNA TABLA

Haz una tabla para organizar los datos sobre el número de carros.

- Rotula la primera columna o fila *lo que* estés contando.

  Rotula la primera fila *Número de Carros*.

- Marca las cantidades de cada categoría en la segunda columna o fila.

Número de carros	10	11	12	13	14	15	16	17	18
Frecuencia	IIII	I	II	II	I	I		II	⊞

- Cuenta el número de marcas de conteo y registra este número en la segunda fila.

Número de carros	10	11	12	13	14	15	16	17	18
Frecuencia	4	1	2	2	1	1	0	2	5

El número más común de carros fue 18. Solo en una ocasión pasaron 11,14 y 15 carros durante el período de 15 minutos.

Practica tus conocimientos

1. ¿Durante cuántos períodos de 15 minutos contó Desrie 10 ó más carros?

2. Haz una tabla usando los siguientes datos sobre el número de personas que patrocinaron a los alumnos para el Caminatón.

   4 6 2 5 10 9 8 2 4 6 10 10 4 2 8 9 5 5 5 10 5 9

Interpreta un diagrama de caja

Para presentar los datos, un **diagrama de caja** usa el valor central de los datos y los cuartiles, que son divisiones de 25% de los datos. El siguiente diagrama de caja muestra los puntos que obtuvieron los Lewiston Larks en los partidos de baloncesto que ganaron.

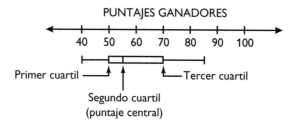

En un diagrama de caja, un 50% de los puntajes está por encima del puntaje central y un 50% por debajo del mismo. El puntaje del primer cuartil es el puntaje central de la mitad inferior de los resultados. El puntaje del tercer cuartil es el puntaje central de la mitad superior de los resultados.

CÓMO INTERPRETAR UN DIAGRAMA DE CAJA

Interpreta el diagrama de caja de los puntajes (arriba).

- Identifica el puntaje más alto y el más bajo en el diagrama.

    El puntaje alto está a la derecha: 85. El puntaje bajo está a la izquierda: 40.

- Halla el puntaje central y los puntajes del primer y tercer cuartiles.

    El puntaje central es 55, el puntaje del primer cuartil es 50 y el del tercer cuartil es 70.

- Provee cualquier otra información disponible.

    Por ejemplo, el 50% de los puntajes está entre 50 y 70.

Practica tus conocimientos

Usa el siguiente diagrama de caja para contestar las preguntas 3 a 5.

EDAD DE LOS MIEMBROS

3. ¿Cuál es la edad de la persona mayor del club?
4. ¿Qué porcentaje de los miembros es menor de 20 años?
5. ¿Qué porcentaje de los miembros tiene entre 30 y 52 años?

Interpreta y crea una gráfica circular

Otra forma de presentar los datos es con una **gráfica circular**. Toshi leyó que en un bosque, el 25% de las plantas es de estructura de bosque antiguo, un 25% está en capas, un 25% es sotobosque, un 15% son árboles de una sola copa y un 10% son plantas nuevas. Él hizo una gráfica circular para mostrar sus datos.

Para trazar una gráfica circular:

• Calcula el **porcentaje** del total que le corresponde a cada parte.

    En este caso, se dan los porcentajes.

• Multiplica cada porcentaje por 360°, el número de grados en un círculo.

$$360° \times 25\% = 90°$$
$$360° \times 15\% = 54°$$
$$360° \times 10\% = 36°$$

• Dibuja un círculo, mide cada ángulo central (pág. 343) y completa la gráfica.

Toshi hizo la siguiente gráfica.

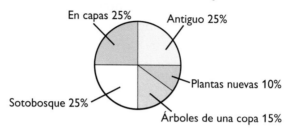

COMPOSICIÓN DE UN BOSQUE

En capas 25%
Antiguo 25%
Plantas nuevas 10%
Árboles de una copa 15%
Sotobosque 25%

Puedes ver en la gráfica que la mitad del bosque está compuesto de plantas antiguas o en capas.

Practica tus conocimientos

Usa la gráfica circular para contestar las preguntas 6 y 7.

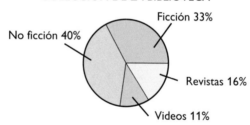

COLECCIÓN DE LA BIBLIOTECA

Ficción 33%
No ficción 40%
Revistas 16%
Videos 11%

6. ¿Cuál par de categorías corresponde a más de la mitad de la colección?
7. Escribe un comentario sobre la relación de tamaños entre las colecciones de ficción y de no ficción.
8. Las siguientes mascotas participaron en un concurso. Haz una gráfica circular que muestre la información.
   Perros: 18   Gatos: 20
   Hámsters: 8   Conejos: 4

Interpreta y crea una gráfica de frecuencias

Has usado marcas de conteo para presentar los datos. Supongamos que reúnes la siguiente información acerca del número de libros que tus compañeros de clase han sacado prestados de la biblioteca.

5 2 1 0 4 4 2 1 5 2 6 3 2 7 1 5 2 3

Puedes hacer una gráfica de frecuencias colocando X sobre una recta numérica.

Para hacer una gráfica de frecuencias:
- Dibuja una recta que muestre los números correspondientes a tu conjunto de datos. En este caso, dibujarás una recta que muestre los números del 0 al 7.
- Para representar cada resultado, coloca una X sobre la recta numérica, por cada número que tengas.
- Titula la gráfica.

En este caso, podrías titular la gráfica "Libros prestados"

LIBROS PRESTADOS

Puedes concluir a partir de esta gráfica de frecuencias que los alumnos sacaron prestados entre 0 y 7 libros de la biblioteca.

Practica tus conocimientos

Usa la gráfica de frecuencias "Libros prestados" para contestar las preguntas 9 y 10.

9. ¿Cuántos alumnos sacaron prestados más de cuatro libros?

10. ¿Cuál es el número más común de libros prestados?

11. Haz una gráfica de frecuencias para mostrar el número de carros que pasaron por la escuela de Desrie (pág. 190).

Interpreta una gráfica lineal

Sabes que puedes usar una gráfica lineal para mostrar cambios en los datos a lo largo del tiempo. La siguiente gráfica lineal muestra el porcentaje de hogares con televisión a color en Estados Unidos.

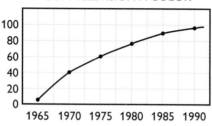

PORCENTAJE DE HOGARES
CON TELEVISIÓN A COLOR

Puedes ver en la gráfica que el porcentaje de hogares con televisión a color ha aumentado constantemente a lo largo de los años.

Practica tus conocimientos

12. ¿En qué año cerca de un 60% de los hogares tenía televisión a color?

13. ¿Es el siguiente enunciado verdadero o falso? El porcentaje de hogares con televisión a color aumentó más entre 1980 y 1990 que entre 1965 y 1970.

14. ¿Entre cuáles años se duplicó el porcentaje de personas con televisión a color?

Interpreta un diagrama de tallo y hojas

Los siguientes números muestran las calificaciones de los alumnos en una prueba de matemáticas.

33 27 36 18 30 24 31 33 27 32 27 35 23 40 22 34 28
31 28 28 26 31 28 32 25 29

Es difícil sacar una conclusión con respecto a estas calificaciones si se presentan de esta manera. Otra forma de mostrar la información es con un **diagrama de tallo y hojas**. El siguiente diagrama de tallo y hojas muestra las calificaciones.

```
1 | 8
2 | 2 3 4 5 6 7 7 7 8 8 8 8 9
3 | 0 1 1 1 2 2 3 3 4 5 6
4 | 0
```

2|2 significa 22.

Observa que los dígitos de las decenas aparecen en la columna de la izquierda y se llaman **tallos**. Cada dígito a la derecha se llama **hoja**. De la gráfica, puedes concluir que la mayoría de los alumnos obtuvo de 22 a 36 puntos.

Practica tus conocimientos

Usa este diagrama de tallo y hojas que muestra las edades de las personas que entraron a Big Store en el centro comercial para contestar las preguntas 15 a la 17.

```
0 | 7 9
1 | 0 2 2 4 5 8
2 | 1 3 4 5 6 7 8 8 8
3 | 0 3 4
```

3|0 significa 30 años de edad.

15. ¿Cuánta gente entró a la tienda?

16. ¿Hay más gente veinteañera que adolescente?

17. Tres personas son de la misma edad. ¿Cuál es esa edad?

Interpreta y crea una gráfica de barras

Otro tipo de gráfica que puedes usar para mostrar los datos se llama *gráfica de barras*. En esta gráfica, las barras horizontales o verticales se usan para mostrar los datos. Considera los datos que muestran las áreas de cinco condados de Rhode Island.

Bristol	25 mi^2	Providence	413 mi^2
Kent	170 mi^2	Washington	333 mi^2
Newport	104 mi^2		

Haz una gráfica de barras para mostrar el área de los condados de Rhode Island.

- Escoge una escala vertical y decide lo que irá en la escala horizontal.

   En este caso, la escala vertical puede mostrar millas cuadradas en incrementos de 50 millas cuadradas y la escala horizontal muestra el nombre de los condados.

- Dibuja una barra de la altura apropiada sobre cada nombre.

- Escribe un título para la gráfica.

   Titula esta gráfica "Área de los condados de Rhode Island".

   Tu gráfica de barras debe verse de la siguiente manera:

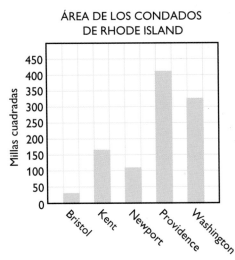

A partir de la gráfica puedes ver que el condado más grande es el condado de Providence.

Practica tus conocimientos

Usa la gráfica de barras "Área de los condados de Rhode Island" (pág.197) para contestar las preguntas 18 y 19.

18. ¿Cuál es el condado más pequeño?
19. ¿Qué diferencia habría en las gráficas si cada cuadrado representase 100 millas cuadradas en lugar de 50?
20. Usa los siguientes datos para hacer una gráfica de barras sobre cómo los alumnos pasan su tiempo después de la escuela.

Juegan afuera: 26   Hacen oficio: 8
Hablan con amigos: 32   Ven televisión: 18

Interpreta una gráfica de barras dobles

Sabes que puedes mostrar información en una gráfica de barras. Si quieres mostrar información acerca de dos o más cosas, puedes usar una **gráfica de barras dobles**. La siguiente gráfica muestra a cuántos alumnos de sexto y de séptimo grado les gustó cada programa escolar.

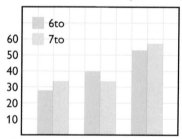

PROGRAMAS ESCOLARES QUE ME GUSTAN

A partir de la gráfica, puedes concluir que a los alumnos de sexto grado les gustó más el concierto que a los de séptimo grado.

Practica tus conocimientos

21. ¿A cuántos alumnos les gustó más la obra teatral?
22. Escribe tus propias conclusiones sobre la gráfica.

Impresiones gráficas

Los seres humanos pueden vivir más de 100 años, pero no todos los animales pueden vivir tanto tiempo. Un ratón, por ejemplo, tiene una duración de vida o longevidad de 3 años, mientras que un sapo puede vivir 36 años.

Ambas gráficas comparan la duración de vida

máxima de olominas, arañas gigantes y cocodrilos.

cocodrilo - 60 años

araña gigante - 20 años

olomina - 5 años

longevidad máxima

¿Qué impresión recibes de la gráfica? ¿Cuál gráfica crees que representa más acertadamente las diferencias entre la duración de vida máxima de estos tres animales?

Consulta la respuesta en el Solucionario, ubicado al final del libro.

Interpreta y crea un histograma

Un **histograma** es una clase especial de gráfica de barras que muestra las frecuencias de datos. Varios alumnos de sexto grado indicaron la cantidad de gramos de grasa en una porción del cereal que más les gusta. A continuación se enumeran los gramos de grasa.

8 9 3 6 4 0 5 6 4 9 4 5 5 0 6 6

CÓMO HACER UN HISTOGRAMA

Crea un histograma.

- Haz una tabla que muestre las frecuencias.
- Haz una gráfica de barras que muestre las frecuencias.
- Titula la gráfica. En este caso podrías llamarla "Gramos de grasa en el cereal".

Gramos	Conteo	Frecuencia
0	//	2
1		0
2		0
3	/	1
4	///	3
5	///	3
6	////	4
7		0
8	/	1
9	//	2

Tu histograma podría verse como el siguiente:

A partir de este histograma, puedes ver que ninguno de los cereales tiene 1, 2 ó 7 gramos de grasa.

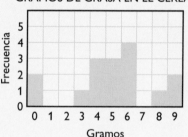

GRAMOS DE GRASA EN EL CEREAL

Practica tus conocimientos

23. ¿Cuántos alumnos de sexto grado participaron en la encuesta sobre los gramos de grasa en el cereal?
24. Haz un histograma con los datos del número de carros que pasan por la escuela de Desrie (pág. 190).

4•2 EJERCICIOS

Usa los datos de las primeras palabras de un cuento para contestar las preguntas 1 a la 4.

Número de letras en las primeras palabras de un cuento.

2 6 3 1 4 4 3 5 2 5 4 5 4 3 1 5 3 2 3 2

1. Haz una tabla y un histograma para mostrar los datos de las primeras palabras de un cuento.
2. ¿Cuántas palabras se contaron?
3. Haz una gráfica de frecuencias para mostrar los datos de las primeras palabras.
4. Usa una gráfica de frecuencias para describir el número de letras en las palabras.

5. Kelsey averiguó que a 4 de sus amigos les gustaba el arte, a 6 les gustaban las matemáticas, a 5 les gustaban las ciencias y a 5 les gustaban el inglés y los estudios sociales. Haz una gráfica circular y escribe un enunciado acerca de la misma.

6. El siguiente diagrama de tallo y hojas muestra el número de salmones que suben una escalera salmonera cada hora.

$$
\begin{array}{c|ccccccc}
7 & 0 & 2 & 4 & 4 & 4 & 4 & 6 & 9 \\
8 & 0 & 1 & 3 & 4 & 4 & 5 & 5 & 6 & 8 & 8 \\
9 & 1 & 1 & 7 \\
\end{array}
$$

8 | 3 significa 83.

Saca una conclusión de la gráfica.

7. Los alumnos de sexto grado reciclaron 89 libras de aluminio, los de séptimo grado reciclaron 78 libras y los de octavo grado reciclaron 92 libras. Haz una gráfica de barras para mostrar esta información.

8. El diagrama de caja muestra el tiempo de espera promedio, en segundos, antes de que contesten una llamada en una línea de teléfono gratuita. ¿Cuál es la espera más corta? ¿Un 50% de las esperas se encuentran entre 110 y cuál otro número de segundos?

TIEMPO DE ESPERA EN UNA LÍNEA DE TELÉFONO GRATUITA

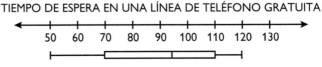

4.3 Analiza los datos

Distribución de los datos

Ramón jugó un juego en el cual disparaba una canica hacia la parte superior de un tablero y la canica rodaba hasta entrar en uno de siete agujeros. Una canica cayó en el primer agujero, dos cayeron en el segundo, tres cayeron en el tercero, cuatro cayeron en el cuarto, tres en el quinto, dos en el sexto y una cayó en el séptimo. Para mostrar la **distribución**, Ramón dibujó un histograma para mostrar los resultados de su juego.

Observa la simetría del histograma. Ramón conectó los centros de las barras y dibujó una curva sobre el histograma. La curva que dibujó ilustra una **distribución normal**.

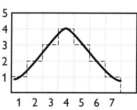

 Practica tus conocimientos

Indica si las siguientes curvas muestran una distribución normal.

1.
2.
3.

4·3 EJERCICIOS

1. ¿Cuál de las siguientes curvas muestra una distribución normal?

A. 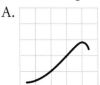   B. 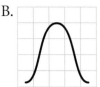   C.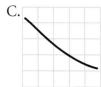

2. Dibuja un histograma de los siguientes datos. ¿Es ésta una distribución normal?

1 3 5 4 5 2 3 1 3 5 5 4 3 3 3 2 2 4

Sorpresa de cumpleaños

¿Qué probabilidad crees que pueda existir de que dos personas en tu clase cumplan años el mismo día? Dado que el año tiene 365 días, podrías pensar que las posibilidades sean pequeñas. Después de todo, la probabilidad de que una persona nazca en un día dado es de $\frac{1}{365}$, o cerca de 0.3%.

Intenta con una encuesta. Pide a tus compañeros que escriban su fecha de cumpleaños en tiras de papel. No te olvides de escribir tu propio cumpleaños. Recoge las tiras y observa si alguna de las fechas de cumpleaños caen el mismo día.

Es sorprendente saber que en un grupo de 23 personas las posibilidades de que dos de ellas tengan la misma fecha de cumpleaños es un poco mayor que 50%. Con 30 personas esta posibilidad aumenta a 71% y con 50 personas puedes estar 97% seguro(a) que dos de ellas comparten el mismo día de nacimiento.

4•4 Estadística

Mei Mei preguntó a 15 de sus amigos cuánto dinero recibían de mesada. Ella escribió estas cantidades:

$1 $1 $2 $3 $3 $3 $3 $5 $6 $6 $7 $7 $8 $8 $42

Mei Mei dijo que típicamente sus amigos recibían $3, pero Navid no estuvo de acuerdo. Él dijo que la cantidad típica era $5. Un tercer amigo, Gabriel, dijo que ambos estaban equivocados y que la mesada típica era 7. Cada uno de ellos estaba en lo correcto porque cada uno estaba usando una medida común diferente.

La media

Una medida de los datos es la **media**. Para calcular la media, o **promedio**, suma todas las mesadas y divide entre el número total de mesadas que se comparan.

CÓMO CALCULAR LA MEDIA

Calcula la mesada media.

• Suma las cantidades.

$1 + $1 + $2 + $3 + $3 + $3 + $3 + $5 + $6 + $6 + $7 + $7 + $8 + $8 + $42 = $105

• Divide el total entre el número de mesadas.

En este caso, hay 15 mesadas:

$105 ÷ 15 = $7

La mesada promedio es $7. Gabriel usó la media cuando dijo que la mesada típica era $7.

Practica tus conocimientos

Calcula la media:

1. 12, 15, 63, 12, 24, 34, 23, 15
2. 84, 86, 98, 78, 82, 94
3. 132, 112, 108, 243, 400, 399, 202
4. Ryan ganó dinero cuidando niños. El ganó $40, $40, $51, $32 y $22. Calcula la cantidad media que ganó.

La mediana

Puedes calcular la media al sumar todos los números y luego dividir entre la cantidad de números. Otra forma de analizar los números es calcular la **mediana**. La mediana es el número central en los datos, cuando los números están ordenados. Observa otra vez las mesadas.

$1 $1 $2 $3 $3 $3 $3 $5 $6 $6 $7 $7 $8 $8 $42

CÓMO CALCULAR LA MEDIANA

Calcula la mediana de las mesadas.

- Ordena los datos de menor a mayor o de mayor a menor.

  Al observar las mesadas podemos ver que están en orden.

- Calcula el número central.

  Hay 15 números. El número central es $5 porque hay 7 números por encima de $5 y 7 números por debajo de $5.

Navid usó la mediana cuando describió la mesada típica.

Cuando hay un número par de cantidades, puedes calcular la mediana sacando un promedio de los dos números centrales. De modo que para calcular la mediana de los números 1, 3, 4, 3, 7 y 12 debes hallar los dos números centrales.

CÓMO CALCULAR LA MEDIANA DE UN NÚMERO PAR DE DATOS

- Ordena los números de menor a mayor o de mayor a menor.

  1, 3, 3, 4, 7, 12   ó   12, 7, 4, 3, 3, 1

- Calcula el promedio de los dos números centrales.

  Los dos números centrales son 3 y 4:

  $(3 + 4) \div 2 = 3.5$

La mediana es 3.5. La mitad de los números es mayor que 3.5 y la otra mitad es menor que 3.5.

Practica tus conocimientos

Calcula la mediana:

5. 21, 38, 15, 8, 18, 21, 8
6. 24, 26, 2, 33
7. 90, 96, 68, 184, 176, 86, 116
8. Yeaphana pesó a 10 adultos, en libras: 160, 140, 175, 141, 138, 155, 221, 170, 150 y 188. Calcula la mediana del peso.

La moda

Puedes usar la media o la mediana, que es el número central, para describir un conjunto de números. Otra manera de describir un conjunto de números es con la moda. La **moda** es el número que ocurre con más frecuencia en el conjunto. Veamos nuevamente las mesadas:

$1, $1, $2, $3, $3, $3, $3, $5, $6, $6, $7, $7, $8, $8, $42

Para calcular la moda, halla el número que aparece con más frecuencia.

CÓMO CALCULAR LA MODA

Calcula la moda de las mesadas.

- Ordena los números o haz una tabla de frecuencias de los números.

  Los números anteriores están en orden.

- Selecciona el número que aparece más frecuentemente.

  La mesada más común es $3.

Entonces, Mei Mei usó la moda cuando describió la mesada típica.

Un grupo de números pueden no tener moda o pueden tener más de una moda. Los datos que tienen dos modas se llaman *bimodales*.

Practica tus conocimientos

Practica tus conocimientos

9. 53, 52, 56, 53, 53, 52, 57, 56
10. 100, 98, 78, 98, 96, 87, 96
11. 12, 14, 14, 16, 21, 15, 14, 13, 20
12. La asistencia al zoológico en una semana fue la siguiente: 34,543; 36,122; 35,032; 36,022; 23,944; 45,023; 50,012.

El rango

Otra medida que se usa con números es el rango. El **rango** indica la separación entre el número más grande y el más pequeño, en un conjunto de números. Considera los siete edificios más altos en Phoenix, Arizona.

Altura del edificio

Edificio 1	407 pies
Edificio 2	483 pies
Edificio 3	372 pies
Edificio 4	356 pies
Edificio 5	361 pies
Edificio 6	397 pies
Edificio 7	397 pies

Para calcular el rango debes restar la altura mayor de la menor.

CÓMO CALCULAR EL RANGO

Calcula el rango de los edificios más altos en Phoenix.

- Calcula los valores máximo y mínimo.

    El valor mayor es 483 y el menor es 356.

- Resta.

    $483 - 356 = 127$

El rango es 127 pies.

Practica tus conocimientos

Calcula el rango:

13. 110, 200, 625, 300, 12, 590

14. 24, 35, 76, 99

15. 23°, 6°, 0°, 14°, 25°, 32°

16. Durante tres años, los siguientes números de personas inscribieron animales en la feria: 228, 612 y 558

4.4 EJERCICIOS

Calcula la media, la mediana, la moda y el rango. Redondea en decenas.

1. 2, 4, 5, 5, 6, 6, 7, 7, 7, 9
2. 18, 18, 20, 28, 20, 18, 18
3. 14, 13, 14, 15, 16, 17, 23, 14, 16, 20
4. 79, 94, 93, 93, 80, 86, 82, 77, 88, 90, 89, 93

5. ¿Es bimodal alguno de los conjuntos de números en las preguntas 1 a la 4? Explica.

6. Cuando un frente frío pasó a través de Lewisville, la temperatura descendió de 84° a 38°. ¿Cuál fue el rango de estas temperaturas?

7. En una semana hubo el siguiente número de accidentes en Caswell: 1, 1, 3, 2, 5, 2 y 1. ¿Cuál de las medidas (media, mediana o moda) crees que deberías usar para describir el número de accidentes? Explica.

8. ¿Debe la mediana ser miembro del conjunto de datos?

9. Los siguientes números representan las llamadas telefónicas que recibió una compañía de ventas por correo, cada hora, entre el mediodía y la medianoche, durante un día.

    13 23 14 12 80 22 14 25 14 17 12 18

    Calcula la media, la mediana y la moda de las llamadas. ¿Cuál medida representa mejor los datos? Explica.

10. ¿Estás usando la media, la mediana o la moda cuando dices que la mitad de las casas en Sydneyville cuestan más de $150,000?

4·5 Combinaciones y permutaciones

Diagramas de árbol

Con frecuencia, necesitas contar resultados. Por ejemplo, supongamos que tienes un **girador** que es mitad rojo y mitad verde y quieres calcular todos los posibles resultados de hacerlo girar tres veces. Puedes hacer un **diagrama de árbol.**

CÓMO HACER UN DIAGRAMA DE ÁRBOL

¿Cuántos resultados diferentes puedes obtener al girar el girador rojo y verde tres veces?

• Enumera lo que ocurre en la primera rotación.

  El girador puede mostrar rojo o verde.

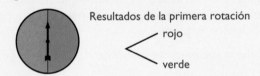

Resultados de la primera rotación
- rojo
- verde

• Enumera lo que ocurre en la segunda y en la tercera rotación.

Resultados de la primera rotación	Resultados de la segunda rotación	Resultados de la tercera rotación	Lista de resultados
rojo	rojo	rojo	rojo, rojo, rojo
		verde	rojo, rojo, verde
	verde	rojo	rojo, verde, rojo
		verde	rojo, verde, verde
verde	rojo	rojo	verde, rojo, rojo
		verde	verde, rojo, verde
	verde	rojo	verde, verde, rojo
		verde	verde, verden, verde

• Dibuja líneas y enumera todos los posibles resultados.

  Los resultados se muestran arriba. Hay ocho resultados diferentes.

Puedes calcular el número de posibilidades multiplicando el número de alternativas en cada paso: $2 \times 2 \times 2 = 8$.

Practica tus conocimientos

Dibuja un diagrama de árbol para cada una de las siguientes preguntas. Verifica cada respuesta mediante la multiplicación.

1. Kimiko puede escoger un barquillo de azúcar, uno regular o un plato. Ella puede pedir yogur de vainilla, de chocolate o de fresa. ¿Cuántos postres posibles puede pedir ella?

2. Kirti vende cuentas redondas, cuadradas, ovaladas y planas. Las cuentas vienen en verde, anaranjado y blanco. Si él separa todas las cuentas por color y forma, ¿cuántos recipientes necesita?

3. Si lanzas tres monedas, ¿de cuántas maneras posibles pueden caer?

4. Si Norma camina a través de Soda Spring, ¿de cuántas maneras posibles puede escalar el monte Walker ?

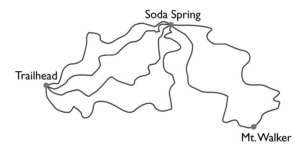

Permutaciones

El diagrama de árbol muestra las diferentes maneras en que se pueden arreglar o enumerar cosas. Una lista en que el orden es importante se llama **permutación**. Supongamos que quieres que tres de tus amigos, Mariko, Navid y Taktuk se paren en fila, para una fotografía. ¿Cuántos arreglos diferentes puedes tener? Puedes mostrar la solución con un diagrama de árbol.

Persona a la derecha	Persona en el centro	Persona a la izquierda	Orden
M	N	T	MNT
M	T	N	MTN
N	M	T	NMT
N	T	M	NTM
T	M	N	TMN
T	N	M	TNM

Hay tres maneras de elegir a la primera persona y dos maneras de elegir a la segunda. Después, sólo hay una opción para la tercera persona. De modo que el número total de permutaciones es $3 \times 2 \times 1 = 6$. Recuerda que Mariko, Navid es una permutación diferente que Navid, Mariko. $P(3, 3)$ representa el número de permutaciones de tres cosas tomadas tres a la vez. Entonces, $P(3, 3) = 6$

CÓMO CALCULAR PERMUTACIONES

Calcula $P(7, 4)$.

- Determina cuántas opciones hay para el primer, segundo, tercer y cuarto lugares de un total de siete personas.

  Hay 7 opciones para el primer lugar, 6 para el segundo, 5 para el tercero y 4 para el cuarto.

- Calcula el producto.

  $7 \times 6 \times 5 \times 4 = 840$

De modo que $P(7, 4) = 840$.

Notación factorial

Viste que para calcular el número de permutaciones de seis cosas calculaste el producto de $6 \times 5 \times 4 \times 3 \times 2 \times 1$. El producto $6 \times 5 \times 4 \times 3 \times 2 \times 1$ se llama 6 **factorial**. La notación abreviada para factorial es un signo de exclamación. Así 6! se llama 6 factorial. $6! = 6 \times 5 \times 4 \times 3 \times 2 \times 1 = 720$.

Practica tus conocimientos

Calcula cada valor.

5. $P(5, 3)$

6. $P(6, 2)$

7. Hay seis finalistas en un torneo de ajedrez. ¿De cuántas maneras pueden entregarse los trofeos?

8. Uno entre 12 perros que participaron en una presentación obtendrá el primer lugar y uno sacará el segundo lugar. ¿De cuántas maneras diferentes pueden escogerse el perro del primer lugar y el perro del segundo lugar?

Calcula cada valor. Usa una calculadora, si tienes una disponible.

9. 7!

10. 5!

Combinaciones

Cuando escoges a dos de diez personas para jugar tenis, el orden no es importante. Es decir, si escoges a Arturo y a Elena para jugar un juego de tenis, esto es lo mismo que escoger a Elena y a Arturo.

Si quieres elegir dos de cinco meriendas posibles en tu despensa, para un viaje de un día, el orden no es importante. El escoger uvas pasas y galletas es lo mismo que escoger galletas y uvas pasas.

Veamos la elección de dos de cinco meriendas posibles.

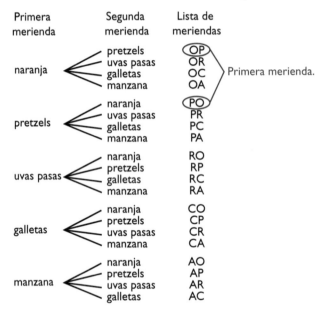

Para calcular el número de **combinaciones** de cinco meriendas tomadas dos a la vez, empiezas calculando las permutaciones. Hay cinco maneras de escoger la primera merienda y cuatro maneras de escoger la segunda, de modo que esto es $5 \times 4 = 20$. Pero el orden no es importante y varias combinaciones se contaron muy a menudo. Necesitas dividir entre el número de distintas maneras en que se pueden ordenar dos cosas ($2!$).

$$C(5,2) = \frac{P(5, 2)}{2!} = \frac{5 \times 4}{2 \times 1} = 10.$$

$C(5, 2)$ significa las combinaciones de cinco artículos tomados dos a la vez, cuando el orden no es importante.

CÓMO CALCULAR COMBINACIONES

Calcula $C(6, 3)$.

- Calcula $P(6, 3)$.

  $P(6, 3) = 6 \times 5 \times 4 = 120$

- Divide entre 3!.

  $120 \div 3! = 120 \div 6 = 20$

De modo que, $C(6, 3) = 20$.

Practica tus conocimientos

Calcula cada valor.

11. $C(7, 2)$

12. $C(10, 6)$

13. ¿Cuántas combinaciones diferentes de tres videos puedes escoger de ocho videos?

14. ¿Hay más combinaciones que permutaciones cuando se escogen cuatro perros de diez? Explica.

Monogramas

¿Cuáles son tus iniciales? ¿Tienes algo hecho con tu monograma? Un *monograma* es un diseño que se hace de una o más letras, por lo general las iniciales de un nombre. Los monogramas generalmente se encuentran en papel de carta, toallas, camisas o joyería.

¿Cuántos monogramas diferentes de tres letras puedes hacer con las letras del alfabeto? Usa una calculadora para calcular el número total de monogramas. No olvides que puedes repetir las letras en las combinaciones. Consulta la respuesta en el Solucionario, ubicado al final del libro.

4·5 EJERCICIOS

Calcula cada valor.
1. $P(4, 2)$
2. $C(8, 8)$
3. $P(9, 5)$
4. $C(6, 1)$
5. $4! \times 4!$
6. $P(5, 5)$

7. Haz un diagrama de árbol para mostrar los resultados de girar un girador que contiene los números del 1 al 5 y lanzar una moneda.

8. Ocho amigos quieren jugar juegos de mesa en grupos de cuatro. ¿De cuántas maneras distintas pueden formar grupos?

9. Diez personas son finalistas en una competencia de patinaje. ¿De cuántas maneras pueden los jueces premiar el primer, segundo y tercer lugar?

10. Indica si cada uno de los siguientes enunciados es una permutación o una combinación.
    A. Se escogen a dos delegados de 400 alumnos para representar la escuela en una conferencia en la ciudad.
    B. Se elige a un presidente, un vicepresidente y un secretario de un club de 18 miembros.

4·6 Probabilidad

Si tú y un amigo quieren decidir quién empieza primero un juego, podrías lanzar una moneda. Tú y tu amigo tienen la misma posibilidad de ganar. La **probabilidad** de un evento es un número de 0 a 1, lo cual indica la posibilidad de que ocurra ese evento.

Probabilidad experimental

La probabilidad de un evento es un número de 0 a 1. Una manera de calcular la probabilidad de un evento es mediante un experimento. Supongamos que quieres averiguar la probabilidad de ver a un amigo cuando montas bicicleta. Montas tu bicicleta 20 veces y ves a un amigo 12 veces. Para calcular la probabilidad de ver a un amigo, puedes comparar el número de veces que ves a un amigo con el número de veces que montas bicicleta. En este caso, la **probabilidad experimental** de que veas a un amigo es $\frac{12}{20}$ ó $\frac{3}{5}$.

CÓMO DETERMINAR LA PROBABILIDAD EXPERIMENTAL

Calcula la probabilidad experimental de ganar un juego de ajedrez.

- Conduce un experimento. Registra el número de pruebas y el resultado de cada prueba.

  Juega ajedrez 10 veces y cuenta tus triunfos. Supongamos que ganas 6 veces.

- Compara el número de veces que ocurre un resultado con el número de pruebas. Esa es la probabilidad de ese resultado.

  Compara el número de veces que ganas con el total de número de veces que juegas.

La probabilidad experimental de ganar un juego de ajedrez en este ensayo es $\frac{6}{10}$ ó $\frac{3}{5}$.

Practica tus conocimientos

Se sacan tiras de papel marcadas con los colores rojo, verde, amarillo y azul de una bolsa que contiene 40 tiras. Los resultados se muestran en la gráfica circular.

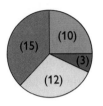

1. Calcula la probabilidad experimental de sacar una tira azul.
2. Calcula la probabilidad experimental de sacar una tira amarilla o roja.
3. Lanza una moneda 50 veces. Calcula la probabilidad experimental de que salga cara. Compara tus respuestas con las de tus compañeros.

Probabilidad teórica

Sabes que si realizas el experimento de lanzar una moneda y registras los resultados puedes calcular la probabilidad experimental de que caiga mostrando cara. Puedes también calcular la **probabilidad teórica** considerando los resultados del experimento. El **resultado** de un experimento es un resultado. Los posibles resultados de lanzar un dado son los números del 1 al 6. Un **evento** es un resultado específico, como por ejemplo, 5. De modo que la probabilidad de sacar 5 es:

$$\frac{\text{número de maneras en que ocurre un evento}}{\text{número de resultados}} = \frac{1 \text{ manera de sacar } 5}{6 \text{ resultados posibles}} = \frac{1}{6}$$

4·6 PROBABILIDAD

CÓMO DETERMINAR LA PROBABILIDAD TEÓRICA

Calcula la probabilidad de sacar un dos o un tres cuando lanzas un cubo numerado del 1 al 6.

- Determina el número de maneras en que ocurren los eventos.

  En este caso, el evento es sacar un dos o un tres. Hay dos maneras de sacar un dos o un tres.

- Determina el número total de resultados. Usa una lista, multiplica o haz un *diagrama de árbol* (pág. 210).

  Hay seis números en el cubo.

- Usa la fórmula.

$$P(\text{evento}) = \frac{\text{número de maneras en que un evento puede ocurrir}}{\text{número de resultados}}$$

Sustituye en la fórmula para calcular la probabilidad de sacar un dos o un tres, representada por

$$P(2 \text{ ó } 3) = \frac{2}{6} = \frac{1}{3}$$

La probabilidad de sacar un dos o un tres es $\frac{1}{3}$.

 Practica tus conocimientos

Calcula cada probabilidad. Usa el girador para las preguntas 5 a la 6.

4. $P(\text{número par})$ al lanzar un cubo numerado del 1 al 6.

5. $P(3)$
6. $P(1, 2, 3 \text{ ó } 4)$

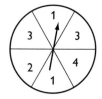

7. Las letras de las palabras Estados Unidos se escriben en tiras de papel, una en cada tira y se colocan en una bolsa. Si sacas al azar una tira de papel, ¿cuál es la probabilidad de que sea una vocal?

4·6 PROBABILIDAD

Expresa probabilidades

Como se mostró anteriormente, puedes expresar una probabilidad como una fracción. Del mismo modo que puedes escribir una fracción en forma decimal, de razón o de porcentaje, también puedes escribir una probabilidad en cualquiera de estas formas (pág.154).

La probabilidad de sacar un número par cuando lanzas un cubo numerado del 1 al 6 es $\frac{1}{2}$. También puedes expresar esta probabilidad de la siguiente manera:

Fracción	Decimal	Razón	Porcentaje
$\frac{1}{2}$	0.5	1:2	50%

Practica tus conocimientos

Expresa cada una de las siguientes probabilidades como una fracción, un decimal, una razón y un porcentaje.

8. la probabilidad de sacar una espada de un mazo de cartas

9. la probabilidad de sacar una ficha verde de una bolsa que contiene 4 fichas verdes y 6 blancas

Gráficas de trazos

Cuando conduces un experimento, como lanzar una moneda, necesitas encontrar una manera de mostrar el resultado de cada lanzamiento. Una forma de hacerlo es con una **gráfica de trazos**.

La siguiente gráfica de trazos muestra el resultado de girar un girador.

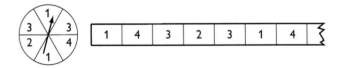

La gráfica de trazos muestra los resultados que ocurrieron en los primeros siete lanzamientos: 1, 4, 3, 2, 3, 1, 4.

Para hacer una gráfica de trazos:
• Dibuja una serie de divisiones en cada trazo.
• Entra cada resultado en una de las divisiones.

Practica tus conocimientos
Considera la siguiente gráfica de trazos.

| H | T | H | H | H | T | $\}$ |

10. Describe los primeros seis resultados.
11. Haz una gráfica de trazos para mostrar los resultados de lanzar un cubo numerado del 1 al 6 diez veces. Compara tu gráfica con las gráficas de los demás compañeros.

¡NO HA SIDO GANADA EN SEMANAS!
¡COMPRA PICK-6 YA!
¡PREMIO GORDO DE 32 MILLONE$$$!

Fiebre de lotería

Al leer el titular te dices a ti mismo: "Alguien *tendrá* que ganar en algún momento". Pero la verdad es que estás errado. Las posibilidades de ganar una lotería de seis números son siempre las mismas y son muy pequeñas.

La posibilidad de ganar una lotería de 6 números entre 50 son 1 en 15,890,700 ó 1 en casi 16,000,000. A manera de comparación piensa en la posibilidad de que te caiga un rayo, lo cual raramente ocurre. Se ha estimado que en Estados Unidos a aproximadamente 260 personas les caen rayos. Supongamos que la población de USA es de unos 260 millones. ¿Qué es más probable, ganarse la lotería o que a alguien le caiga un rayo? Consulta la respuesta en el Solucionario, ubicado al final del libro.

4•6 PROBABILIDAD

Cuadrícula de resultados

Has visto cómo utilizar un diagrama de árbol para mostrar los resultados posibles. Otra forma de mostrar los resultados de un experimento es con una **cuadrícula de resultados**. La siguiente cuadrícula de resultados muestra los resultados de lanzar una moneda al aire cinco veces:

	Cara	Escudo
Cara	cara, cara	cara, escudo
Escudo	escudo, cara	escudo, escudo

Puedes usar la cuadrícula de resultados para calcular el número de maneras en que las monedas pueden caer mostrando el mismo lado; son dos maneras.

CÓMO TRAZAR CUADRÍCULAS DE RESULTADOS

Haz una cuadrícula de resultados para mostrar los posibles resultados de lanzar dos dados, sumando los dos números.

- Haz una lista de los resultados del primer tipo, hacia abajo en un lado de la cuadrícula. Haz una lista con los resultados del segundo tipo a lo largo de la parte superior.

	1	2	3	4	5	6
1	2	3	4	5	6	7
2	3	4	5	6	7	8
3	4	5	6	7	8	9
4	5	6	7	8	9	10
5	6	7	8	9	10	11
6	7	8	9	10	11	12

- Rellena la cuadrícula con los resultados.

Después de completar la cuadrícula de resultados, es fácil contar los resultados que te interesen y determinar las probabilidades.

Practica tus conocimientos

12. Haz una cuadrícula de resultados que muestre los resultados de formar un número de dos dígitos cuando se gira dos veces el girador.

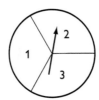

13. ¿Cuál es la probabilidad de obtener un número divisible entre dos al girar dos veces el girador de la pregunta 12?

4·6 PROBABILIDAD

El reloj de la población mundial

La oficina del censo de los Estados Unidos estima, cada segundo, el número de personas en el mundo con su reloj de la población mundial. Este estimado se basa en los nacimientos y muertes proyectados alrededor del mundo.

A las 2 A.M. hora estándar del este del 2 de marzo de 1997, el estimado del reloj fue de 5,825,618,337. Usa la siguiente tabla para calcular la población mundial en la fecha en que leas esta página.

Unidad de tiempo	Aumento proyectado
Año	79,178,194
Mes	6,598,183
Día	216,927
Hora	9,039
Minuto	151
Segundo	2.5

Puedes revisar tu respuesta en WorldPOPClock en el Internet. Visita http://www.census.gov/ipc/www/popwnote.html, luego selecciona el enlace WorldPOPClock.

Línea de probabilidad

Sabes que la probabilidad de que ocurra un evento es un número de 0 a 1. Una manera de mostrar probabilidades y su relación mutua es con una **línea de probabilidad**. La siguiente línea de probabilidad muestra los posibles rangos de valores de probabilidad:

La línea muestra que los eventos que sucederán con certeza tienen una probabilidad de 1. Tal evento es la probabilidad de sacar un número entre 0 y 7 cuando se lanza un dado. Un evento que no puede ocurrir tiene una probabilidad de 0. La probabilidad de sacar 8 cuando se gira un girador que muestra 0, 2 y 4 es 0. Los eventos equiprobables, como por ejemplo, sacar cara o escudo al lanzar una moneda, tienen una probabilidad de $\frac{1}{2}$.

Usa una recta numérica para mostrar la probabilidad de obtener una canica negra y una azul cuando sacas una canica de una bolsa que contiene 8 canicas blancas y 12 negras.

CÓMO MOSTRAR LA PROBABILIDAD EN UNA LÍNEA DE PROBABILIDAD

- Dibuja una recta numérica y rotúlala de 0 a 1.
- Calcula la probabilidad de que ocurran los eventos dados y muéstralas en la línea de probabilidad.

  La probabilidad de sacar una canica negra es $\frac{12}{20} = \frac{3}{5}$ y la de sacar una canica azul es cero. Las probabilidades se muestran en la siguiente línea de probabilidad:

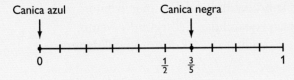

Practica tus conocimientos

Dibuja una línea de probabilidad. Después, traza lo siguiente:

14. La probabilidad de sacar una ficha blanca de una bolsa con fichas blancas.

15. La probabilidad de que al lanzar una moneda dos veces, ésta caiga mostrando cara ambas veces.

Eventos dependientes e independientes

Si lanzas un cubo numerado dos veces, el resultado de un lanzamiento no afecta el otro. Estos eventos se llaman **eventos independientes.** Para calcular la probabilidad de sacar un 4 y después un 6, puedes calcular la probabilidad de cada evento y luego multiplicarlas. La probabilidad de sacar un 4 al lanzar un cubo numerado es $\frac{1}{6}$ y la probabilidad de sacar un 6 es $\frac{1}{6}$. De modo que la probabilidad de sacar un 4 seguido por un 6 es $\frac{1}{6} \times \frac{1}{6} = \frac{1}{36}$.

Supongamos que tienes seis biografías y cuatro novelas en una bolsa. La probabilidad de sacar una novela al escoger un libro al azar es $\frac{4}{10} = \frac{2}{5}$. Sin embargo, después de sacar una novela sólo quedan 9 libros, tres de los cuales son novelas. De modo que la probabilidad de que un amigo saque una novela después de que tú saques una novela es $\frac{3}{9} = \frac{1}{3}$. Estos eventos se llaman **eventos dependientes** porque la probabilidad de uno depende del otro.

En el caso de eventos dependientes, también multiplicas para calcular la probabilidad de que ocurran ambos eventos. Así, la probabilidad de que tanto tú como tu amigo saquen una novela es $\frac{2}{5} \times \frac{1}{3} = \frac{2}{15}$.

Para calcular la probabilidad de eventos independientes y de eventos dependientes:
• Calcula la probabilidad del primer evento.
• Calcula la probabilidad del segundo evento.
• Calcula el producto de las dos probabilidades.

Practica tus conocimientos

16. Calcula la probabilidad de que al lanzar una moneda y un cubo numerado, la moneda caiga mostrando cara y saques un 4 en el cubo. ¿Son éstos eventos dependientes o independientes?

17. Sacas dos pelotas de una bolsa que contiene 9 pelotas de tenis blancas y 11 amarillas. ¿Cuál es la probabilidad de sacar 2 pelotas de tenis blancas? ¿Son estos eventos dependientes o independientes?

Muestreo con y sin reemplazo

Si sacas una carta de un mazo, la probabilidad de que sea roja es $\frac{26}{52}$ ó $\frac{1}{2}$. Si devuelves la carta al mazo y sacas otra carta, la probabilidad de que la nueva carta sea roja es todavía $\frac{1}{2}$ y los eventos son independientes. Esto se llama **muestreo con reemplazo**.

Si no devuelves la carta, la probabilidad de sacar una segunda carta roja dependerá de lo que hayas obtenido la primera vez. Si sacaste una carta roja, entonces quedarían 25 cartas rojas de un total de 51 cartas, haciendo que la probabilidad de sacar una segunda carta roja sea $\frac{25}{51}$. En un muestreo sin reemplazo, los eventos son dependientes.

Practica tus conocimientos

18. Sacas una carta de una bolsa que contiene cartas con los números de 1 a 20. Devuelves la carta y sacas otra. ¿Cuál es la probabilidad de que te salgan dos números pares?

19. ¿Cuál es la respuesta a la pregunta 18 si no devuelves la carta?

¿Cuánta fuerza tiene el Mississippi?

El legendario Mississippi es el río más largo de Estados Unidos, pero no del mundo. La siguiente es una comparación de los 12 ríos más largos del mundo.

Río	Ubicación	Longitud (millas)
Nilo	África	4,145
Amazonas	Sur América	4,000
Yantze	Asia	3,915
Amarillo	Asia	2,903
Congo	África	2,900
Irtysh	Asia	2,640
Mekong	Asia	2,600
Niger	África	2,600
Yenisey	Asia	2,543
Paraná	América del Sur	2,485
Mississippi	América del Norte	2,348
Missouri	América del norte	2,315

¿Cuál es la media, la mediana y el rango de las longitudes en este conjunto de datos? Consulta la respuesta en el Solucionario, ubicado al final del libro.

4·6 EJERCICIOS

Giras un girador dividido en ocho partes iguales numeradas de 1 a 8. Calcula la probabilidad como una fracción, un decimal, una razón y un porcentaje.

1. P(número impar)

2. P(1 ó 2)

3. Si sacas una canica de una bolsa que contiene 4 canicas rojas y 6 negras, ¿cuál es la probabilidad de sacar una roja? ¿Es ésta una probabilidad experimental o teórica?

4. Si lanzas una tachuela 50 veces y ésta cae hacia arriba 15 veces, ¿cuál es la probabilidad de que ésta caiga hacia arriba? ¿Es ésta una probabilidad teórica o experimental?

5. Dibuja una línea de probabilidad que muestre la probabilidad de sacar un número menor que 7 al lanzar un dado.

6. Haz una gráfica de trazos para mostrar los siguientes resultados al girar un girador: rojo, azul, verde, amarillo, rojo, verde, verde, azul.

7. Haz una cuadrícula de resultados que muestre los resultados de girar un girador con los números de 1 a 4 y de lanzar una moneda.

Escribe cada letra de la palabra *Mississippi* en una tira de papel y coloca las 11 tiras en una bolsa.

8. Calcula la probabilidad de sacar dos vocales de la bolsa si no devuelves las letras después de cada sacada.

9. ¿Calcula la probabilidad de sacar dos vocales si devuelves las letras después de cada sacada?

10. ¿En cuál de las preguntas 8 y 9 son los eventos independientes?

Serie de problemas

1. Laila escribió el nombre de los negocios de su comunidad en tiras de papel y luego retiró, al azar, 20 nombres para hacer una encuesta. ¿Es ésta una muestra aleatoria? **4•1**

2. En una encuesta se preguntó: "¿Te preocupas lo suficiente sobre el ambiente como para preocuparte de reciclar?" ¿Es ésta una pregunta sesgada? Si lo es, reescribe la pregunta. **4•1**

3. ¿En qué se parecen una gráfica de frecuencias y un histograma? ¿ En qué se diferencian? **4•2**

4. En una gráfica circular, el número de grados que muestra una parte es 180. ¿Qué porcentaje del círculo es eso? **4•2**

Para las preguntas 5 a la 7, usa la siguiente gráfica lineal la cual muestra las temperaturas mínimas medias en Seattle, cada mes. **4•2**

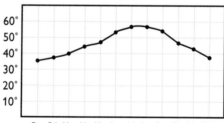

TEMPERATURAS MÍNIMAS
MEDIAS, SEATTLE

Ene Feb Mar Abr May Jun Jul Ago Sept Oct Nov Dic

5. ¿Durante qué meses es la temperatura mínima media menor que 40°?

6. ¿Cuál es el rango de las temperaturas mínimas?

7. ¿Es alguna vez la temperatura mínima en Seattle menos de 0°?

8. En un diagrama de caja, el primer cuartil es 45 y el tercer cuartil es 62. ¿Qué porcentaje de los datos caen entre estas dos cifras? **4•2**

9. ¿Es el siguiente enunciado verdadero o falso? Explica. Una gráfica de barras muestra cómo se divide un todo. **4•2**

10. Calcula la media, la mediana, la moda y el rango de los números 45, 35, 43, 26 y 21. **4•4**

11. ¿Debe ser la mediana un miembro del conjunto de datos? **4•4**

12. $C(6,4) = ?$ **4•5**   13. $P(6,4) = ?$ **4•5**

14. ¿Cuál es la probabilidad de sacar una suma de 7 al lanzar dos dados? **4•6**

15. Se saca una carta de un mazo de diez cartas, cada una de las cuales contiene una letra de la palabra *estadística*. Se saca una segunda carta sin haberse devuelto la primera. ¿Cuál es la probabilidad de que ambas cartas sean *s* **4•6**

ESCRIBE LAS DEFINICIONES DE LAS SIGUIENTES PALABRAS.

palabras importantes

combinación **4•5**
cuadrícula de resultados **4•6**
diagrama de árbol **4•5**
diagrama de caja **4•2**
diagrama de tallo y hojas **4•2**
distribución **4•3**
distribución normal **4•3**
encuesta **4•1**
evento **4•6**
eventos dependientes **4•6**
eventos independientes **4•6**
factorial **4•5**
girador **4•5**
gráfica circular **4•2**
gráfica de barras dobles **4•2**
gráfica de trazos **4•6**
gráfica lineal **4•2**
histograma **4•2**

hojas **4•2**
línea de probabilidad **4•6**
marcas de conteo **4•1**
media **4•4**
mediana **4•4**
modal **4•4**
muestra **4•1**
muestra aleatoria **4•1**
muestreo con reemplazo **4•6**
permutación **4•5**
población **4•1**
porcentaje **4•2**
probabilidad **4•6**
probabilidad experimental **4•6**
probabilidad teórica **4•6**
promedio **4•4**
rango **4•4**
resultado **4•6**
tabla **4•1**
tallo **4•2**

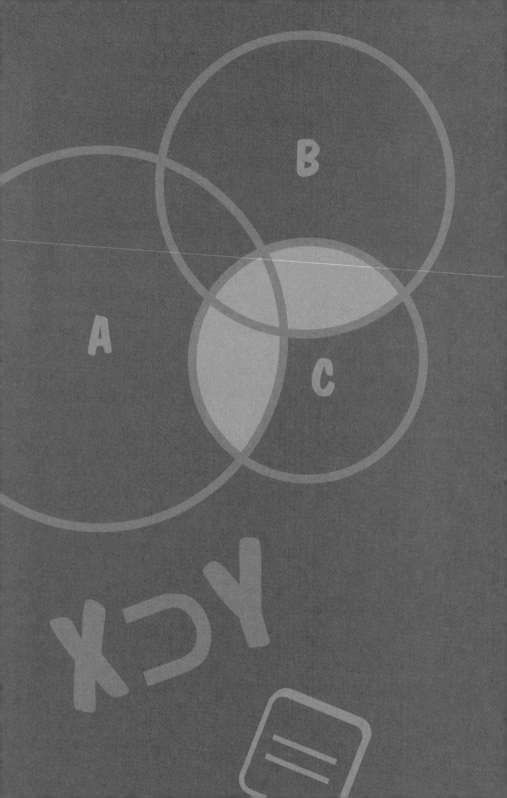

La lógica

¿Qué sabes ya?

Puedes usar los siguientes problemas y la lista de palabras para averiguar lo que ya sabes sobre este capítulo. Las respuestas para los problemas se encuentran en el Solucionario, ubicado al final del libro y puedes consultar las definiciones de las palabras en la sección Palabras importantes ubicada al comienzo del libro. Puedes averiguar más acerca de un problema o palabra en particular al consultar el número de tema en negrilla (por ejemplo, **5•2**).

Serie de problemas

Indica si cada enunciado es verdadero o falso.

1. Si un enunciado condicional es verdadero, entonces su inverso relacionado es siempre verdadero. **5•1**
2. Si un enunciado condicional es verdadero, entonces su contrapositivo relacionado es verdadero. **5•1**
3. La negación de "Son las 7 en punto de la mañana" es "No son las 7 en punto de la mañana" **5•1**
4. Usas un contraejemplo para mostrar que un enunciado es verdadero. **5•2**
5. Un conjunto es un subconjunto de sí mismo. **5•3**

Escribe cada enunciado condicional en la forma si-entonces. **5•1**

6. Un ángulo recto mide 90°.
7. Un triángulo acutángulo tiene tres ángulos agudos.

Escribe el recíproco de cada enunciado condicional. **5•1**

8. Si $n = 8$, entonces $2 \times n = 16$.
9. Si es verano, entonces uso mis zapatos blancos.

Escribe la negación de cada enunciado. **5•1**

10. Adam obtuvo la puntuación más alta en la prueba de matemáticas.
11. El triángulo no es equilátero.

Escribe el inverso de cada enunciado condicional. **5•1**

12. Si estudias, entonces sacarás una buena calificación.
13. Si $a + 1 = 6$, entonces $a = 5$.

Escribe la antítesis de cada enunciado condicional. **5•1**

14. Si tienes más de 12 años, entonces pagas la tarifa de admisión completa.

15. Si la figura es un triángulo, entonces la fórmula para obtener su área es $A = (\frac{1}{2})bh$.

Encuentra un contraejemplo que demuestre que cada uno de estos enunciados es falso. **5•2**

16. Cada mes tiene por lo menos 30 días.

17. 7 y 4 son los únicos factores propios de 28.

Encuentra todos los subconjuntos de cada conjunto. **5•3**

18. $\{2, 4\}$

19. $\{2, 4, 6\}$

Encuentra la unión de cada par de conjuntos. **5•3**

20. $\{5, 7, 9, 11\} \cup \{7, 11\}$

21. $\{a, b, c, d, e\} \cup \{a, c, e, g\}$

22. $\varnothing \cup \{2, 9\}$

23. $\varnothing \cup \varnothing$

24. $\{3, 5, 7\} \cup \{4, 6, 8\}$

Encuentra la intersección de cada par de conjuntos. **5•3**

25. $\{8, 16, 24, 32\} \cap \{2, 4, 8, 16\}$

26. $\{a, c, e\} \cap \{b, d, f\}$

Usa el diagrama de Venn para contestar las preguntas 27 a la 30. **5•3**

27. Enumera los elementos en el conjunto A.

28. Enumera los elementos en el conjunto B.

29. Encuentra $A \cup B$.

30. Encuentra $A \cap B$.

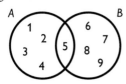

¿QUÉ SABES YA?

CAPÍTULO 5	

palabras **importantes**

diagrama de Venn   **5•3**
intersección   **5•3**
inverso   **5•1**
contraejemplo   **5•2**
recíproco   **5•1**
contrapositivo   **5•1**
unión   **5•3**

5·1 Enunciados si...entonces

Enunciados condicionales

Un *condicional* es una proposición que puedes expresar en la forma si...entonces. Con frecuencia, puedes reescribir un enunciado que contiene dos o más ideas relacionadas como un enunciado condicional en la forma si...entonces. Esto se hace colocando una de las ideas después de *si* y la otra idea después de *entonces*.

Enunciado: Una persona de 21 años puede votar.
El condicional en la forma si...entonces:

Si una persona tiene 21 años, entonces esa persona puede votar.

idea *si*   idea *entonces*

CÓMO CONSTRUIR ENUNCIADOS CONDICIONALES

Escribe este condicional en la forma si...entonces:

Todas los jugadores de ese equipo de baloncesto miden más de 6 pies.

- Encuentra las dos ideas.

  (1) los jugadores de ese equipo de baloncesto

  (2) personas que miden más de 6 pies

- Decide cuál idea pondrás después de *si* y cuál idea después de *entonces*.

  Idea después de *si*: los jugadores de ese equipo de baloncesto.

  Idea después de *entonces*: personas que miden más de 6 pies.

- Coloca las ideas después de *si* y después de *entonces* del enunciado condicional. Si es necesario, añade o cambia algunas palabras para que tu enunciado tenga sentido.

  Si los jugadores están en el equipo de baloncesto, entonces esos jugadores miden más de 6 pies.

Practica tus conocimientos

Escribe cada enunciado condicional en la forma si...entonces.

1. Un número entero que termina en 2 es par.
2. Un polígono de 3 lados es un triángulo.

Recíproco de un condicional

Cuando inviertes la idea *si* y la idea *entonces* en un enunciado condicional, construyes un nuevo enunciado llamado **recíproco**.

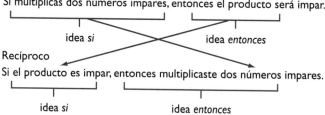

Condicional:
Si multiplicas dos números impares, entonces el producto será impar.

idea *si*   idea *entonces*

Recíproco
Si el producto es impar, entonces multiplicaste dos números impares.

idea *si*   idea *entonces*

El recíproco de un condicional puede o no tener el mismo valor de verdad que el condicional en que está basado.

Practica tus conocimientos

Escribe el recíproco de cada condicional.

3. Si multiplicaste 3 por 4, entonces obtuviste un producto igual a 12.
4. Si un ángulo mide 90°, entonces es un ángulo recto.

Negaciones y el inverso de un condicional

La *negación* de un enunciado dado tiene el valor de verdad opuesto a tal enunciado. Esto significa que si el enunciado dado es verdadero, la negación es falsa; si el enunciado dado es falso, la negación es verdadera.

> Enunciado: Cuatro es un número par. (Verdadero)
> Negación: Cuatro no es un número par. (Falso)

> Enunciado: Un triángulo tiene cinco lados. (Falso)
> Negación: Un triángulo no tiene cinco lados. (Verdadero)

Cuando niegas las ideas *si* y *entonces* de un condicional, formas un nuevo enunciado llamado **inverso**.

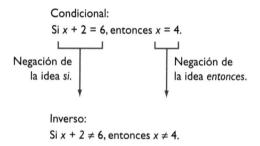

Condicional:
Si $x + 2 = 6$, entonces $x = 4$.

Negación de la idea *si*.

Negación de la idea *entonces*.

Inverso:
Si $x + 2 \neq 6$, entonces $x \neq 4$.

El inverso de un condicional puede o no tener el mismo valor de verdad del condicional.

Practica tus conocimientos

Escribe la negación de cada enunciado.
5. Iremos al viaje de la clase.
6. 3 es menos que 4.

Escribe el inverso de cada condicional.
7. Si un entero termina en 0, entonces puedes dividirlo entre 10.
8. Si hoy es martes, entonces mañana es miércoles.

Antítesis de un condicional

Construyes la **antítesis** de un condicional cuando niegas las ideas *si* y *entonces* y las intercambias.

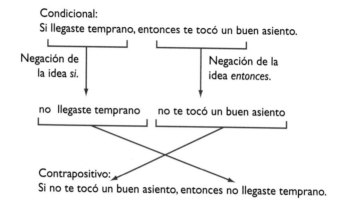

Condicional:
Si llegaste temprano, entonces te tocó un buen asiento.

Negación de la idea *si*.

Negación de la idea *entonces*.

no llegaste temprano

no te tocó un buen asiento

Contrapositivo:
Si no te tocó un buen asiento, entonces no llegaste temprano.

Practica tus conocimientos

Escribe la antítesis de cada condicional.

9. Si multiplicaste 6 por 7, entonces el producto que obtuviste fue 42.

10. Si dos rectas son paralelas, entonces no se cruzan.

¿Quién es quién?

Esa es Tania, sentada en el segundo asiento.

Yo soy Leslie.

Esa es Sylvia, sentada en el medio.

Supongamos que te mudas a un nuevo vecindario y que no conoces a ninguno de tus nuevos compañeros de clase. Una amiga que vive en tu calle te dice que Tania, Sylvia y Leslie se sientan una detrás de la otra en la primera fila de la clase de matemáticas. Ella menciona que Tania es la mejor alumna de matemáticas y que siempre dice la verdad, pero que Sylvia es la peor alumna de matemáticas y nunca dice la verdad. Te enteras por otro compañero, quien vive a la vuelta de la esquina, que Leslie a veces miente y otras veces dice la verdad.

Cuando llegas a la clase de matemáticas, te presentas a las tres chicas en el primero, segundo y tercer asientos de la primera fila. Observa las ilustraciones para saber qué dijeron.

Usa la lógica para decidir quién es Tania y quién es Sylvia. Decide entonces si Leslie está mintiendo o diciendo la verdad. Consulta la respuesta en el Solucionario, ubicado al final del libro.

5·1 EJERCICIOS

Escribe cada condicional en la forma si...entonces.
1. Un triángulo equilátero tiene tres lados iguales.
2. Un ángulo agudo es más pequeño que un ángulo recto.
3. Cada persona que entra a un concurso gana un premio.
4. Un número par es divisible entre 2.
5. Si sumas 5 más 6 obtienes 11.
6. Giovanna limpia su cuarto cada sábado.

Escribe el recíproco de cada condicional.
7. Si $x + 3 = 8$, entonces $x = 5$.
8. Si nieva, entonces hace frío.
9. Si un número es divisible entre 6, entonces es divisible entre 3.
10. Si este mes es mayo, entonces el próximo mes es junio.

Escribe la negación de cada enunciado.
11. 30 es un múltiplo de 6.
12. El segmento AB mide 6 cm de largo.
13. El día de la semana favorito de María es el sábado.

Escribe el inverso de cada condicional.
14. Si $3x = 15$, entonces $x = 5$.
15. Si Sasha pierde el autobús, entonces llega tarde a la escuela.

Escribe la antítesis de cada condicional.
16. Si $x = 4$, entonces $x + x = 8$.
17. Si le restaste 5 a 12, entonces el resultado que obtuviste fue 7.

Para cada condicional, escribe el recíproco, el inverso y la antítesis.
18. Si un rectángulo tiene una longitud de 3 pies y un ancho de 2 pies, entonces tiene un área de 6 pies^2.
19. Si tomaste buenos apuntes, entonces aprobaste el curso.
20. Si está nevando, entonces cancelan las clases.

5·2 Contraejemplos

Contraejemplos

Cualquier enunciado si...entonces es verdadero o falso. Una manera de decidir si un enunciado es falso es encontrar sólo un ejemplo que concuerde con la idea *si* pero no con la idea *entonces*. Tal ejemplo es un **contraejemplo**.

Cuando leas el siguiente condicional, podrías pensar que es verdadera.

Si un número es primo, entonces dicho número es impar. Pero el enunciado es falso, porque existe un contraejemplo: el número 2. El número 2 concuerda con la idea *si* (2 es un número primo), pero no concuerda con la idea *entonces* (2 no es un número impar.)

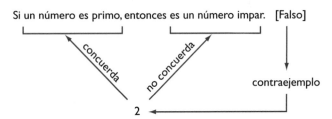

Practica tus conocimientos

Indica si cada enunciado y su recíproco son verdaderos o falsos. Si el enunciado es falso, da un contraejemplo.

1. Enunciado: Si un número es mayor que 10, entonces es mayor que 5.

   Recíproco: Si un número es mayor que 5, entonces es mayor que 10.

2. Enunciado: Si un número es impar y otro número es par, entonces su suma es impar.

   Recíproco: Si la suma de dos números es impar, entonces uno de ellos es impar y el otro par.

5·2 EJERCICIOS

Encuentra un contraejemplo que muestre que cada enunciado es falso.
1. Si un ángulo es agudo, entonces mide menos de 80°.
2. Si una figura tiene cuatro lados, entonces la figura es un cuadrado.
3. Si $x + y = 13$, entonces $x = 10$ y $y = 3$.
4. Si un número se encuentra entre 1 y 4, entonces dicho número es 2.

Indica si cada condicional es falso o verdadero. De ser falso, da un contraejemplo.
5. Si un cuadrado tiene 9 pulgadas de lado, entonces el perímetro del cuadrado es de 36 pulgadas.
6. Si obtuviste 20 como producto, entonces multiplicaste 2 por 10.
7. Si un número entero está entre 1 y 4, entonces es un número primo.
8. Si lanzas dos dados, entonces la suma que obtienes es par.

Indica si cada enunciado y su recíproco son verdaderos o falsos. De ser falsos, da un contraejemplo.
9. Enunciado: Si dos segmentos miden 5 cm, entonces los segmentos son congruentes.
   Recíproco: Si dos segmentos son congruentes, entonces los segmentos miden 5 cm.
10. Enunciado: If $4 \times n = 12$, entonces n es 3.
    Recíproco: Si n es 3, entonces $4 \times n = 12$.

Indica si cada enunciado y su inverso son verdaderos o falsos. De ser falsos, da contraejemplos.
11. Enunciado: Si $n = 2$, entonces $n + 9 = 11$.
    Inverso: Si $n \neq 2$, entonces $n + 9 \neq 11$.
12. Enunciado: Si sumas 3 más 5, entonces la suma que obtienes es 8.
    Inverso: Si no sumas 3 más 5, entonces no obtienes una suma igual a 8.

Establece si tanto el enunciado como su antítesis son verdaderos o falsos. Si son falsos, da contraejemplos.
13. Enunciado: Si un cuadrado tiene un perímetro de 28 pies, entonces sus lados miden 7 pies.
    Antítesis: Si los lados de un cuadrado no miden 7 pies, entonces su perímetro no mide 28 pies.
14. Enunciado: Si un número es par, entonces es divisible entre 4.
    Antítesis: Si un número no es divisible entre 4, entonces no es par.
15. Escribe tu propia condicional y después su recíproco, su inverso y su antítesis.

5·3 Conjuntos

Conjuntos y subconjuntos

Un *conjunto* es una colección de objetos. Cada objeto se llama *miembro* o *elemento* del conjunto. Los conjuntos se identifican a menudo con letras mayúsculas.

$A = \{1, 2, 3\}$ $\qquad\qquad$ $B = \{x, y, z\}$

Cuando un conjunto no tiene elementos, es un *conjunto vacío*. Para mostrar un conjunto vacío, escribes $\{\,\}$ o $\emptyset$.

Cuando todos los elementos de un conjunto son también elementos de otro conjunto, el primer conjunto es un *subconjunto* del segundo.

$\{1, 3\}$ es un subconjunto de $\{1, 2, 3\}$

$\{1, 3\} \subset \{1, 2, 3\}$ $\quad$ ($\subset$ es el símbolo de subconjunto)

Recuerda que cada conjunto es un subconjunto de sí mismo y que el conjunto vacío es un subconjunto de todos los conjuntos.

Practica tus conocimientos

Indica si cada enunciado es verdadero o falso.

1. $\{4\} \subset \{1, 3, 5\}$ $\qquad\qquad$ 2. $\emptyset \subset \{3, 6\}$

Encuentra todos los subconjuntos de cada conjunto.

3. $\{4, 8\}$ $\qquad\qquad$ 4. $\{m\}$

Unión de conjuntos

La **unión** de dos conjuntos se encuentra creando un nuevo conjunto con todos los elementos de ambos conjuntos.

$R = \{1, 3, 5\}$ $\qquad\qquad$ $T = \{2, 4, 6\}$

$R \cup T = \{1, 2, 3, 4, 5, 6\}$ $\qquad$ ($\cup$ es el símbolo de unión.)

Cuando los conjuntos tienen elementos en común, enumera los elementos comunes sólo una vez en la unión.

$P = \{7, 8, 9\}$ $\qquad\qquad$ $Q = \{6, 9, 12\}$

$P \cup Q = \{6, 7, 8, 9, 12\}$

Practica tus conocimientos
Encuentra la unión de cada par de conjuntos
5. $\{1, 2\} \cup \{7, 8\}$ 6. $\emptyset \cup \{5, 10\}$

Intersección de conjuntos

La **intersección** de dos conjuntos se encuentra al crear un nuevo conjunto que contiene todos los elementos comunes a ambos conjuntos.

$$J = \{1, ③, ⑤, 7\}$$

$$S = \{③, 4, ⑤,\}$$

$$J \cap S = \{3, 5\}$$

Si los conjuntos no tienen elementos en común, la intersección es el conjunto vacío $(\emptyset)$.

Practica tus conocimientos
Encuentra la unión de cada par de conjuntos.
7. $\{6, 12\} \cap \{12\}$ 8. $\{8, 10\} \cap \{9, 11\}$

Diagramas de Venn

Un **diagrama de Venn** te muestra cómo se relacionan los elementos de dos o más conjuntos.

$$A = \{1, 2\}$$
$$B = \{a, b\}$$
$$A \cup B = \{1, 2, a, b\}$$

Los círculos separados para A y B te indican que los conjuntos no tienen elementos en común. Eso significa que $A \cap B = \emptyset$.

5.3 CONJUNTOS

Cuando se superponen los círculos en un diagrama de Venn, la parte superpuesta contiene los elementos comunes a ambos conjuntos. Este diagrama muestra un par de conjuntos de figuras características.

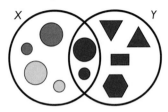

$X = \{$ círculos$\}$
$Y = \{$figuras azules$\}$

Las partes superpuestas de X y Y contienen figuras que tienen los atributos de ambos conjuntos, es decir $X \cap Y = \{$círculos azules$\}$.

Si los diagramas de Venn son más complejos, tienes que observar cuidadosamente para identificar las partes superpuestas y ver qué elementos de los conjuntos están en dichas partes. En el siguiente diagrama, A se superpone a B, A se superpone a C y B se superpone a C. La parte sombreada del diagrama muestra dónde se superponen los tres conjuntos.

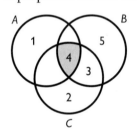

$A = \{1, 4\}$ $A \cup B = \{1, 3, 4, 5\}$
$B = \{3, 4, 5\}$ $A \cup C = \{1, 2, 3, 4\}$
$C = \{2, 3, 4\}$ $B \cup C = \{2, 3, 4, 5\}$

$A \cup B \cup C = \{1, 2, 3, 4, 5\}$

$A \cap B = \{4\}$
$A \cap C = \{4\}$
$B \cap C = \{3, 4\}$

Donde los tres conjuntos se superponen, puedes ver que $A \cap B \cap C = \{4\}$.

Practica tus conocimientos

Usa este diagrama de Venn para los ejercicios siguientes.

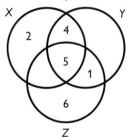

9. Enumera los elementos en el conjunto Y.
10. Encuentra $X \cap Z$.
11. Encuentra $Y \cup Z$.
12. Encuentra $Y \cap Z$.
13. Encuentra $X \cap Y \cap Z$.

5·3 EJERCICIOS

Indica si cada enunciado es verdadero o falso.
1. $\{2, 4, 5\} \subset \{$números impares$\}$
2. $\emptyset \subset \{4, 5\}$
3. $\{4, 8, 12\} \subset \{$números pares$\}$
4. Enumera todos los subconjuntos posibles de $\{1, 2, 3\}$

Encuentra la unión de cada par de conjuntos.
5. $\{2, 3\} \cup \{7, 8\}$
6. $\{r, s\} \cup \{s, t\}$
7. $\{c, h, u, r, n\} \cup \{b, u, r, n\}$
8. $\{6, 12, 18, 24\} \cup \{6, 24\}$

Encuentra la intersección de cada par de conjuntos.
9. $\{2, 4, 6\} \cap \{3, 6, 9, 12\}$
10. $\{5, 10, 15\} \cap \{6, 12, 18\}$
11. $\{c, h, u, r, n\} \cap \{b, u, r, n\}$
12. $\emptyset \cap \{8\}$

Usa el siguiente diagrama de Venn para los ejercicios 13 al 16.

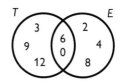

13. Enumera los elementos del conjunto T.
14. Enumera los elementos del conjunto E.
15. Encuentra $T \cup E$.
16. Encuentra $T \cap E$.

Usa el siguiente diagrama de Venn para los ejercicios 17 al 20.

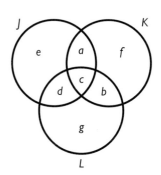

17. Enumera los elementos del conjunto J.
18. Encuentra $J \cup K$.
19. Encuentra $L \cap K$.
20. Encuentra $J \cap K \cap L$.

¿Qué has aprendido?

Puedes utilizar los siguientes problemas y la lista de palabras para averiguar lo que has aprendido en este capítulo. Puedes aprender más acerca de un problema o palabra en particular al consultar el número de tema en negrilla (por ejemplo, **5•2**).

Conjunto de problemas

Indica si cada enunciado es verdadero o falso.

1. Puedes formar el inverso de un condicional negando la idea *si* y luego la idea *entonces*. **5•1**
2. Si un enunciado condicional es falso, entonces su antítesis relacionada es falsa. **5•2**
3. La negación de "Es invierno" es "No es invierno". **5•1**
4. Usas un contraejemplo para mostrar que un enunciado es falso. **5•2**
5. Un contraejemplo concuerda con la idea *si* y con la idea *entonces* de un condicional. **5•2**
6. Un conjunto vacío es un subconjunto de todos los conjuntos. **5•3**
7. Formas la intersección de dos conjuntos al crear un conjunto de elementos comunes a ambos conjuntos. **5•3**

Escribe cada enunciado condicional en la forma si...entonces. **5•1**

8. Un triángulo obtusángulo tiene un ángulo obtuso.
9. El verano no es una buena temporada del año para ir a esquiar.

Escribe el recíproco de cada enunciado condicional. **5•1**

10. Si $d = 4$, entonces $d + 5 = 9$.
11. Si no te abrigas bien, sentirás frío.

Escribe la negación de cada enunciado. **5•1**

12. La tienda abre hasta tarde los jueves.
13. Estas dos rectas no son paralelas.

Escribe el inverso de cada enunciado condicional. **5•1**

14. Si consumes los alimentos adecuados, entonces mejora tu salud.
15. Si $b + 2 = 7$, entonces $b = 5$.

Escribe la antítesis de cada condicional. **5•1**

16. Si tienes 12 años, entonces puedes hacerte miembro del club.
17. Si devolviste el libro de la biblioteca a tiempo, entonces no pagaste una multa.

Encuentra un contraejemplo que demuestre que cada uno de estos enunciados es falso. **5•2**

18. Vermont es el único estado que comienza con la letra *v*.
19. El número 7 tiene sólo múltiplos impares.

Encuentra todos los subconjuntos de cada conjunto. **5•3**

20. $\{5, 7\}$
21. $\{5, 7, 9\}$

Encuentra la unión de cada par de conjuntos. **5•3**

22. $\{r, s, t, v\} \cup \{r, t, w\}$
23. $\{0\} \cup \{2, 4\}$

Encuentra la intersección de cada par de conjuntos. **5•3**

24. $\{7, 14, 21, 28\} \cap \{14, 28, 42\}$
25. $\{$Números pares$\} \cap \{$Números impares$\}$

Usa el diagrama de Venn para contestar las preguntas 26-30. **5•3**

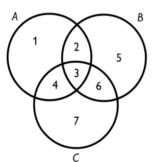

26. Enumera los elementos en el conjunto *A*.
27. Enumera los elementos en el conjunto *C*.
28. Encuentra $A \cup B$.
29. Encuentra $B \cap C$.
30. Encuentra $A \cap B \cap C$.

ESCRIBE LAS DEFINICIONES DE LAS SIGUIENTES PALABRAS.

palabras **importantes**

antítesis **5•1**
contraejemplo **5•2**
diagrama de Venn **5•3**

intersección **5•3**
inverso **5•1**
recíproco **5•1**
unión **5•3**

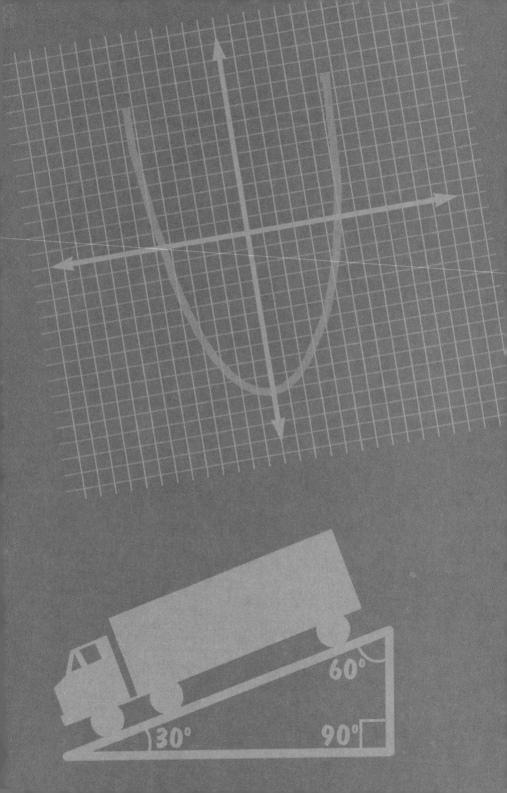

temas
de
actualidad 6

El álgebra

Serie de problemas

Escribe una expresión para cada frase. **6•1**

1. se le añade 5 a un número
2. el producto de 4 por algún número
3. el doble de la diferencia de un número y 6
4. dos menos que el cociente de un número y 3

Escribe una ecuación para cada oración. **6•1**

5. Si se resta 3 del doble de un número, el resultado es igual a 5 más que el número.
6. 6 veces la suma de un número más dos es igual a 4 menos 2 veces el número.

Factoriza el máximo común divisor de cada expresión. **6•2**

7. $6x + 18$
8. $10n - 15$
9. $3a - 21$

Reduce cada expresión. **6•2**

10. $8x + 7 - 5x$
11. $9a + 7b - a - 5b$
12. $4(2n - 1) - (n + 6)$

13. Calcula la distancia recorrida por un corredor que corre a una velocidad de 6 millas/hr, durante $2\frac{1}{2}$ hr. Usa la fórmula $d = rt$. **6•3**

Resuelve los siguientes problemas usando proporciones. **6•4**

14. En una clase, la razón de niños a niñas es de $\frac{2}{3}$. Si en la clase hay 15 niñas, ¿cuántos niños hay?
15. Se dibuja un mapa usando una escala de 80 km a 1 cm. La distancia entre dos ciudades es de 600 km. ¿Cuál es la distancia entre estas ciudades en el mapa?

Resuelve cada desigualdad. Grafica la solución. **6•5**
16. $x + 4 < 7$
17. $3x \geq 12$
18. $n - 8 > -6$
19. $\frac{n}{2} \leq -1$

Ubica cada punto en el plano de coordenadas y describe su ubicación. **6•6**
20. $A(1, 3)$
21. $B(-3, 0)$
22. $C(3, -2)$
23. $D(0, -4)$
24. $E(-2, 5)$
25. $F(-4, -3)$

Halla cinco soluciones para cada ecuación. Grafica cada recta. **6•6**
26. $y = 3x - 5$
27. $y = -x + 2$
28. $y = \frac{1}{2}x - 1$

Grafica cada recta. **6•6**
29. $x = -2$
30. $y = 3$

CAPÍTULO 6

palabras importantes

cociente **6•1**
cuadrante **6•6**
desigualdad **6•5**
diferencia **6•1**
ecuación **6•1**
eje x **6•6**
eje y **6•6**
ejes **6•6**
equivalente **6•1**
expresión **6•1**
expresión equivalente **6•2**
fórmula **6•3**
horizontal **6•6**
orden de las operaciones **6•3**
origen **6•6**

par ordenado **6•6**
perímetro **6•3**
producto **6•1**
productos cruzados **6•4**
propiedad asociativa **6•2**
propiedad conmutativa **6•2**
propiedad distributiva **6•2**
proporción **6•4**
punto **6•6**
razón **6•4**
solución **6•6**
suma **6•1**
tasa **6•4**
término **6•1**
términos semejantes **6•2**
variable **6•1**
vertical **6•6**

¿QUÉ SABES YA?

6·1 Escribe expresiones y ecuaciones

Expresiones

A menudo, en matemáticas se desconoce el valor de un número determinado. Una **variable** es un símbolo, por lo general una letra, que se usa para representar un número desconocido. A continuación se muestran algunas variables de uso común.

$$x \quad n \quad y \quad a \quad ?$$

Un **término** puede ser un número, una variable o un número y una variable combinados en una multiplicación o división. Algunos ejemplos de términos son:

$$w \quad 5 \quad 3x \quad \frac{y}{8}$$

Una **expresión** puede ser un término o una serie de términos separados por signos de adición o de sustracción. La siguiente tabla muestra algunas expresiones y el número de términos que contiene cada una.

Expresión	Número de términos	Descripción
$5y$	1	Se multiplica un número por una variable.
$6z + 4$	2	Los términos están separados por el signo +.
$3x + 7a - 5$	3	
$\frac{9xz}{y}$	1	Incluye sólo multiplicación y división; no hay signo +.

Practica tus conocimientos

Cuenta el número de términos de cada expresión.

1. $6n + 4$
2. $7bc$
3. $5m - 3n - 4$
4. $2(x - 3) + 10$

Escribe expresiones de adición

Para escribir una expresión, a menudo es necesario interpretar un enunciado escrito. Por ejemplo, la frase "se le suma 4 a un número" se puede escribir como la expresión $x + 4$, donde la variable x representa el número desconocido.

Observa que la expresión "se le suma" indica que la operación entre 4 y el número es una adición. Otras palabras que indican adición son "más", "añade" o "más que". Una palabra **suma** indica adición. Sin embargo, para referirse a la operación aritmética, ambos términos se usan indistintamente.

La siguiente tabla muestra algunas frases comunes y sus expresiones correspondientes.

Frase	Expresión
3 más que un número	$n + 3$
a un número se le añade 7	$x + 7$
9 más otro número	$9 + y$
la suma de un número más 6	$n + 6$

Practica tus conocimientos

Escribe una expresión para cada frase

5. se le suma 5 a un número
6. la suma de un número más cuatro
7. se le añade 8 a un número
8. 2 más que un número

Escribe expresiones de sustracción

La frase "se resta 4 de un número" se puede escribir con la expresión $x - 4$, donde x representa el número desconocido. Observa que la frase "se resta" indica que la operación entre el número y 4 es una sustracción.

Otras palabras y frases que indican sustracción son "menos", "disminuye" o "reduce" y "menor que". Otro término de uso común que significa sustracción es la palabra **resta.** La **diferencia** entre dos términos es el resultado de restarlos o sustraerlos.

En una expresión de sustracción, el orden de los términos es muy importante. Es importante saber a cuál número se le va a restar una cantidad dada. Para facilitar la interpretación de la frase "6 menos que un número", reemplaza "un número" con 10. ¿A cuánto equivale 6 menos 10? La respuesta es 4 porque el orden correcto es 10 – 6 y no 6 – 10. La frase se puede traducir como x – 6 y no como 6 – x.

La siguiente tabla muestra algunas frases comunes y sus expresiones correspondientes.

Frase	Expresión
5 menos que un número	$n - 5$
un número reducido en 8	$x - 8$
7 menos un número	$7 - y$
la diferencia entre un número y 2	$n - 2$

Practica tus conocimientos
Escribe una expresión para cada frase.
9. la sustracción entre un número y 8
10. la diferencia entre un número y 3
11. un número reducido en 6
12. 4 menos un número

Escribe expresiones de multiplicación

La frase "4 multiplicado por un número" se puede escribir con la expresión 4x, donde la variable x representa el número desconocido. Observa que la frase "multiplicado por" indica que la operación entre el número desconocido y 4, es una multiplicación.

Otras palabras y frases que indican multiplicación son "veces", "el doble", "por" y "de". "Doble" significa dos veces, mientras que "de" se usa más que todo con fracciones. Una palabra que se usa a menudo y que indica multiplicación es **producto**. El producto de dos términos es el resultado de la multiplicación de ambos términos.

A continuación se muestran algunas frases comunes y sus expresiones correspondientes.

Frase	Expresión
5 veces un número	$5a$
el doble de un número	$2x$
un cuarto de un número	$\frac{1}{4}y$
el producto de un número y 8	$8n$

Practica tus conocimientos
Escribe una expresión para cada frase.
13. un número multiplicado por 4
14. el producto de un número por 8
15. el 25 por ciento de un número
16. 9 veces un número

Escribe expresiones de división

La frase "4 dividido entre un número" se puede escribir con la expresión $\frac{4}{x}$, donde x representa el número desconocido. Observa que la frase "dividido entre" indica que la operación entre el número y 4 es una división.

Otras palabras y frases que indican división son "la razón de" y "entre". Una palabra que se usa a menudo y que indica división es **cociente**. El cociente de dos términos es el resultado de la división de un número entre otro.

La siguiente tabla muestra algunas frases comunes y sus expresiones correspondientes.

Frase	Expresión
el cociente de 20 entre un número	$\dfrac{20}{n}$
un número dividido entre 6	$\dfrac{x}{6}$
la razón de 10 a un número	$\dfrac{10}{y}$
el cociente de un número entre 5	$\dfrac{n}{5}$

Practica tus conocimientos

Escribe una expresión para cada frase.

17. un número dividido entre 5
18. el cociente de 8 entre un número
19. la razón de 20 entre un número
20. el cociente de un número entre 4

Escribe expresiones con dos operaciones

Para traducir en una expresión la frase "4 más el producto de 5 por un número", primero debes tener en cuenta que "4 más" significa 4 + "algo" y que ese algo es el producto de 5 por un número, es decir, $5x$ porque "producto" indica multiplicación. Por lo tanto, la expresión se puede escribir como $5x + 4$.

Frase	Expresión	Reflexiona
2 menos que el cociente de un número entre 5	$\dfrac{x}{5} - 2$	"2 menos" significa "algo" − 2; "cociente" indica división.
5 veces la suma de un número más 3	$5(x + 3)$	Escribe la suma dentro de paréntesis, para que la suma completa se multiplique por 5.
3 más que 7 veces un número	$7x + 3$	"3 más que" significa "algo" + 3; "veces" indica multiplicación.

Practica tus conocimientos

Traduce cada frase en una expresión.

21. 6 menos el producto de 4 por un número
22. la sustracción de 5 menos el cociente de 8 entre un número
23. dos veces la diferencia entre un número y 4

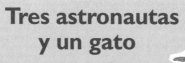

Tres astronautas y un gato

He aquí una versión moderna de un problema que apareció por primera vez en el año 850.

Tres astronautas y un gato que llevaban como mascota aterrizaron en un asteroide deshabitado y muy semejante a la Tierra. Encontraron un lago grande con muchos peces, donde trataron de pescar la mayor cantidad posible de peces antes del anochecer. Cansados, decidieron regresar al refugio y dividir los peces temprano por la mañana.

Una astronauta se despertó por la noche y decidió tomar los peces que le correspondían. Dividió los peces en tres partes iguales, pero como sobraba uno, decidió dárselo al gato. Guardó sus peces y dejó el resto en el sitio donde estaban antes. Más tarde, durante el transcurso de la noche, los otros dos astronautas, cada uno por su cuenta, se despertó e hizo exactamente lo mismo. A la mañana siguiente, los astronautas dividieron los peces que quedaban en tres partes iguales y dieron el pez que sobraba al gato. ¿Cuál fue el número más pequeño de peces que pudieron haber atrapado? Consulta la respuesta en el Solucionario, ubicado al final del libro.

Ecuaciones

Una **expresión** es una frase, una ecuación es un enunciado. Una ecuación indica que dos expresiones son **equivalentes** o iguales. El símbolo de la ecuación que indica igualdad es =.

Para traducir en una ecuación, la oración "2 menos que el producto de un número por 5, equivale a 6 más el número", primero debes identificar las palabras que indican "igual". En este caso, la palabra "equivale" indica igualdad. En otros casos, la igualdad puede estar indicada por las palabras "el resultado", "se obtiene" o, simplemente, "es igual".

Una vez que hayas identificado el signo =, traduce la frase que está antes de este signo y escríbela en el lado izquierdo de la ecuación. Después, traduce la frase que está después del signo y escríbela en el lado derecho.

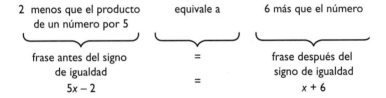

2 menos que el producto de un número por 5	equivale a	6 más que el número
frase antes del signo de igualdad	=	frase después del signo de igualdad
5x − 2	=	x + 6

Practica tus conocimientos

Escribe una ecuación para cada enunciado.

24. La sustracción de 9 menos 5 veces un número es igual a 6.

25. Si se suma 6 al cociente de un número y 3, el resultado es 2 menos que el número.

26. 1 menos 4 veces un número, es igual al doble de la suma del número más 5.

6·1 EJERCICIOS

Cuenta el número de términos en cada expresión.

1. $8x + 2$ 2. 5
3. $6x - 3y + 5z$ 4. $2(n - 4) - 3$

Escribe una expresión para cada frase.

5. 2 más que un número   6. un número más 6
7. la suma de un número más 4   8. 5 menos un número
9. 12 disminuido por un número
10. la diferencia entre un número y 3
11. la tercera parte de un número
12. el doble de un número
13. el producto de un número por 8
14. un número dividido entre 7
15. la razón de 10 y un número
16. el cociente de un número y 6

Escribe una expresión para cada frase.

17. 9 más que el producto de un número por 3
18. 3 menos que el doble de un número
19. dos veces la suma de 6 y un número

Escribe una ecuación para cada enunciado.

20. 2 más el cociente de un número y 3 equivale a 2 menos que el número
21. Si se sustrae 7 del doble de un número, el resultado es 9.
22. 4 veces la suma de un número más 5 es igual a 8 más que el doble del número

23. ¿Cuál de las siguientes palabras indica multiplicación?
    A. suma   B. diferencia
    C. producto   D. cociente
24. ¿Cuál de las siguientes palabras no indica sustracción?
    A. menos que   B. diferencia
    C. resta   D. la razón entre
25. ¿Cuál de las opciones corresponde a "dos veces la suma de un número más 4"?
    A. $2(x + 4)$ B. $2x + 4$
    C. $2(x - 4)$ D. $2 + (x + 4)$

6·2 Reduce expresiones

Términos

Como debes recordar, un término puede ser un número, una variable o números y variables combinados en una multiplicación o división. Algunos ejemplos de términos son:

$$n \qquad 7 \qquad 5x \qquad x^2 \qquad 3(n+5)$$

Compara los términos 7 y 5x. El valor de 5x cambia según el valor de x. Si $x = 2$, entonces $x = 2$, entonces $5x = 5(2) = 10$, mientras que si $x = 3$, entonces $5x = 5(3) = 15$. Observa también que el valor de 7 nunca cambia, permanece siempre constante. Cuando un término está formado únicamente por un número, el término se conoce como una *constante*.

Practica tus conocimientos.
Determina si los siguientes términos son constantes.
1. $6x$ 2. 9
3. $3(n + 1)$ 4. 5

La propiedad conmutativa de la adición y de la multiplicación

La **propiedad conmutativa** de la adición establece que se puede cambiar el orden de los términos de una suma, sin alterar el resultado; $3 + 4 = 4 + 3$ y $x + 8 = 8 + x$. La propiedad conmutativa de la multiplicación establece que el orden de los términos de una multiplicación se puede cambiar, sin alterar el resultado; $3(4) = 4(3)$ y $x \cdot 8 = 8x$.

La propiedad conmutativa no se cumple con la resta ni con la división, porque el orden de los términos sí altera el resultado. $5 - 3 = 2$, pero $3 - 5 = -2$; $8 \div 4 = 2$, pero $4 \div 8 = \frac{1}{2}$.

Practica tus conocimientos.
Modifica las siguientes expresiones usando la propiedad conmutativa de la adición y de la multiplicación.
5. $2x + 7$ 6. $n \cdot 6$
7. $5 + 4y$ 8. $3 \cdot 8$

La propiedad asociativa de la adición y de la multiplicación

La **propiedad asociativa** de la adición establece que el agrupamiento entre los tres términos de una suma, no altera el resultado: $(3 + 4) + 5 = 3 + (4 + 5)$ y $(x + 6) + 10 = x + (6 + 10)$. La propiedad asociativa de la multiplicación establece que el agrupamiento entre los tres términos que se multiplican, no altera el resultado: $(2 \cdot 3) \cdot 4 = 2 \cdot (3 \cdot 4)$ y $5 \cdot 3x = (5 \cdot 3)x$.

La propiedad asociativa no se cumple con la sustracción, ni con la división, porque el agrupamiento de términos si altera el resultado: $(8 - 6) - 4 = -2$, pero $8 - (6 - 4) = 6$; $(16 \div 8) \div 2 = 1$, pero $16 \div (8 \div 2) = 4$.

...3, 2, 1, ¡despegue!

Las pulgas, esa plaga diminuta que hace que tu perro o tu gato se rasquen, son unos saltarines increíbles. En realidad, las pulgas no saltan, sino que se propulsan a una tasa 50 veces más rápida que el transbordador espacial cuando despega y sale del planeta.

Las patas de la pulga tienen unas especies de cojinetes elásticos que se comprimen como un resorte, acumulando la energía para el despegue. Cuando una pulga está lista, primero se engancha a su huésped, después inmoviliza las patas y, finalmente, libera los ganchos. Los cojinetes se desenrollan y la pulga sale disparada. Una pulga que mide un máximo de 0.05 pulgadas, puede "saltar" una distancia de 8 pulgadas. ¡Esto equivale a 160 veces su propio tamaño. Si pudieras realizar la hazaña de la pulga, ¿qué distancia saltarías? Consulta la respuesta en el Solucionario, ubicado al final del libro.

6•2 REDUCE EXPRESIONES

Practica tus conocimientos
Modifica cada expresión utilizando la propiedad asociativa de la adición y la multiplicación.

9. $(4 + 5) + 8$
10. $(2 \cdot 3) \cdot 5$
11. $(5x + 4y) + 3$
12. $6 \cdot 9n$

La propiedad distributiva

La **propiedad distributiva** de la adición y la multiplicación establece que la multiplicación del resultado de una suma por un número, equivale a multiplicar cada uno de los sumandos por el mismo número y, luego, sumar ambos productos. Por lo tanto, $3 \times (2 + 3) = (3 \times 2) + (3 \times 3)$.

¿Cómo multiplicarías mentalmente 7×99? Si pensaste que $700 - 7 = 693$, entonces usaste la propiedad distributiva.

$7(100 - 1)$

$= (7 \cdot 100) - (7 \cdot 1)$

$= 700 - 7$

$= 693$

• Distribuye el factor 7 a ambos términos dentro del paréntesis.
• Reduce según el orden de las operaciones.

La propiedad distributiva no se cumple con la división.

$$3 \div (2 + 3) \neq (3 \div 2) + (3 \div 3).$$

Practica tus conocimientos
Usa la propiedad distributiva para calcular los siguientes productos.

13. $6 \cdot 99$
14. $3 \cdot 106$
15. $4 \cdot 198$
16. $5 \cdot 211$

Expresiones equivalentes

La propiedad distributiva se puede usar para escribir una **expresión equivalente** con dos términos. Dos expresiones equivalentes representan dos maneras distintas de escribir la misma expresión.

CÓMO ESCRIBIR EXPRESIONES EQUIVALENTES

Escribe una expresión equivalente para $5(9x - 7)$.

$5(9x - 7)$
- Distribuye el factor 5 a ambos términos dentro del paréntesis.

$5 \cdot 9x - 5 \cdot 7$
- Reduce.

$45x - 35$
- Escribe las expresiones equivalentes.

$5(9x - 7) = 45x - 35$

Distribución cuando el factor es negativo

La propiedad distributiva se aplica de la misma manera, si el factor que se va a distribuir es negativo.

Escribe una expresión equivalente a $-3(5x - 6)$.

$-3(5x - 6)$
- Distribuye el factor -3 a ambos términos dentro del paréntesis.

$(-3 \cdot 5x) - (-3 \cdot 6)$
- Reduce.

$-15x - (-18)$

$-15x + 18$

$-3(5x - 6) = -15x + 18$
- Escribe las expresiones equivalentes.

Practica tus conocimientos

Escribe una expresión equivalente a cada una de las siguientes expresiones.

17. $2(3x + 1)$
18. $6(2n - 3)$
19. $-1(8y - 2)$
20. $-2(-5x + 4)$

La propiedad distributiva con factores comunes

Dada la expresión $10x + 15$, puedes usar la propiedad distributiva para escribir una expresión equivalente. Observa que cada término tiene un factor 5.

Escribe la expresión como $5 \cdot 2x + 5 \cdot 3$. Después, escribe el factor común 5 en frente del paréntesis y los factores restantes dentro del paréntesis: $5(2x + 3)$. Acabas de usar la propiedad distributiva para *factorizar un factor común*.

CÓMO FACTORIZAR UN FACTOR COMÚN

Factoriza el factor común de la expresión $12n - 30$.

$12n - 30$	• Halla el factor común.
$(6 \cdot 2n) - (6 \cdot 5)$	• Escribe la nueva expresión.
$6(2n - 5)$	• Usa la propiedad distributiva.
$12n - 30 = 6 \cdot (2n - 5)$	

Asegúrate siempre de factorizar el máximo común divisor. Por ejemplo, en $16n - 8$, puedes factorizar el 2, $2(8n - 4)$, pero si haces esto, no habrás factorizado por completo. En la expresión $8(2n - 1)$, se ha factorizado el máximo común divisor.

Practica tus conocimientos

Factoriza el máximo común divisor de cada expresión.
21. $7x + 14$
22. $4n - 10$
23. $10c + 50$
24. $18a - 27$

Términos semejantes

Los **términos semejantes** son términos que contienen la misma variable elevada al mismo exponente. Las constantes son términos semejantes porque no tienen ninguna variable. A continuación se muestran ejemplos de términos semejantes.

Términos semejantes	Razón
$3x$ y $4x$	Ambos contienen la misma variable.
3 y 11	Ambos son términos constantes.
$2n^2$ y $6n^2$	Ambos contienen la misma variable elevada al mismo exponente.

Algunos ejemplos de términos que no son semejantes:

Términos no semejantes	Razón
$3x$ y $5y$	Las variables son diferentes.
$4n$ y 12	Un término es una variable y el otro es una constante.
$2x^2$ y $2x$	Tienen la misma variable, pero los exponentes son diferentes.

Dos términos semejantes se pueden combinar en un sólo término, mediante adición o sustracción. Considera la expresión $3x + 4x$. Observa que los dos términos tienen el mismo factor, x. Usa la propiedad distributiva para escribir $x(3 + 4)$. Esta expresión se puede reducir a $7x$, entonces $3x + 4x = 7x$.

CÓMO COMBINAR TÉRMINOS SEMEJANTES

Reduce $3n - 5n$.

- Reconoce que la variable es un factor común. Escribe una expresión equivalente usando la propiedad distributiva... $n(3 - 5)$
- Reduce. $n(-2)$
- Usa la propiedad conmutativa de la multiplicación.
$$-2n$$

Practica tus conocimientos
Combina los términos semejantes de las siguientes expresiones.
25. $5x + 6x$
26. $10y - 4y$
27. $4n + 3n + n$
28. $2a - 8a$

Reduce expresiones

Una expresión está reducida cuando se han combinado todos sus términos semejantes. Los términos no semejantes no se pueden combinar. La expresión $3x - 5y + 6x$, tiene tres términos: Dos de ellos son términos semejantes, $3x$ y $6x$ y se pueden combinar para obtener $9x$. Ahora se puede escribir la expresión equivalente $9x - 5y$, Esta nueva expresión está reducida porque sus dos términos no son semejantes.

CÓMO REDUCIR EXPRESIONES	
Reduce la expresión $4(2n - 3) - 10n + 17$.	
$4(2n - 3) - 10n + 17$	• Combina los términos semejantes. • Usa la propiedad distributiva.
$4 \cdot 2n - 4 \cdot 3 - 10n + 17$	• Reduce.
$8n - 12 - 10n + 17$	• Combina los términos semejantes.
$-2n + 5$	• Si los términos de la nueva expresión no son semejantes, la expresión está reducida.

Practica tus conocimientos
Reduce cada expresión.
29. $6y + 3z - 4y + z$
30. $2x + 3(x - 2)$
31. $7a + 8 - 2(a + 3)$
32. $4(2n - 1) - (n - 6)$

6·2 REDUCE EXPRESIONES

6·2 EJERCICIOS

Indica si cada término es una constante.
1. $6n$
2. -5

Utiliza la propiedad conmutativa de la adición o de la multiplicación para modificar cada expresión.
3. $3 + 8$
4. $n \cdot 5$
5. $4x + 7$

Utiliza la propiedad asociativa de la adición o de la multiplicación para modificar cada expresión.
6. $3 + (6 + 8)$
7. $(4 \cdot 5) \cdot 3$
8. $5 \cdot 2n$

Utiliza la propiedad distributiva para calcular cada producto.
9. $8 \cdot 99$
10. $3 \cdot 106$

Escribe una expresión equivalente para cada expresión.
11. $3(4x + 1)$
12. $-5(2n + 3)$
13. $10(3a - 4)$
14. $-(-5y - 2)$

Factoriza el máximo común divisor de cada expresión.
15. $6x + 12$
16. $4n - 28$
17. $20a - 30$

Combina los términos semejantes de cada expresión.
18. $10x - 3x$
19. $5n + 4n - n$
20. $4a - 6a$

Reduce cada expresión.
21. $5a + 3b - a - 4b$
22. $2x + 2(3x - 4) + 5$
23. $-2(-3n - 1) - (n + 3)$

24. ¿Cuál propiedad ilustra $5(2x + 1) = 10x + 5$?
   A. la propiedad conmutativa de la multiplicación
   B. la propiedad distributiva
   C. la propiedad asociativa de la multiplicación
   D. El ejemplo no ilustra ninguna propiedad.
25. ¿Cuál de las siguientes expresiones muestra la factorización del máximo común divisor de
   A. $2(12x - 18)$
   B. $3(8x - 12)$
   C. $6(4x - 6)$
   D. $12(2x - 3)$

6·3 Evalúa expresiones y fórmulas

Evalúa expresiones

Después de escribir una expresión, puedes *evaluarla* para diferentes valores de la variable. Para evaluar $5x - 3$ cuando $x = 4$, *sustituye* la variable x por el número 4: x: $5(4) - 3$. Aplica el **orden de las operaciones** para evaluar; primero multiplica y después resta. Por lo tanto, $5(4) - 3 = 20 - 3 = 17$.

CÓMO EVALUAR UNA EXPRESIÓN

Evalúa $3(x - 2) - \frac{12}{x} + 5$, cuando $x = 2$.

- Sustituye x por el número. $\qquad 3[(2) - 2] - \dfrac{12}{2} + 5$

- Reduce aplicando el orden de las operaciones. Reduce las expresiones dentro del paréntesis y, después, evalúa las potencias. $\qquad 3(0) - \dfrac{12}{2} + 5$

- Multiplica y divide, de izquierda a derecha. $\qquad 0 - 6 + 5$

- Suma y resta, de izquierda a derecha. $\qquad -1$

Si $x = 2$, entonces $3(x - 2)\dfrac{12}{x} + 5 = -1$.

Practica tus conocimientos

Evalúa cada expresión para el valor dado.

1. $4x - 5$ d, si $x = 4$
2. $2a + 5 - \frac{6}{a}$, si $a = 3$
3. $6(n - 5) - 2n + 3$, si $n = 9$
4. $2(3y - 2) + 3y$, si $y = 2$

Evalúa fórmulas

La fórmula del perímetro de un rectángulo

El **perímetro** de un rectángulo es la distancia alrededor del rectángulo. La **fórmula** $P = 2w + 2l$ sirve para calcular el perímetro (P) de un rectángulo, si se conocen su ancho (w) y su largo (l).

CÓMO CALCULAR EL PERÍMETRO DE UN RECTÁNGULO

Calcula el perímetro de un rectángulo que mide 3 pies de ancho y 4 pies de largo.

- Usa la fórmula para calcular el perímetro de un rectángulo ($P = 2w + 2l$).

$$P = 2w + 2\ell$$

- Sustituye w y l con los valores dados.

$$= (2 \times 3) + (2 \times 4)$$

- Multiplica

$$= 6 + 8$$

- Suma.

$$= 14$$

El perímetro del rectángulo mide 14 pies.

Practica tus conocimientos

Calcula el perímetro de cada rectángulo.

5. $w = 6$ cm, $l = 10$ cm
6. $w = 2.5$ pies, $l = 6.5$ pies

La fórmula para calcular la distancia recorrida

La distancia recorrida por una persona, un vehículo o un objeto depende de su tasa y del tiempo. La fórmula $d = rt$ sirve para calcular la distancia recorrida (d), si se conocen la tasa (r) y el tiempo (t).

CÓMO CALCULAR LA DISTANCIA RECORRIDA

Calcula la distancia recorrida por un ciclista que promedia 20 millas/hr, durante 4 hr.

- Sustituye los valores en la fórmula de la distancia ($d = rt$). $\qquad d = 20 \times 4$

- Multiplica. $\qquad d = 80$

El ciclista recorrió 80 millas.

Practica tus conocimientos.

Calcula la distancia recorrida, si

7. un ciclista avanza 10 millas/hr durante 3 hr
8. un avión vuela 600 km/hr durante 2 hr
9. una persona maneja su auto a 55 millas/hr durante 4 hr
10. un caracol se mueve a 2 pies/hr durante 3 hr

6·3 EJERCICIOS

Evalúa cada expresión para el valor dado.
1. $3x - 11$ si $x = 9$
2. $3(6 - a) + 7 - 2a$ si $a = 4$
3. $\frac{n}{2} + 3n - 8$ si $n = 6$
4. $3(2y - 1) - \frac{10}{y} + 6$ si $y = 2$

Usa la fórmula $P = 2w + 2l$ para contestar los ejercicios 5 al 7.
5. Calcula el perímetro de un rectángulo que mide 20 pies de largo y 15 pies de ancho.
6. Calcula el perímetro del siguiente rectángulo.

7 cm

18 cm

7. Nia mandó ampliar una fotografía a 20 pulg por 30 pulg y quiere enmarcarla. ¿Cuántas pulgadas medirá el marco de la fotografía?

Usa la fórmula $d = rt$ para contestar los ejercicios 8 al 10.
8. Calcula la distancia recorrida por un caminante que caminó 2 horas, a 3 millas/hr.
9. Un carro de carreras promedió 120 millas/hr. Si el corredor terminó el recorrido de la carrera en $2\frac{1}{2}$ horas, ¿cuál fue la distancia de la carrera?
10. La velocidad de la luz es aproximadamente 186,000 mi/seg. ¿Aproximadamente qué distancia viaja la luz en tres segundos?

6·4 Razones y proporciones

Razones

Una **razón** es una comparación entre dos cantidades. Si hay 10 niños y 15 niñas en la clase, la razón del número de niños al número de niñas es 10 a 15, lo cual se puede expresar con la fracción $\frac{10}{15}$, reducida a $\frac{2}{3}$. Existen muchos ejemplos de razones:

Comparación	Razón	Como fracción
Número de niñas al número de niños	15 a 10	$\frac{15}{10} = \frac{3}{2}$
Número de niños al número total de alumnos	10 a 25	$\frac{10}{25} = \frac{2}{5}$
Número de alumnos al número de niñas	25 a 15	$\frac{25}{15} = \frac{5}{3}$

Practica tus conocimientos

En una alcancía hay 8 monedas de 10¢ y 4 monedas de 25¢. Escribe las siguientes razones y redúcelas.

1. número de monedas de 25¢ al número de monedas de 10¢.
2. número de monedas de 10¢ al número total de monedas.
3. número total de monedas al número de monedas de 25¢

Proporciones

Una **tasa** es una razón en que se compara una cantidad con una unidad determinada. Algunos ejemplos de tasas son:

$$\frac{55 \text{ mi}}{1 \text{ hr}} \qquad \frac{5 \text{ manzanas}}{\$1} \qquad \frac{18 \text{ mi}}{1 \text{ gal}} \qquad \frac{\$400}{1 \text{ semana}} \qquad \frac{60 \text{ seg}}{1 \text{ min}}$$

Si un carro rinde $\frac{18 \text{ mi}}{1 \text{ gal}}$, entonces el carro rinde $\frac{36 \text{ mi}}{2 \text{ gal}}$, $\frac{54 \text{ mi}}{3 \text{ gal}}$, etcétera. Todas las razones son equivalentes y se pueden reducir a $\frac{18}{1}$.

Cuando dos razones son iguales, forman una **proporción**. Una manera de determinar si dos razones forman una proporción es mediante la prueba de sus **productos cruzados**. Cada proporción tiene dos productos cruzados: el numerador de una razón se multiplica por el denominador de la otra. Si los productos cruzados son iguales, entonces las dos razones forman una proporción.

CÓMO IDENTIFICAR UNA PROPORCIÓN

Determina si dos razones forman una proporción.

  • Obtén los productos cruzados.

$6 \cdot 60 \overset{?}{=} 45 \cdot 9$ $15 \cdot 42 \overset{?}{=} 70 \cdot 9$ • Si ambos lados son iguales,

$360 \overset{?}{=} 405$ $630 \overset{?}{=} 630$ entonces las razones forman una proporción.

$\frac{6}{9} \overset{?}{=} \frac{45}{60}$ $\frac{15}{9} \overset{?}{=} \frac{70}{42}$

No es una proporción.   Es una proporción.

 Practica tus conocimientos

Determina si las siguientes razones forman una proporción.

4. $\frac{9}{12} = \frac{15}{20}$

5. $\frac{6}{5} = \frac{20}{17}$

6•4 RAZONES Y PROPORCIONES

Usa proporciones para resolver problemas

Para resolver un problema usando proporciones, tienes que formar dos razones que te ayuden a obtener la solución del problema.

Supongamos que puedes comprar 5 manzanas por $2. ¿Cuánto te costará comprar 17 manzanas? Sea c el costo de 17 manzanas; si expresas cada razón como $\frac{manzanas}{\$}$, una de las razones será $\frac{5}{2}$ y la otra será $\frac{17}{c}$. Ambas razones deben ser iguales.

$$\frac{5}{2} = \frac{17}{c}$$

Para despejar c, puedes usar los productos cruzados. Dado que has escrito una proporción, los productos cruzados son iguales.

$$5c = 34$$

Para aislar la variable, divide ambos lados entre 5 y reduce.

$$\frac{5c}{5} = \frac{34}{5} \qquad\qquad c = 6.8$$

Por lo tanto, 17 manzanas costarán $6.80.

Practica tus conocimientos

Utiliza proporciones para contestar las preguntas 6 y 7.

6. Un auto rinde 20 mi/gal. ¿Cuántos galones requiere para recorrer 70 millas?

7. Un trabajador gana $30 por 4 horas de trabajo. ¿Cuánto ganará por 14 horas?

6·4 RAZONES Y PROPORCIONES

6•4 EJERCICIOS

Un equipo de baloncesto ha ganado 10 partidos y ha perdido 5.
Escribe las siguientes razones y redúcelas.
1. número de victorias al número de partidos perdidos
2. número de victorias al número total de partidos
3. número de derrotas al número total de partidos

Determina si se ha formado una proporción.
4. $\frac{3}{5} - \frac{7}{11}$ 5. $\frac{9}{6} = \frac{15}{10}$ 6. $\frac{3}{4} = \frac{9}{16}$

Resuelve cada problema usando una proporción.
7. En una clase, la razón de niños a niñas es de $\frac{3}{2}$. Si hay 12 niños en la clase, ¿cuántas niñas hay?
8. Una llamada de larga distancia internacional cuesta $0.36 por minuto. ¿Cuánto costará una llamada de 6 minutos?
9. La escala de un mapa es de 1 cm por cada 40 km. La distancia entre dos ciudades es de 300 km, ¿a qué distancia se encuentran estas ciudades en el mapa?
10. La escala de los planos de una casa es de 2 cm por cada 5 m. Uno de los planos muestra que una habitación mide 6 cm de largo, ¿cuánto mide de largo la habitación real?

6·5 Desigualdades

Presenta desigualdades

Si comparas el número 7 con el 4, puedes afirmar que "7 es mayor que 4" o que "4 es menor que 7". Cuando dos expresiones no son iguales o cuando podrían ser iguales, puedes escribir una **desigualdad**. Los símbolos se muestran en la siguiente tabla.

Símbolo	Significado	Ejemplo
$>$	mayor que	$7 > 4$
$<$	menor que	$4 < 7$
$\geq$	mayor o igual que	$x \geq 3$
$\leq$	menor o igual que	$-2 \leq x$

La ecuación $x = 5$ tiene una sola solución, 5. La desigualdad $x > 5$ tiene un número infinito de soluciones: 5.001, 5.2, 6, 15, 197 y 955 son algunas de las soluciones posibles. Nota que 5 no es una solución porque 5 no es mayor que 5. Dado que no es posible hacer una lista con todas las soluciones, se pueden mostrar las soluciones usando una recta numérica.

Para mostrar todos los números mayores que 5, sin incluir el 5, coloca un círculo sin sombrear en el 5 y sombrea la recta numérica hacia la derecha del círculo.

$x > 5$

La desigualdad $y \leq -1$ también tiene un número infinito de soluciones: -1.01, -1.5, -2, -8 y -54 son algunas de las soluciones posibles. Observa que -1 es también una solución porque -1 es menor que o igual a -1. En la recta numérica debes mostrar todos los valores que son menores o iguales a -1. Debido a que se debe incluir -1 como solución, marca el número -1 con un círculo sombreado y sombrea la recta numérica a la izquierda de -1.

$$\xleftarrow{\quad} \overset{\underset{-5 \quad -4 \quad -3 \quad -2 \quad -1 \quad 0 \quad 1 \quad 2}{|\quad|\quad|\quad|\quad\bullet\quad|\quad|\quad|}}{\quad} \xrightarrow{\quad}$$

$$y \leq -1$$

Practica tus conocimientos

Para cada desigualdad, traza una recta numérica que muestre sus soluciones.

1. $x \geq 3$
2. $y < -1$
3. $n > -2$
4. $x \leq 0$

Resuelve desigualdades

Recuerda que la adición y la sustracción son operaciones opuestas, al igual que la multiplicación y la división. Si quieres resolver la desigualdad $x + 4 > 7$, debes despejar la x en uno de los lados de la desigualdad. Para despejarla, puedes usar la operación opuesta. Debido a que a x se le está sumando 4, la operación opuesta es la sustracción de 4. De modo que, sustrae 4 de ambos lados de la desigualdad.

$$x + 4 > 7$$

$$x + 4 - 4 > 7 - 4$$

$$x > 3$$

Puedes usar operaciones opuestas para resolver otras desigualdades.

Desigualdad	Operación opuesta	Aplicada a ambos lados	Resultado
$n - 6 \leq 4$	Suma 6	$n - 6 + 6 \leq 4 + 6$	$n \leq 10$
$5n \geq 15$	Divide entre 5	$\dfrac{5n}{5} \geq \dfrac{15}{5}$	$n \geq 3$
$\dfrac{n}{3} < 8$	Multiplica por 3	$\dfrac{n}{3} \cdot 3 < 8 \cdot 3$	$n < 24$
$n + 8 > 2$	Sustrae 8	$n + 8 - 8 > 2 - 8$	$n > -6$

Practica tus conocimientos

Resuelve cada desigualdad.

5. $x + 3 > 8$

6. $3n \leq 12$

7. $y - 7 < 2$

8. $\frac{x}{4} \geq 2$

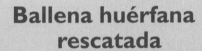

Ballena huérfana rescatada

Una ballena gris huérfana recién nacida llegó a un acuario de California. Los trabajadores que la rescataron la llamaron J.J. Tenía tres días de nacida, pesaba 1,600 lb y estaba muy enferma. En un lapso de 27 días, en los que fue alimentada con leche artificial de ballena, aumentó de peso hasta llegar a 2,378 lb. ¡J.J aumentó entre 20 y 30 lb por día! Una ballena gris adulta pesa cerca de 35 toneladas, pero J.J. puede ser liberada cuando alcance un peso de unas 9,000 lb porque para ese entonces su cuerpo ya habrá formado una capa de grasa sólida.

Escribe una ecuación que muestre que el peso actual de J.J es 2,378 lb y que necesita ganar 25 lb diarias durante un período de tiempo dado, hasta pesar 9,000 lb. Consulta la respuesta en el Solucionario, ubicado al final del libro.

6·5 EJERCICIOS

Escribe el signo correcto, $<$, $>$, $\leq$, o $\geq$ en cada espacio.

1. 3 ___ 7
2. -8 ___ 4
3. 6 ___ 6
4. -2 ___ -7

Para cada ejercicio dibuja una recta numérica que muestre su solución.

5. $x < 3$
6. $y \geq -1$
7. $n > 2$
8. $x \leq -4$

Resuelve cada desigualdad.

9. $x - 4 < 5$
10. $2y \geq 8$
11. $n + 7 > 3$
12. $\frac{a}{3} \leq 6$
13. $3x \geq 15$
14. $x - 7 < 10$
15. $\frac{n}{8} \leq 1$
16. $5 + y > 6$

17. ¿A cuál desigualdad corresponde la solución representada en la recta numérica?

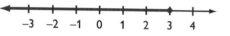

    A. $x < 3$ B. $x \leq 3$
    C. $x > 3$ D. $x \geq 3$

18. ¿Cuál desigualdad resolverías sumando 5 a ambos lados de la desigualdad?

    A. $x + 5 > 9$ B. $5x < 10$
    C. $\frac{x}{5} > 2$ D. $x - 5 < 4$

19. ¿Cuál de los siguientes enunciados es falso?

    A. $-7 \leq 2$ B. $0 \leq -4$
    C. $8 \geq -8$ D. $5 \geq 5$

20. ¿Cuál desigualdad graficarías con un círculo sin sombrear y sombreando la parte derecha de la recta a partir del círculo?

    A. $x < 6$ B. $x \leq 2$
    C. $x > -1$ D. $x \geq 2$

6·6 Grafica en el plano de coordenadas

Ejes y cuadrantes

Si cruzas una recta numérica **horizontal** (de izquierda a derecha) con una recta numérica **vertical** (de arriba hacia abajo), obtienes un plano de coordenadas bidimensional.

Las rectas numéricas se conocen como **ejes**. La recta numérica horizontal se conoce como **eje x** y la recta numérica vertical como **eje y**. El plano queda dividido en cuatro regiones llamadas **cuadrantes**. Cada cuadrante se identifica con un número romano, como se muestra en el diagrama.

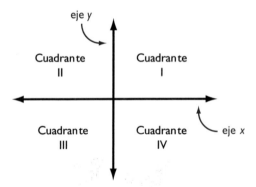

 Practica tus conocimientos

Completa los enunciados.

1. La recta numérica horizontal se conoce como ___.
2. La región superior izquierda del plano de coordenadas se conoce como ___.
3. La región inferior derecha del plano de coordenadas se conoce como ___.
4. La recta numérica vertical se conoce como ___.

Escribe pares ordenados

Cualquier posición en el plano de coordenadas se puede representar con un **punto**. La posición de cualquier punto se establece en relación con el punto donde los ejes se intersecan, conocido como **origen**.

Se requieren dos números para describir la ubicación de un punto. La coordenada x indica la distancia a la derecha o a la izquierda del origen, donde yace el punto. La coordenada y indica la distancia hacia arriba o hacia abajo del origen, donde yace el punto. Juntas, la coordenada x y la coordenada y forman un **par ordenado** (x, y).

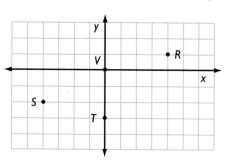

Dado que el punto R está 4 unidades hacia la derecha del origen y 1 unidad hacia arriba, su par ordenado es $(4, 1)$. El punto S está 4 unidades a la izquierda del origen y 2 unidades hacia abajo, en consecuencia, su par ordenado es $(-4, -2)$. El punto T está a 0 unidades del origen y a 3 unidades hacia abajo, por lo que su par ordenado es $(0, -3)$. El punto V está sobre el origen y su par ordenado es $(0, 0)$.

Practica tus conocimientos.
Indica el par ordenado de cada punto.

5. M
6. N
7. P
8. Q

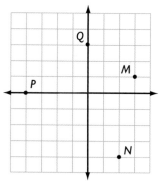

Ubica puntos en el plano de coordenadas

Para ubicar el punto $A(3, -4)$, cuenta 3 unidades a la derecha del origen y 4 unidades hacia abajo. El punto A se encuentra en el cuadrante IV. Para ubicar el punto $B(-1, 4)$, cuenta 1 unidad hacia la izquierda del origen y 4 unidades hacia arriba. El punto B se encuentra en el cuadrante II. El punto $C(5, 0)$ está 5 unidades arriba del origen, sobre el eje x. El punto C se encuentra sobre el eje x. El punto $D(0, -2)$ está 4 unidades debajo del origen, sobre el eje y. El punto D se encuentra sobre el eje y.

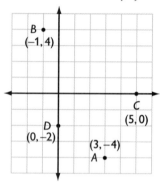

Practica tus conocimientos

Ubica cada punto en el plano de coordenadas e indica el cuadrante donde se encuentra.

9. $H(4, -1)$
10. $J(-1, 4)$
11. $K(-2, -1)$
12. $L(0, 2)$

6·6 GRAFICA

La gráfica de una ecuación con dos variables

Considera la ecuación $y = 2x - 1$. Observa que tiene dos variables: x y y. El punto $(3, 5)$ es una **solución** de esta ecuación. Si sustituyes x por 3 y y por 5 (en el par ordenado, 3 es la coordenada x y 5 es la coordenada y) obtienes el enunciado verdadero $5 = 5$. El punto $(2, 4)$ no es una solución de esta ecuación. Si se sustituye x por 2 y y por 4 se obtiene el enunciado falso $4 = 3$.

Se pueden generar más pares ordenados que sean solución de esta ecuación.

Selecciona un valor de x.	Sustituye el valor en la ecuación $y = 2x - 1$.	Despeja y.	Par ordenado (x, y)
0	$y = 2(0) - 1$	−1	$(0, -1)$
1	$y = 2(1) - 1$	1	$(1, 1)$
5	$y = 2(5) - 1$	9	$(5, 9)$
−1	$y = 2(-1) - 1$	−3	$(-1, -3)$

Si ubicas los puntos anteriores en un plano de coordenadas, notarás que todos ellos se encuentran sobre una recta.

Si sustituyes, en la ecuación, las coordenadas de cualquier punto sobre la recta, obtendrás un enunciado verdadero.

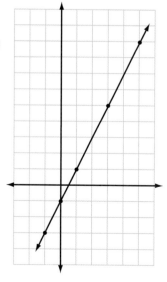

CÓMO GRAFICAR LA ECUACIÓN DE UNA RECTA

Grafica la ecuación $y = \frac{1}{3}x - 2$.

- Selecciona cinco valores de x.

    Dado que el valor de x está multiplicado por $\frac{1}{3}$, escoge múltiplos de 3 como: $-3, 0, 3, 6$ y 9.

- Calcula los valores correspondientes de y.

    Cuando $x = -3$, $y = \frac{1}{3}(-3) - 2 = -3$.

    Cuando $x = 0$, $y = \frac{1}{3}(0) - 2 = -2$.

    Cuando $x = 3$, $y = \frac{1}{3}(3) - 2 = -1$.

    Cuando $x = 6$, $y = \frac{1}{3}(6) - 2 = 0$.

    Cuando $x = 9$, $y = \frac{1}{3}(9) - 2 = 1$.

- Escribe las cinco soluciones como pares ordenados (x, y).

    $(-3, -3), (0, -2), (3, -1), (6, 0)$ y $(9, 1)$

- Ubica los puntos en el plano de coordenadas y traza la recta.

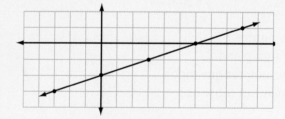

Practica tus conocimientos

Obtén cinco soluciones para cada ecuación y grafica cada recta.

13. $y = 3x - 2$

14. $y = 2x + 1$

15. $y = \frac{1}{2}x - 1$

16. $y = -2x + 3$

Rectas horizontales y verticales

Selecciona varios puntos que se encuentren sobre una recta horizontal.

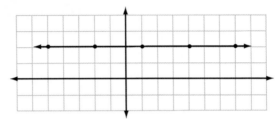

Observa que la coordenada *y* de todos los puntos que yacen sobre esta recta es 2. La ecuación de esta recta es $y = 2$.

Selecciona varios puntos que se encuentren sobre una recta vertical.

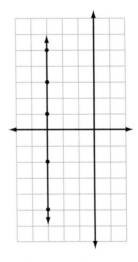

Observa que la coordenada *x* de todos los puntos que se encuentran sobre esta recta es –3. La ecuación de esta recta es $x = -3$.

 Practica tus conocimientos

Grafica cada recta.

17. $x = 3$ 18. $y = -2$
19. $x = -1$ 20. $y = 4$

¿Dónde está tu antípoda?

Para ubicar cualquier punto sobre la superficie terrestre se usa un plano de coordenadas, con líneas imaginarias de latitud y longitud. Las líneas de latitud rodean el globo de este a oeste y son paralelas al ecuador. El ecuador corresponde a 0° de longitud. Las líneas de longitud se extienden hasta los 90°N y 90°S, en los respectivos polos. Las líneas de longitud rodean el globo en dirección norte a sur y se juntan en los polos. Las líneas de longitud empiezan en 0°, en el primer meridiano y continúan hasta el meridiano 180°E ó 180°O, en el lado opuesto al primer meridiano. El uso de la latitud y la longitud como coordenadas, permite ubicar cualquier punto sobre la Tierra.

Los antípodas son sitios que se encuentran en lados opuestos del planeta. Para encontrar tu antípoda, primero averigua la latitud del sitio donde vives y cambia la dirección. Por ejemplo, si tu latitud es 56°N, entonces la latitud de tu antípoda será 56°S. Después, averigua la longitud, réstala de 180 y cambia la dirección. Por ejemplo, si tu longitud es 120°E, entonces la longitud de tu antípoda será 180 – 120 = 60°O

Averigua las coordenadas de tu ciudad en un mapa y obtén las coordenadas de su antípoda. Después, ubica en un globo terráqueo o en un mapamundi tu ciudad y su antípoda.

6·6 GRAFICA

6·6 EJERCICIOS

Completa los enunciados.

1. La recta numérica vertical se conoce como _____.
2. La región inferior izquierda del plano de coordenadas se conoce como _____.
3. La región superior derecha del plano de coordenadas se conoce como_____.

Anota el par ordenado de cada punto.

4. A
5. B
6. C
7. D
8. E
9. F

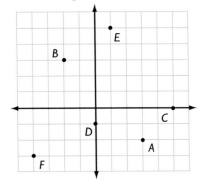

Ubica cada punto en el plano de coordenadas e indica el cuadrante donde se encuentra.

10. $H(-3, -4)$
11. $J(0, 2)$
12. $K(4, -1)$
13. $L(-1, 0)$
14. $M(-3, 5)$
15. $N(3, 2)$

Halla cinco soluciones para cada ecuación. Grafica cada recta.

16. $y = 2x - 3$
17. $y = -3x + 4$
18. $y = \frac{1}{2}x + 1$

Grafica cada recta.

19. $x = 3$
20. $y = -4$

¿Qué has aprendido?

Puedes utilizar los siguientes problemas y la lista de palabras para averiguar lo que has aprendido en este capítulo. Puedes aprender más acerca de un problema o palabra en particular al consultar el número de tema en negrilla (por ejemplo, **6•2**).

Serie de problemas

Escribe una expresión para cada frase. **6•1**
1. un número menos 5
2. el producto de 8 por un número
3. dos veces la suma de un número más 6
4. 4 menos el cociente de un número y 7

Escribe una ecuación para cada oración. **6•1**
5. Si se resta 8 del doble de un número, el resultado es 4 más que el número.
6. 5 veces la suma de un número más 3 es igual a 6 menos que dos veces el número.

Factoriza el máximo común divisor de cada expresión. **6•2**
7. $7x + 21$ 8. $12n - 30$
9. $10a - 40$

Reduce las siguientes expresiones. **6•2**
10. $10x + 3 - 6x$ 11. $8a + 3b - 5a - b$
12. $6(2n - 1) - (n + 1)$

13. Calcula la distancia recorrida por un ciclista que avanza 18 mi/hr, durante $2\frac{1}{2}$ hr. Usa la fórmula $d = rt$. **6•3**

Usa proporciones para resolver los problemas 14 al 15. **6•4**
14. En una clase, la razón del número de niños al número de niñas es $\frac{3}{4}$. Si hay 24 niñas en la clase, ¿cuántos niños hay?
15. Un mapa tiene una escala de 1 cm a 120 km. Si la distancia entre dos ciudades es de 900 km, ¿cuál es la distancia de las ciudades en el mapa?

Resuelve cada desigualdad y grafica la solución. **6•5**

16. $x - 4 \leq 2$ 17. $4x > 12$

18. $n + 8 \geq 6$ 19. $\frac{n}{4} < -1$

Ubica cada punto en el plano de coordenadas e indica el cuadrante donde se encuentra. **6•6**

20. $A(-3, 2)$ 21. $B(4, 0)$

22. $C(-2, -4)$ 23. $D(3, 4)$

24. $E(0, -2)$ 25. $F(-4, -1)$

Halla cinco soluciones para cada ecuación y grafica cada recta. **6•6**

26. $y = x - 3$

27. $y = -2x + 5$

28. $y = \frac{-1}{2}x + 1$

Grafica cada recta. **6•6**

29. $x = 1$

30. $y = -4$

ESCRIBE LAS DEFINICIONES DE LAS SIGUIENTES PALABRAS.

palabras **importantes**

cociente **6•1**
cuadrante **6•6**
desigualdad **6•5**
diferencia **6•1**
ecuación **6•1**
eje x **6•6**
eje y **6•6**
ejes **6•6**
equivalente **6•1**
expresión **6•1**
expresión equivalente **6•2**
fórmula **6•3**
horizontal **6•6**
orden de las operaciones **6•3**
origen **6•6**

par ordenado **6•6**
perímetro **6•3**
producto **6•1**
productos cruzados **6•4**
propiedad asociativa **6•2**
propiedad conmutativa **6•2**
propiedad distributiva **6•2**
proporción **6•4**
punto **6•6**
razón **6•4**
solución **6•6**
suma **6•1**
tasa **6•4**
término **6•1**
términos semejantes **6•2**
variable **6•1**
vertical **6•6**

¿QUÉ HAS APRENDIDO?

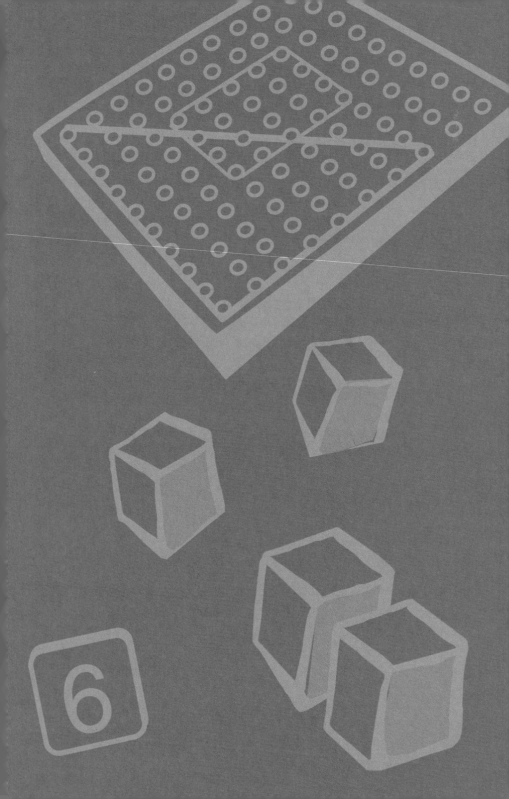

temas
de
actualidad

La geometría

¿Qué sabes ya•

Puedes usar los siguientes problemas y la lista de palabras para averiguar lo que ya sabes sobre este capítulo. Las respuestas de los problemas se encuentran en la sección Soluciones para los ejercicios, ubicada al final del libro y puedes consultar las definiciones de las palabras en la sección Palabras importantes ubicada al comienzo del libro. Puedes averiguar más acerca de un problema o palabra en particular al consultar el número de tema en negrilla (por ejemplo, **7•2**).

Serie de problemas

Usa la siguiente figura para resolver los problemas 1 al 4. **7•1**

1. Identifica un ángulo.
2. Identifica un rayo.
3. ¿Qué tipo de ángulo es $\angle ABC$•
4. El ángulo ABD mide 45°. ¿Cuánto mide $\angle DBC$?

Usa la siguiente figura para los problemas 5 al 7. **7•2**

5. ¿Qué tipo de figura es el cuadrilátero WXYZ?
6. El ángulo W mide 125°. ¿Cuánto mide $\angle Y$?
7. ¿A cuánto equivale la suma de las medidas de los ángulos del cuadrilátero WXYZ?

8. ¿Cuánto mide el perímetro de un cuadrado de 4 pies de lado? **7•4**
9. El perímetro de un pentágono regular mide 150 mm. ¿Cuánto mide cada uno de sus lados? **7•4**
10. Calcula el área de un rectángulo que mide 12 cm de largo y 7 cm de ancho. **7•5**
11. Calcula el área de un triángulo rectángulo cuyos lados miden 9 pulg, 12 pulg y 15 pulg. **7•5**
12. Cada una de las dos bases y las cuatro caras de un cubo tienen un área de 36 mm^2 ¿Cuál es el área de superficie del cubo? **7•6**
13. Cada cara de una pirámide es un triángulo que mide 8 pulg de base y 12 pulg de altura. Si la pirámide tiene una base cuadrada con un área de 64 pulg^2, ¿cuál es el área de superficie de la pirámide? **7•6**

En las preguntas 14 a la 16, indica la letra correspondiente a cada poliedro: *A*, *B* o *C*. **7•2**

14. pirámide triangular
15. cubo
16. prisma triangular

A

B

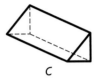
C

17. Calcula el volumen de un prisma triangular cuya base mide 6 cm por 2 cm y cuya altura mide 5 cm. **7•7**
18. La base de un cilindro mide 19.6 mm^2. Si el cilindro mide 4 mm de altura, ¿cuál es el volumen del cilindro? **7•7**

Utiliza el círculo *T* para las preguntas 19 y 20 **7•8**

19. ¿Cuánto mide $\widehat{SU}$?
20. ¿Cuál es el área del círculo *T*? Redondea en décimas de pulgada.

CAPÍTULO 7

palabras **importantes**

	hexágono **7•2**	recta **7•1**
ángulo **7•1**	lado opuesto **7•3**	reflexión **7•3**
ángulo opuesto **7•2**	paralelo **7•2**	rombo **7•2**
ángulo recto **7•1**	paralelogramo **7•2**	rotación **7•3**
arco **7•8**	pentágono **7•2**	segmento **7•8**
base **7•5**	perímetro **7•4**	simetría **7•3**
cara **7•2**	perpendicular **7•5**	superficie **7•5**
catetos de un triángulo **7•5**	pi (π) **7•8**	teorema de Pitágoras **7•4**
cilindro **7•6**	pirámide **7•2**	tetraedro **7•2**
círculo **7•6**	poliedro **7•2**	transformación **7•3**
circunferencia **7•6**	polígono **7•1**	
congruente **7•1**	prisma **7•2**	trapecio **7•2**
cuadrilátero **7•2**	prisma rectangular **7•2**	traslación **7•3**
cubo **7•2**	prisma triangular **7•6**	triángulo rectángulo **7•4**
diagonal **7•2**	punto **7•1**	vértice **7•1**
diámetro **7•8**	radio **7•8**	volumen **7•7**
forma regular **7•2**	rayo **7•1**	
grado **7•1**		

7·1 Nombra y clasifica ángulos y triángulos

Puntos, rectas y rayos

A veces, en el mundo de las matemáticas es necesario referirse a un **punto** específico en el espacio. El sitio donde se localiza un punto se puede representar haciendo un punto con un lápiz. Un punto no tiene tamaño. Sirve solamente para indicar posición.

Cada punto se designa usando una letra mayúscula. Dicha letra sirve para identificarlo.

· A

Punto A

Si dibujas dos puntos en una hoja de papel, puedes conectarlos con una **recta**. Imagina que la recta es perfectamente recta y que continúa indefinidamente en direcciones opuestas. La recta no tiene grosor.

recta AB, o $\overleftrightarrow{AB}$

Dado que la longitud de toda recta es infinita, a veces usamos sólo secciones de recta. Un **rayo** es una recta que se extiende indefinidamente en una sola dirección. En $\overrightarrow{AB}$, que se lee "el rayo AB", A es el extremo de la recta. El segundo punto que se usa para designar este rayo, puede ser cualquier otro punto que no sea A. Este rayo también podría ser designado como rayo AC.

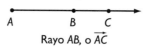

Rayo AB, o $\overrightarrow{AC}$

Practica tus conocimientos

Usa símbolos para designar de dos maneras distintas cada recta o cada rayo.

1.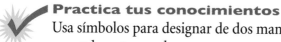

2.

Nombra ángulos

Imagina que existen dos rayos con el mismo extremo. Estos rayos forman lo que se conoce como un **ángulo**. El punto que tienen los rayos en común se conoce como **vértice** del ángulo. Los rayos forman los lados del ángulo.

El ángulo anterior está formado por $\overrightarrow{BA}$ y $\overrightarrow{BC}$. *B* es el extremo común de ambos rayos. El punto *B* es el vértice del ángulo. En vez de escribir la palabra ángulo, puedes usar el símbolo que representa un ángulo, $\angle$.

Hay varias maneras de identificar un ángulo. Puedes usar las tres letras de los puntos que forman los rayos, con el vértice como la letra del medio, ($\angle ABC$ o $\angle CBA$). También puedes usar únicamente la letra del vértice del ángulo ($\angle B$). En algunas ocasiones, es necesario identificar un ángulo mediante un número ($\angle 2$).

Cuando se forma más de un ángulo en el mismo vértice, usa tres letras para identificar cada uno de los ángulos. Dado que *G* es el vértice de tres ángulos diferentes, cada ángulo se debe designar usando tres letras:
$\angle DGF$ o $\angle FGD$, $\angle DGE$ o $\angle EGD$, $\angle EGF$ o $\angle FGE$.

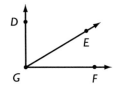

ÁNGULOS Y TRIÁNGULOS 7·1

Practica tus conocimientos

Halla tres ángulos en la siguiente figura.

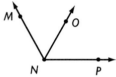

3. Indica el vértice de los ángulos.
4. Utiliza símbolos para identificar cada ángulo.

Mide ángulos

Los ángulos se miden en **grados** usando un *transportador* (pág. 389). El número de grados de un ángulo es mayor que 0 y menor que o igual a 180.

CÓMO USAR EL TRANSPORTADOR PARA MEDIR ÁNGULOS

Para medir un ángulo:

- Coloca el punto central del transportador sobre el vértice del ángulo, de manera que la marca 0° coincida con uno de los lados del ángulo.

- Halla el punto donde el otro lado del ángulo cruza el transportador. Lee el número de grados que marca la escala en dicho punto.

Mide ∠*ABC* y ∠*MNO*.

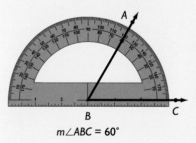

$m\angle ABC = 60°$

$m\angle MNO = 120°$

Practica tus conocimientos

Mide los siguientes ángulos con un transportador.

5. ∠*EFG*

6. ∠*PFR*

7. ∠*GFQ*

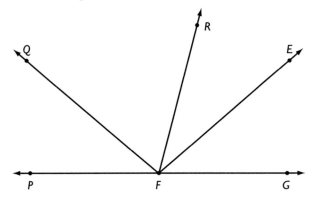

Clasifica los ángulos

Los ángulos se pueden clasificar de acuerdo con su medida.

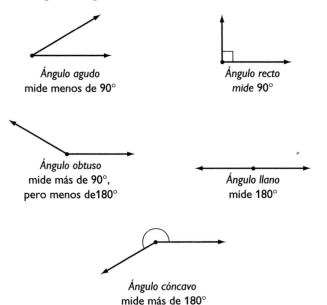

Ángulo agudo
mide menos de 90°

Ángulo recto
mide 90°

Ángulo obtuso
mide más de 90°,
pero menos de180°

Ángulo llano
mide 180°

Ángulo cóncavo
mide más de 180°

Los ángulos que comparten un lado se conocen como *ángulos adyacentes*. Si dos ángulos son adyacentes, se puede sumar la medidas de sus ángulos.

$m\angle APB = 55°$

$m\angle BPC = 35°$

$m\angle APC = 55° + 35° = 90°$

Dado que la suma es igual a 90°, entonces sabes que $\angle APC$ es un **ángulo recto**.

 Practica tus conocimientos

Mide los siguientes ángulos con un transportador y clasifícalos.

8. $\angle KST$
9. $\angle RST$
10. $\angle FST$

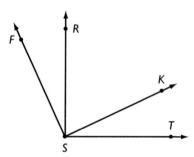

Triángulos

Los triángulos son *polígonos* que tienen tres lados, tres vértices y tres ángulos.

Los triángulos se pueden designar usando sus tres vértices en cualquier orden. $\triangle ABC$ se lee "triángulo ABC".

Clasifica triángulos

Al igual que los ángulos, los triángulos se clasifican de acuerdo con la medida de sus ángulos. Además, los triángulos se clasifican según el número de lados **congruentes** que poseen. Los lados congruentes son aquéllos que tienen la misma longitud.

Triángulo acutángulo
tres ángulos agudos

Triángulo obtusángulo
un ángulo obtuso

Triángulo rectángulo
un ángulo recto

Triángulo equilátero
tres lados congruentes;
tres ángulos congruentes

Triángulo isósceles
por lo menos dos
lados congruentes;

Triángulo escaleno
sin lados congruentes

La suma de las medidas de los tres ángulos de un triángulo es siempre 180°.

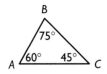

En $\triangle ABC$, $m\angle A = 60°$, $m\angle B = 75°$ y $m\angle C = 45°$.

   $60° + 75° + 45° = 180°$

SPor lo tanto, la suma de las medidas de los ángulos de $\triangle ABC$ es 180°.

CÓMO CALCULAR LA MEDIDA DEL ÁNGULO DESCONOCIDO DE UN TRIÁNGULO

En $\triangle RST$, $\angle R$ mide 100° y $\angle S$ mide 35°. Calcula la medida de $\angle T$.

$100° + 35° = 135°$ • Suma los dos ángulos conocidos.

$180° - 135° = 45°$ • Réstale 180° al resultado.

$m\angle T = 45°$ • La diferencia es la medida del tercer ángulo.

Practica tus conocimientos

Calcula la medida del ángulo desconocido de cada triángulo.

11.

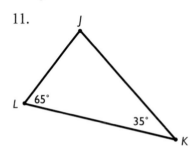

12.

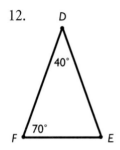

La desigualdad del triángulo

La longitud del tercer lado de un triángulo es siempre menor que la suma de los otros dos lados, pero mayor que su diferencia. Por lo tanto, $(a + b) > c > (a - b)$.

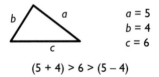

$a = 5$
$b = 4$
$c = 6$

$(5 + 4) > 6 > (5 - 4)$

 Practica tus conocimientos

Para las preguntas 13 y 14, identifica el conjunto de medidas que representa la longitud de los lados de un triángulo.

13. A. 2 pulg, 4 pulg, 8 pulg
    B. 7 cm, 9 cm, 16 cm
    C. 3 m, 5 m, 4 m

14. A. 6 pies, 8 pies, 10 pies
    B. 11 m, 8 m, 2 m
    C. 14 cm, 7 cm, 7 cm

7·1 EJERCICIOS

Utiliza símbolos para designar cada recta de dos maneras diferentes.

1.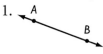

2.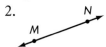

3.

Designa de dos maneras diferentes cada uno de los rayos.

4.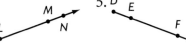

5.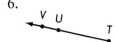

6.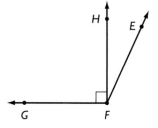

Halla tres ángulos en la siguiente figura.

7. Identifica el vértice de cada ángulo.
8. Utiliza símbolos para designar cada ángulo.
9. Identifica el ángulo agudo.
10. Identifica el ángulo recto.
11. Identifica el ángulo obtuso.

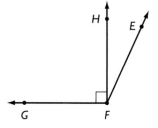

12. ¿Cuánto mide ∠Q?
13. ¿Qué tipo de triángulo es △QRS: acutángulo, rectángulo u obtusángulo?
14. Dos de los lados de un triángulo miden 7 pulg y 5 pulg, respectivamente. ¿A cuál valor debe ser menor la longitud del tercer lado?
15. Clasifica ∠Q.

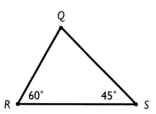

7·2 Nombra y clasifica polígonos y poliedros

Cuadriláteros

Quizás te hayas dado cuenta que, en geometría, existe una gran variedad de **cuadriláteros** o figuras de cuatro lados. Todos los cuadriláteros tienen cuatro lados y cuatro ángulos. La suma de los ángulos de un cuadrilátero es igual a 360°. Existen muchos tipos diferentes de cuadriláteros, los cuales se clasifican según sus lados y sus ángulos.

Para designar un cuadrilátero, se anotan sus cuatro vértices en la dirección de las manecillas del reloj o en dirección contraria. El cuadrilátero que se muestra a la derecha se puede designar como *FISH*.

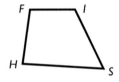

Ángulos de un cuadrilátero

Recuerda que la suma de las medidas de los ángulos de un cuadrilátero es igual a 360°. Si conoces las medidas de tres de los ángulos de un cuadrilátero, puedes calcular la medida del ángulo desconocido.

CÓMO CALCULAR LA MEDIDA DEL ÁNGULO DESCONOCIDO DE UN CUADRILÁTERO

Calcula la medida de $\angle S$ en el cuadrilátero *STUV.*

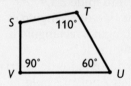

- Suma las medidas de los tres ángulos conocidos.

  $110° + 60° + 90° = 260°$

- Resta el resultado de 360°.

  $360° - 260° = 100°$

- La diferencia es la medida del ángulo desconocido.

  $m\angle S = 100°$

Practica tus conocimientos

1. Designa el cuadrilátero de dos maneras diferentes.
2. ¿Cuánto suman las medidas de ∠M, ∠N y ∠O?
3. Calcula m∠L.

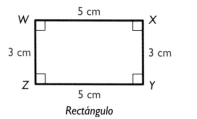

Tipos de cuadriláteros

Un rectángulo es un cuadrilátero con cuatro ángulos rectos. *WXYZ* es un rectángulo que mide 5 cm de largo y 3 cm de ancho.

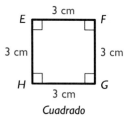

Rectángulo   Cuadrado

Los lados opuestos de un rectángulo tienen la misma longitud. Si los cuatro lados de un rectángulo son iguales, el rectángulo se conoce como *cuadrado*. Un cuadrado es una **figura regular** porque todos sus lados tienen la misma longitud y todos sus ángulos internos son *congruentes*. Algunos rectángulos pueden ser cuadrados, pero *todos* los cuadrados son rectángulos. Por lo tanto, *EFGH* es un cuadrado y es también un rectángulo.

Un **paralelogramo** es un cuadrilátero cuyos lados opuestos son **paralelos**. Los lados opuestos y los **ángulos opuestos** de un paralelogramo son iguales. *ABCD* es un paralelogramo. *HIJK* es un paralelogramo y es también un rectángulo.

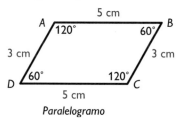

Paralelogramo

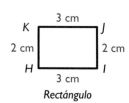

Rectángulo

Algunos paralelogramos pueden ser rectángulos, pero *todos* los rectángulos son paralelogramos. Por consiguiente, un cuadrado es también un paralelogramo. Si todos los lados de un paralelogramo son iguales, el paralelogramos se conoce como **rombo**. *HIJK* es un rombo.

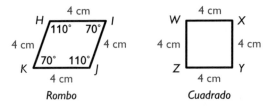

Rombo   Cuadrado

Todo cuadrado es un rombo, aunque no cada rombo es un cuadrado, porque un cuadrado tiene, además, todos sus ángulos iguales.

Un **trapecio** tiene dos lados paralelos y dos lados que no lo son. Un trapecio es un cuadrilátero, pero no es un paralelogramo. *PARK* es un trapecio.

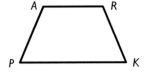

 Practica tus conocimientos

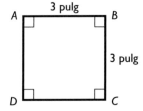

4. ¿Qué tipo de cuadrilátero es *ABCD*?
5. ¿Cuál es *m∠A*, *m∠B*, *m∠C* y *m∠D*?
6. ¿Cuánto mide el lado *AD*? ¿Cuánto mide el lado *CD*?

Polígonos

Un polígono es una figura cerrada con tres o más lados. Cada uno de los lados es un segmento de recta y los lados se unen sólo en los extremos o vértices.

Esta figura es un polígono   Estas figuras no son polígonos.

Un rectángulo, un cuadrado, un paralelogramo, un rombo, un trapecio y un triángulo son polígonos.

Hay algunos aspectos relacionados con los polígonos que son siempre verdaderos. Por ejemplo, un polígono de *n* lados tiene *n* ángulos y *n* vértices. Un polígono de tres lados tiene tres ángulos y tres vértices. Un polígono de ocho lados tiene ocho ángulos y ocho vértices.

Un segmento de recta que une dos vértices de un polígono es un lado o una **diagonal**. *AE* es un lado de un polígono *ABCDE*. *AD* es una diagonal.

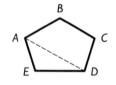

Tipos de polígonos

| Triángulo | Cuadrilátero | Pentágono | Hexágono | Octágono |
| 3 lados | 4 lados | 5 lados | 6 lados | 8 lados |

Un polígono de siete lados se conoce como **heptágono**, uno de nueve lados como **nonágono** y uno de diez lados como *decágono*.

Practica tus conocimientos
Identifica los siguientes polígonos.

7. 8. 9. 10.

¡Oh obelisco!

Los antiguos egipcios tallaban obeliscos horizontalmente en las canteras. Exactamente cómo levantaban los obeliscos para que alcanzaran su posición vertical final, es un misterio. Existen sin embargo ciertas claves que indican que los egipcios deslizaban los obeliscos hacia una rampa de lodo y los iban levantando poco a poco con palancas. En la parte final del proceso, los levantaban con cuerdas.

El equipo de una estación de televisión trató de mover un bloque de granito de 43 pies de largo usando este método. Deslizaron el obelisco de 40 toneladas por una rampa a un ángulo de 33°. Después, levantaron el obelisco con palancas hasta alcanzar un ángulo de 40°. Finalmente, 200 personas trataron de levantarlo a su posición vertical con cuerdas, pero no pudieron levantarlo. Finalmente, abandonaron el proyecto porque se les acabó el tiempo y el dinero.

¿Cuántos grados les faltaba a los miembros del equipo para que el obelisco alcanzara su posición vertical? Consulta la respuesta en el Solucionario al final del libro.

Ángulos de un polígono

Ya sabes que la suma de la medida de los ángulos de un triángulo es igual a 180° y que la suma de la medida de los ángulos de un cuadrilátero es igual a 360°. La suma de los ángulos de *cualquier* polígono es por lo menos 180° (triángulo). Cada lado adicional añade 180° a la medida de los primeros tres ángulos. Para entender por qué, observa el **pentágono**.

Si se trazan las diagonales $\overline{EB}$ y $\overline{EC}$, se puede observar que la suma de la medida de los ángulos de un pentágono equivale a la suma de la medida de los ángulos de tres triángulos.

$$3 \times 180° = 540°$$

Por lo tanto, la suma de los ángulos de un pentágono es igual a 540°.

Para calcular la suma de los ángulos de un polígono, puedes usar la fórmula $(n - 2) \times 180°$, donde n representa el número de lados del polígono. El resultado es la suma de la medida de los ángulos del polígono.

CÓMO CALCULAR LA SUMA DE LA MEDIDA DE LOS ÁNGULOS DE UN POLÍGONO

$(n - 2) \times 180°$ = suma de los ángulos de un polígono de n lados

Calcula la suma de los ángulos de un octágono.

Reflexiona: Un octágono tiene 8 lados. Resta 2 y, luego, multiplica la diferencia por 180.

• Usa la fórmula: $(8 - 2) \times 180° = 6 \times 180° = 1{,}080°$

Por lo tanto, los ángulos de un octágono suman 1,080°.

Como ya sabes, un **polígono regular** tiene lados y ángulos iguales. Puedes usar tus conocimientos sobre cómo calcular la suma de las medidas de los ángulos de un polígono, para calcular cuánto mide cada ángulo de un polígono regular.

Calcula cuánto mide cada ángulo de un **hexágono** regular.

Comienza usando la fórmula $(n - 2) \times 180°$. Un hexágono tiene 6 lados y debes por lo tanto sustituir n por 6.

$$(6 - 2) \times 180° = 4 \times 180° = 720°$$

Después, divide el resultado entre el número de ángulos. Dado que un hexágono tiene 6 ángulos, divide entre 6.

$$720° \div 6 = 120°$$

La respuesta indica que cada ángulo de un hexágono regular mide 120°.

Practica tus conocimientos

11. ¿A cuánto equivale la suma de la medida de los ángulos de un heptágono?
12. ¿Cuánto mide cada ángulo de un pentágono regular?

Poliedros

Algunos sólidos son curvos, como los siguientes.

Esfera   *Cilindro*   *Cono*

Otros tienen superficies planas. Cada una de las siguientes figuras es un **poliedro**.

Cubo   *Prisma*   *Pirámide*

Un poliedro es un sólido cuya superficie está formada por polígonos. Las **caras** de los siguientes poliedros comunes son triángulos, cuadriláteros y pentágonos.

Prismas

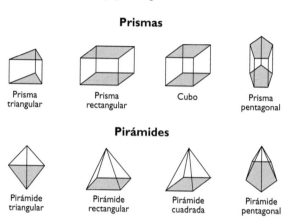

Prisma triangular   Prisma rectangular   Cubo   Prisma pentagonal

Pirámides

Pirámide triangular   Pirámide rectangular   Pirámide cuadrada   Pirámide pentagonal

Cada **prisma** tiene dos bases. Las bases de un prisma tienen la misma forma y tamaño y son paralelas. Las otras caras del prisma son paralelogramos. Las bases de las figuras anteriores aparecen sombreadas. Cuando las seis caras de un **prisma rectangular** son cuadradas, el prisma se conoce como **cubo**.

Una **pirámide** es una estructura con una sola base de forma poligonal y con caras triangulares que coinciden en un punto llamado *ápice*. Las bases de las pirámides anteriores aparecen sombreadas. Una pirámide triangular es un **tetraedro**. Un tetraedro tiene cuatro caras y cada cara es un triángulo. Un prisma triangular *no* es un tetraedro.

 Practica tus conocimientos
Identifica los siguientes poliedros.

13.   14.

(texto lateral vertical) 7·2 POLÍGONOS Y POLIEDROS

7·2 EJERCICIOS

1. Calcula la medida de ∠J.
2. Anota otras dos maneras de identificar el cuadrilátero IJKL.

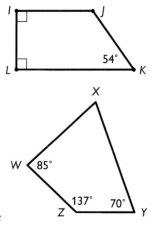

3. Calcula la medida de ∠X.
4. Anota otras dos maneras de identificar el cuadrilátero WXYZ.

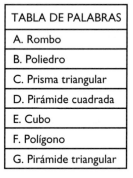

Escribe la letra de la tabla que corresponde a cada descripción.

5. Sólido cuyas superficies están formadas por polígonos.
6. Su base es un triángulo y sus caras son triángulos.
7. Su base es un cuadrado y sus caras son triángulos.
8. Cuadrilátero cuyos lados y ángulos opuestos son iguales.
9. Figura cerrada con tres o más lados.
10. Prisma rectangular con seis caras cuadradas.
11. Tiene dos bases triangulares y sus caras son paralelogramos.

TABLA DE PALABRAS
A. Rombo
B. Poliedro
C. Prisma triangular
D. Pirámide cuadrada
E. Cubo
F. Polígono
G. Pirámide triangular

12. Anota otras dos maneras de designar el cuadrilátero EFGH.
13. Calcula la medida de ∠G.

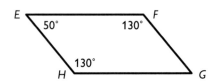

Identifica cada polígono.

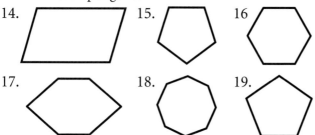

14.   15.   16

17.   18.   19.

Calcula la suma de la medida de los ángulos de cada polígono.

20. cuadrado   21. pentágono   22. octágono

Dos de los ángulos de $\triangle XYZ$ miden 23° y 67°.

23. ¿Cuánto mide el tercer ángulo?

24. ¿Qué tipo de triángulo es $\triangle XYZ$?

Identifica los siguientes poliedros.

25.   26.

27. Identifica la figura que tiene dos bases idénticas paralelas de forma pentagonal.

28. Identifica la figura que tiene una base cuadrada y caras triangulares.

Identifica las formas de los siguientes poliedros reales.

29. 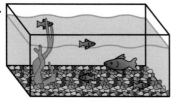   30.

Acuario   Tuerca

7·3 Simetría y transformaciones

Siempre que mueves una figura sobre un plano, estás realizando una **transformación**.

Reflexiones

Una **reflexión** (**dar vuelta** a una figura) es un tipo de transformación. Si oyes la palabra reflexión, probablemente pienses en un espejo. La imagen especular, o imagen invertida, de un punto o una figura se conoce como *reflexión*.

La reflexión de un punto es otro punto localizado en el lado opuesto de un eje de **simetría**. Tanto el punto como su reflexión se encuentran a la misma distancia del eje de simetría.

P' es la reflexión del punto P, en el lado opuesto de la línea l. P' se lee "P prima". P' se conoce como la *imagen* de P.

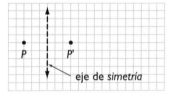

Es posible obtener la reflexión de cualquier punto, recta o polígono. El cuadrilátero *DEFG* está reflejado en el lado opuesto de la recta *m*. La imagen de *DEFG* es $D'E'F'G'$.

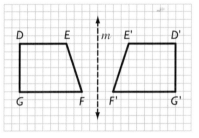

Para obtener la imagen de un figura, selecciona varios puntos clave de la figura. Si se trata de un polígono, utiliza los vértices. Mide la distancia desde cada punto hasta el eje de simetría. La imagen de cada punto estará a la misma distancia del eje de simetría, pero en el lado opuesto.

En la reflexión del cuadrilátero de la página anterior, el punto *D* está a 10 unidades del eje de simetría y el punto *D'* también está a 10 unidades de dicho eje, pero en el **lado opuesto**. Si mides la distancia entre cada punto y el eje de simetría y los puntos imagen correspondientes, comprobarás que la distancia es idéntica.

Practica tus conocimientos

1. Dibuja en papel cuadriculado la figura *ABCD* y la recta *e* en papel cuadriculado. Después, dibuja e identifica las diferentes partes de la imagen de esta figura.

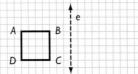

Piscicultura

Los peces no crecen en los árboles. La piscicultura es una de las industrias alimenticias de mayor crecimiento y actualmente suministra cerca del 20 por ciento del pescado y moluscos del mercado mundial.

Un piscicultor japonés de ostras construye balsas flotantes de bambú en el mar. Después, cuelga de las balsas cuerdas con conchas limpias. Las larvas de ostra se fijan a las conchas y crecen, formando masas densas. Las balsas están amarradas a barriles, para que no se hundan en el mar, donde los enemigos naturales de las ostras (las estrellas de mar) pueden comérselas.

Un piscicultor puede llegar a tener hasta 100 balsas. Cada balsa mide aproximadamente 10 m por 15 m. ¿Cuál es el área total de todas las balsas? Consulta la respuesta en el Solucionario al final del libro.

Simetría de reflexión

Ya has visto que un eje de simetría sirve para mostrar la simetría de reflexión de un punto, una recta o una figura. Además, un eje de simetría también sirve para *dividir* una figura en dos partes, una de las cuales es una reflejo de la opuesta. Las siguientes figuras son simétricas con respecto al eje de simetría.

Algunas figuras presentan más de un eje de simetría. A continuación se muestran figuras que presentan más de un eje de simetría.

Un rectángulo tiene dos ejes de simetría.

Un cuadrado tiene cuatro ejes de simetría.

Cualquier recta que atraviesa el centro de un círculo es un eje de simetría. Por lo tanto, un círculo tiene un número infinito de ejes de simetría.

Practica tus conocimientos

Algunas letras mayúsculas presentan simetría de reflexión.

2. La letra A tiene un eje de simetría. ¿Cuáles otras letras mayúsculas tienen un solo eje de simetría?

3. La letra X tiene dos ejes de simetría ¿Cuáles otras letras mayúsculas tienen dos ejes de simetría?

Rotaciones

Una **rotación** (o **giro**) es una transformación en que una recta o una figura se rotan alrededor de un punto fijo. El punto fijo se conoce como *centro de rotación*. En general, los grados de rotación se miden en dirección opuesta a las manecillas del reloj.

$\overleftrightarrow{RS}$ se rota 90° alrededor del punto R.

Si rotas una figura 360°, la regresas al mismo punto donde iniciaste la rotación. En consecuencia, a pesar de la rotación, su posición permanece inalterada.
Si rotas $\overrightarrow{AB}$ 360° alrededor del punto P, $\overrightarrow{AB}$ permanecerá en el mismo sitio.

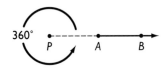

Practica tus conocimientos

¿Cuántos grados alrededor del punto H o J se rotó la bandera?

4.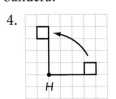

5.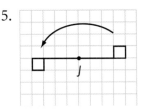

Traslaciones

Una **traslación** (o **deslizamiento**) es otro tipo de transformación. Si deslizas una figura hacia una nueva posición, sin rotarla, estás realizando una traslación.

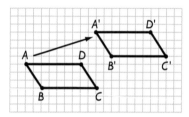

El rectángulo *ABCD* se deslizó hacia arriba y hacia la derecha. *A'B'C'D'* es la imagen trasladada de *ABCD*. *A'* está ubicada 9 unidades hacia la derecha y 4 unidades hacia arriba. Todos los otros puntos del rectángulo se han desplazado de la misma manera.

 Practica tus conocimientos

6. ¿Cuál de las siguientes figuras es una traslación de la figura sombreada?

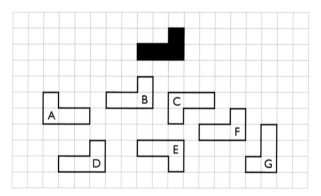

7·3 EJERCICIOS

¿Cuál es la imagen reflejada a través de la recta *s* de cada uno de los siguientes?

1. Punto *D*   2. $\overline{DF}$ 3. △ *DEF*

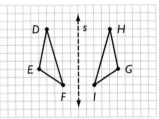

Dibuja cada figura. Después, dibuja todos sus ejes de simetría.

4.   5.   6.

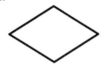 

Para cada transformación, identifica si se trata de una reflexión, una rotación o una traslación.

7.   8.

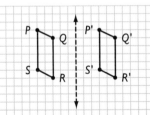 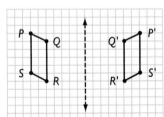

9.   10.

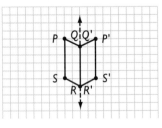 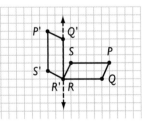

7·4 Perímetro

Perímetro de un polígono

Ramón quiere poner una cerca alrededor de sus pastizales. Para averiguar la cantidad de cerca que necesita, debe calcular el **perímetro** o *distancia alrededor* de su terreno.

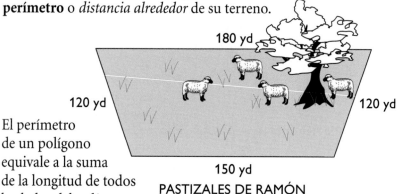

180 yd

120 yd   120 yd

El perímetro
de un polígono
equivale a la suma
de la longitud de todos
los lados del polígono.

150 yd

PASTIZALES DE RAMÓN

Para averiguar el perímetro de su pastizal, Ramón necesita medir la longitud de cada lado y sumar las cantidades. Ramón descubrió que dos lados del terreno miden 120 yd, un lado mide 180 yd y el otro lado mide 150 yd. ¿Cuánta cerca necesita Ramón para su pastizal?

$$P = 120 \text{ yd} + 150 \text{ yd} + 120 \text{ yd} + 180 \text{ yd} = 570 \text{ yd}$$

El perímetro del terreno mide 570 yd. Ramón necesita 570 yd de cerca para su pastizal.

CÓMO CALCULAR EL PERÍMETRO DE UN POLÍGONO

Para calcular el perímetro de un polígono, debes sumar la longitud de todos sus lados.

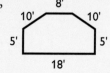

8'
10'   10'
5'   5'
18'

Calcula el perímetro del hexágono.

$$P = 5 + 10 + 8 + 10 + 5 + 18 = 56 \text{ pies}$$
El perímetro del hexágono mide 56 pies.

Perímetro de un polígono regular

Todos los lados de un polígono regular tienen la misma longitud. Si conoces el perímetro de un polígono regular, puedes calcular la longitud de cada lado.

Calcula cuánto mide cada lado de un octágono regular cuyo perímetro es de 36 cm. Sea x = longitud de un lado

$$36 \text{ cm} = 8x$$
$$4.5 \text{ cm} = x$$

Cada lado mide 4.5 cm.

Perímetro de un rectángulo

Los lados opuestos de un rectángulo tienen la misma longitud. Por lo tanto, para calcular el perímetro de un rectángulo sólo necesitas conocer su altura y su ancho. La fórmula para calcular el perímetro de un rectángulo es $2l + 2w = P$.

El perímetro de este rectángulo mide
$(2 \times 7 \text{ cm}) + (2 \times 3 \text{ cm}) = 20 \text{ cm}.$

3 cm

7 cm

 Practica tus conocimientos

Calcula el perímetro de los siguientes polígonos.

1.

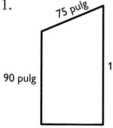

75 pulg

90 pulg

135 pulg

60 pulg

2.

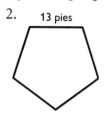

13 pies

3. Calcula el perímetro de un rectángulo que mide 43 pulg de largo y 15 pulg de ancho.

4. Calcula el perímetro de un cuadrado cuyos lados miden 6 km.

7-4 PERÍMETRO

Perímetro de un triángulo rectángulo

Si conoces la longitud de dos de los lados de un **triángulo rectángulo**, puedes calcular la longitud del tercer lado usando el **teorema de Pitágoras**.

CÓMO CALCULAR EL PERÍMETRO DE UN TRIÁNGULO RECTÁNGULO

Usa el teorema de Pitágoras para calcular el perímetro de un triángulo rectángulo.

a = 16 cm
b = 30 cm

- Usa la ecuación $c^2 = a^2 + b^2$ para calcular la longitud de la hipotenusa.

$$c^2 = 16^2 + 30^2$$
$$= 256 + 900$$
$$= 1{,}156$$

- La raíz cuadrada de c^2 es igual a la longitud de la hipotenusa. Por lo tanto, saca la raíz cuadrada de c^2.

$$c = 34$$

- Suma la longitud de los lados del triángulos. La suma es igual al perímetro del triángulo.

$$16\ cm + 30\ cm + 34\ cm = 80\ cm$$

El perímetro mide 80 cm.

Practica tus conocimientos

Utiliza el teorema de Pitágoras para calcular el perímetro de cada triángulo.

5.

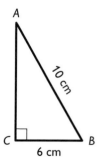

6.

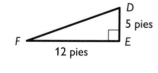

7·4 EJERCICIOS

Calcula el perímetro de cada polígono.

1.

2.
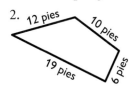

3.
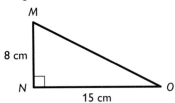

4. Calcula el perímetro de un cuadrado que mide 19 m de lado.
5. Calcula el perímetro de un hexágono regular que mide 6 cm de lado.
6. El perímetro de un pentágono regular mide 140 pulg. Calcula la longitud de sus lados.
7. El perímetro de un triángulo equilátero mide 108 mm. ¿Cuánto mide cada lado?

Calcula el perímetro de cada rectángulo.
8. $l = 28$ m, $w = 11$ m
9. $l = 25$ yd, $w = 16$ yd
10. $l = 43$ pies, $w = 7$ pies

```
M

8 cm

N       15 cm       O
```

11. Calcula la longitud de $\overline{MO}$.
12. Calcula el perímetro de $\triangle MNO$.

Utiliza el teorema de Pitágoras para averiguar si los siguientes son triángulos rectángulos.
13. Los lados de $\triangle OPQ$ miden 8, 6, 10.
14. Los lados de $\triangle RST$ miden 7, 10, 13.
15. Los lados de $\triangle WXY$ miden 5, 6, 9.

7·5 Área

¿Qué es el área?

El área mide el tamaño de una superficie. La superficie de tu escritorio tiene un área, al igual que el estado de Montana. El área no se mide con unidades de longitud como pulgadas, centímetros, pies o kilómetros, sino que se mide en unidades cuadradas como **pulgadas cuadradas** (pulg ^{2}) y **centímetros cuadrados** (cm^2).

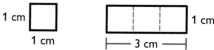

El cuadrado anterior tiene un área de un centímetro cuadrado, mientras que el rectángulo mide exactamente 3 cuadrados. Esto indica que el área del rectángulo mide tres centímetros cuadrados, ó 3 cm².

Estima el área

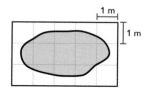

Cuando no se requiere un respuesta exacta o cuando es difícil calcular la respuesta, se puede obtener un estimado del área de superficie.

En la región sombreada de la derecha, tres cuadrados están completamente sombreados. Tiene un área de más de 3 m². El rectángulo que rodea la región mide 15 m², es obvio que la región sombreada mide menos de 15 m². Por lo tanto, puedes estimar que el área de la figura sombreada mide más de 3 m², pero menos de 15 m².

Practica tus conocimientos

Para las siguientes preguntas, selecciona la opción que indique el área de una región.

1. A. 26 pies   B. 60 m   C. 16 cm^2
2. A. 4 mi   B. 37 yd^2 C. 80 km
3. Estima el área de la región sombreada. Cada cuadrado representa 1 pulg^2.

Área de un rectángulo

Puedes calcular el área del siguiente rectángulo, contando el número de cuadrados.

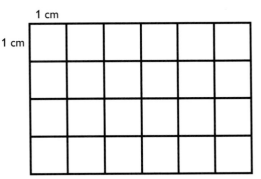

Hay 24 cuadrados y cada uno de ellos mide un centímetro cuadrado. Por lo tanto, el área del rectángulo mide 24 cm².

Asimismo, puedes usar la fórmula para calcular el área de un rectángulo: $A = l \times w$. El rectángulo anterior mide 6 cm de largo y 4 cm de ancho. Si usas la fórmula, encontrarás que

$$A = 6\,cm \times 4\,cm = 24\,cm^2$$

CÓMO CALCULAR EL ÁREA DE UN RECTÁNGULO

Calcula el área de este rectángulo.

16 pulg

3 pies

- Debes expresar el largo y el ancho en la misma unidad de medida.

    3 pies = 36 pulg. Por lo tanto, $l = 36$ pulg y $w = 16$ pulg

- Usa la fórmula para calcular el área de un rectángulo.

    $A = l \times w$

    $= 36$ pulg $\times 16$ pulg

    $= 576$ pulg^2

El área del rectángulo mide 576 pulg².

Si el rectángulo es un cuadrado, su longitud y su ancho son iguales. Por lo tanto, para un cuadrado cuyos lados miden s unidades, puedes usar la fórmula $A = s \times s$, o $A = s^2$.

7·5 ÁREA

Practica tus conocimientos

4. Calcula el área de un rectángulo que mide 24 yardas de largo y 17 yardas de ancho.
5. Calcula el área de un cuadrado que mide 9 pulgadas de lado.

Área de un paralelogramo

Para calcular el área de un paralelogramo multiplica la **base** por la **altura**.

Área = base × altura
$A = b \times h,$
o $A = bh$

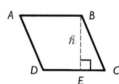

La altura de un paralelogramo es siempre **perpendicular** a la base. Esto quiere decir que en el paralelogramo $ABCD$, la altura, h, es igual a $\overline{BE}$, en lugar de $\overline{BC}$. La base, b, es igual a $\overline{DC}$.

CÓMO CALCULAR EL ÁREA DE UN PARALELOGRAMO

Calcula el área de un paralelogramo cuya base mide 12 pulg y altura de 7 pulg.
$$A = b \times h$$
$$= 12 \text{ pulg} \times 7 \text{ pulg}$$
$$= 84 \text{ pulg}^2$$
El área del paralelogramo mide 84 pulg², u 84 pulgadas cuadradas.

Practica tus conocimientos

6. Calcula el área de un paralelogramo con base de 12 cm y altura de 15 cm.
7. Calcula el largo de la base de un paralelogramo con un área de 56 pies² y cuya altura mide 7 pies.

Área de un triángulo

Si cortas un paralelogramo a lo largo de una de sus diagonales, obtienes dos triángulos con bases iguales, *b*, y con la misma altura, *h*.

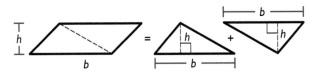

El área de un triángulo equivale a la mitad del área de un paralelogramo con la misma base y la misma altura. El área de un triángulo es igual a $\frac{1}{2}$ de la base por la altura. Por consiguiente, la fórmula es $A = \frac{1}{2} \times b \times h$ o $A = \frac{1}{2} bh$.

$A = \frac{1}{2} \times b \times h$

$A = \frac{1}{2} \times 13.5 \text{ cm} \times 8.4 \text{ cm}$

$\quad = 0.5 \times 13.5 \text{ cm} \times 8.4 \text{ cm}$

$\quad = 56.7 \text{ cm}^2$

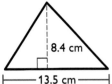

El área del triángulo mide 56.7 cm².

CÓMO CALCULAR EL ÁREA DE UN TRIÁNGULO

Calcula el área de △*PQR*. Observa que en un triángulo rectángulo los dos catetos sirven de base y de altura.

$A = \frac{1}{2} bh$

$\quad = \frac{1}{2} \times 5 \text{ m} \times 3 \text{ m}$

$\quad = 0.5 \times 5 \text{ m} \times 3 \text{ m}$

$\quad = 7.5 \text{ m}^2$

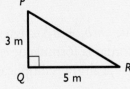

El área del triángulo mide 7.5 m².

Para repasar *triángulos rectángulos* consulta la página 322.

Practica tus conocimientos

8. Calcula el área de un triángulo con base de 16 pies y altura de 8 pies.

9. Calcula el área de un triángulo rectángulo cuyos lados miden 6 cm, 8 cm y 10 cm.

Área de un trapecio

Un trapecio tiene dos bases que se designan como b_1 y b_2, respectivamente. b_1 se lee como "b subíndice 1". El área de un trapecio equivale al área de dos triángulos.

Ya sabes que la fórmula para calcular el área de un triángulo es $A = \frac{1}{2}bh$, por lo tanto, tiene sentido que la fórmula para calcular el área de un trapecio sea $A = \frac{1}{2}b_1h + \frac{1}{2}b_2h$, o en forma reducida, $A = \frac{1}{2}h(b_1 + b_2)$.

CÓMO CALCULAR EL ÁREA DE UN TRAPECIO

Calcula el área del trapecio $WXYZ$.

$$A = \frac{1}{2}h(b_1 + b_2)$$
$$= \frac{1}{2} \times 4 \, (5 + 11)$$
$$= 2 \times 16$$
$$= 32 \text{ cm}^2$$

El trapecio tiene un área de 32 cm².

Dado que $\frac{1}{2}h(b_1 + b_2)$ es igual a $h \times \frac{b_1 + b_2}{2}$, quizás te sería más fácil recordar la fórmula de esta manera:

$A = $ la altura multiplicada por el promedio de las bases.

Para repasar cómo se calcula la *media* o *promedio*, consulta la página 204.

Practica tus conocimientos

10. Un trapecio tiene una altura de 4 m. Sus bases miden 5 m y 8 m. ¿Cuál es su área?
11. Un trapecio tiene una altura de 8 cm. Sus bases miden 7 cm y 10 cm. ¿Cuál es su área?

7·5 EJERCICIOS

1. Estima el área de la región sombreada.

2. Si cada cuadrado de la región mide 2 cm², estima el área en centímetros.

Calcula el área de cada rectángulo, dados su largo, *l*, y su ancho, *w*.

3. *l* = 5 pies, *w* = 4 pies
4. *l* = 7.5 pulg, *w* = 6 pulg

Calcula el área de cada figura.

5.

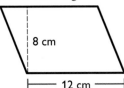

8 cm

12 cm

6.

6 pies

11 pies

Calcula el área de cada triángulo, dadas la base, *b*, y la altura, *h*.

7. *b* = 12 cm, *h* = 9 cm
8. *b* = 8 yd, *h* = 18 yd

9. Calcula el área de un trapecio cuyas bases miden 10 pulg y 15 pulg y que tiene una altura de 8 pulg.

10. A continuación se muestra el nuevo diseño de una porqueriza. Si el granjero quiere construir una porqueriza con las dimensiones señaladas en el diagrama, ¿cuál será el tamaño del área de la que dispondrán los cerdos dentro de la porqueriza?

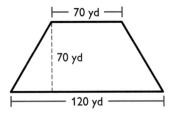

70 yd

70 yd

120 yd

7·6 Área de superficie

El área de superficie de un sólido es el área total de su superficie exterior. Te puedes imaginar el área de superficie como si fueran las diferentes partes de un sólido que te gustaría pintar. Al igual que el área, el área de superficie de un sólido se expresa en unidades cuadradas. Para que entiendas por qué, "desdobla" un prisma rectangular.

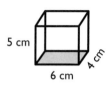

5 cm

6 cm

4 cm

Los matemáticos llaman **red** a un prisma desdoblado. Al doblar una red puedes construir una figura tridimensional.

	6 cm		
5 cm	posterior		
4 cm	superior	izquierda	base	derecha	4 cm
	6 cm	5 cm	anterior	5 cm
		6 cm		

Área de superficie de un prisma rectangular

Un prisma rectangular tiene seis caras rectangulares. Para calcular el área de un prisma rectangular, debes sumar las áreas de sus seis caras o rectángulos. Recuerda que las caras opuestas son iguales.

Para repasar *poliedros* y *prismas*, consulta las páginas 310 y 311.

CÓMO CALCULAR EL ÁREA DE SUPERFICIE DE UN PRISMA RECTANGULAR

Usa la red para calcular el área del prisma anterior.

- Usa la fórmula $A = lw$ para calcular el área de cada cara.
- Después, suma las seis áreas.
- Expresa la respuesta en unidades cuadradas.

$$
\begin{aligned}
\text{Área} &= \text{superior} + \text{base} + \text{izquierda} + \text{derecha} + \text{anterior} + \text{posterior} \\
&= 2 \times (6 \times 4) \quad + \quad 2 \times (5 \times 4) \quad + \quad 2 \times (6 \times 5) \\
&= \quad 2 \times 24 \qquad + \qquad 2 \times 20 \qquad + \qquad 2 \times 30 \\
&= \qquad 48 \qquad\quad + \qquad\quad 40 \qquad\quad + \qquad\quad 60 \\
&= \quad 148 \text{ cm}^2
\end{aligned}
$$

El área de superficie del prisma rectangular mide 148 cm^2.

Practica tus conocimientos
Calcula el área de superficie de cada figura.

1.
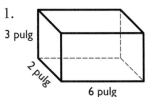

3 pulg
2 pulg
6 pulg

2.
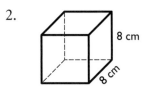

8 cm
8 cm
8 cm

Área de superficie de otros sólidos

La técnica de desdoblar un poliedro se puede usar para calcular el área de superficie de cualquier poliedro. Observa el siguiente **prisma triangular** y su red.

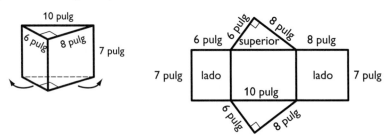

Para calcular el área de este sólido, primero usa las fórmulas para calcular el área de un rectángulo ($A = lw$) y de un triángulo ($A = \frac{1}{2}bh$) para obtener las áreas de las cinco caras y luego la suma de las áreas que obtuviste.

A continuación se muestran dos pirámides y sus respectivas redes. En estos casos, también puedes usar las fórmulas para calcular el área de un rectángulo ($A = lw$) y de un triángulo($A = \frac{1}{2}bh$) para obtener las áreas de las caras y después sumar las áreas obtenidas.

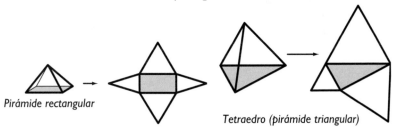

Pirámide rectangular

Tetraedro (pirámide triangular)

El área de superficie de un **cilindro** es igual a la suma de las áreas de dos **círculos** más el área de un rectángulo.

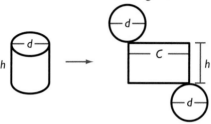

Las dos bases de un cilindro tienen la misma área. La altura del rectángulo es igual a la altura del cilindro. El largo del rectángulo es igual a la **circunferencia** del cilindro.

Para calcular el área de superficie de un cilindro:
• Usa la fórmula para el área de un círculo para calcular el área de las bases.

$A = \pi r^2$

• Calcula el área del rectángulo usando la fórmula $h \times (2\pi r)$.

Si quieres repasar tus conocimientos sobre *círculos*, consulta la página 340.

Practica tus conocimientos

3. Desdobla este prisma triangular y calcula el área de su superficie.

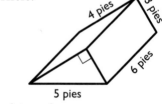

4. Calcula el área de superficie del cilindro. Usa $\pi = 3.14$.

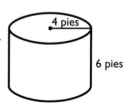

7·6 EJERCICIOS

Calcula la superficie de las siguientes figuras.

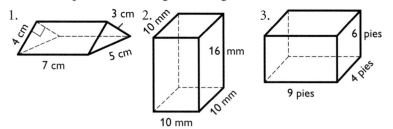

4. Un prisma rectangular mide 5 cm por 3 cm por 7 cm. Calcula el área de su superficie.

5. El área de superficie de un cubo mide 150 pulg^2. ¿Cuál es la longitud de una arista?

    A. 5 pulg   B. 6 pulg   C. 7 pulg   D. 8 pulg

Calcula el área de superficie de cada cilindro. Usa 3.14 para π.

6.
7 cm
2 cm

7.
3.5 pulg
10 pulg

8. ¿Cuál es el área de superficie de un cubo cuyos lados miden 3 m?

9. ¿Cuál es el área de superficie de un tetraedro equilátero, si una de sus caras mide 25 pulg^2?

10. Toshi está pintando una caja que mide 4 pies de largo, 1 pie de ancho y 1 pie de altura. Quiere dar tres manos (tres capas) de barniz a la caja y tiene una lata de barniz que alcanza para cubrir 200 pies cuadrados. ¿Tiene suficiente laca para dar las tres manos?

7·7 Volumen

¿Qué es el volumen?

El **volumen** es el espacio dentro de una figura. Una manera de medir el volumen es contar el número de unidades cúbicas que llenan el espacio dentro de la figura.

El volumen de este pequeño cubo es de una pulgada cúbica.

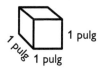
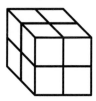

El número de cubos pequeños que se requieren para llenar el cubo más grande es igual a 8. Por lo tanto, el volumen del cubo más grande es de 8 pulgadas cúbicas.

El volumen de las figuras se mide en unidades *cúbicas*. Por ejemplo, 1 pulgada cúbica se escribe como 1 pulg^3 y un metro cúbico se escribe como 1 m^3.

 Practica tus conocimientos

¿Cuál es el volumen de cada figura, si cada cubo = 1 pulg^3?

 1.

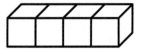

 2.

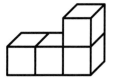

Volumen de un prisma

El volumen de un prisma se puede calcular multiplicando el *área* de la base, B, (páginas 324 a 329) por la altura, *h*.

Volumen = *Bh*
Ver *fórmulas* en las páginas 58 y 59.

CÓMO CALCULAR EL VOLUMEN DE UN PRISMA

Calcula el volumen del prisma rectangular. Su base mide 12 pulgadas de largo y 10 pulgadas de ancho. El prisma tiene una altura de 15 pulgadas.

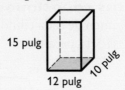

base A = 12 pulg × 10 pulg   • Calcula el área de la base.
       = 120 pulg^2 • Multiplica la base por la
    V = 120 pulg^2 × 15 pulg   altura.
       = 1,800 pulg^3

El volumen del prisma mide 1,800 pulg^3.

Practica tus conocimientos

Calcula el volumen de cada figura.

3.
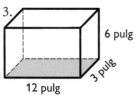

4.

Volumen de un cilindro

Puedes calcular el volumen de un cilindro de la misma manera que calculaste el volumen de un prisma, utilizando la fórmula $V = Bh$. Recuerda que la base de un cilindro es un círculo.

7 pulg

2 pulg

La base tiene un radio de 2 pulg. Usa 3.14 para **pi** (π) para calcular el área de la base.

$$B = \pi r^2 = \pi \times 2^2 = \pi \times 4 = 12.56$$

El área de la base mide aproximadamente 12.56 pulgadas cuadradas. Dado que conoces la altura, puedes usar la fórmula $V = bh$.

$$V = 12.56 \text{ pulg}^2 \times 7\text{pulg} = 87.92 \text{ pulg}^3$$

El volumen del cilindro es de 87.92 pulg³.

Practica tus conocimientos

Calcula el volumen de cada cilindro. Redondea en centésimas. Usa 3.14 para π.

5.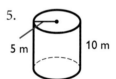

5 m   10 m

6.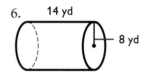

14 yd

8 yd

Volumen de una pirámide y un cono

La fórmula para calcular el volumen de una pirámide o de un cono es $V = \frac{1}{3}Bh$.

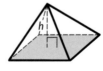

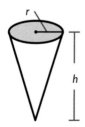

CÓMO CALCULAR EL VOLUMEN DE UNA PIRÁMIDE

Calcula el volumen de la pirámide. La base mide 175 cm de largo y 90 cm de ancho. La pirámide tiene una altura de 200 cm.

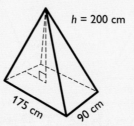

h = 200 cm

175 cm   90 cm

base $A = (175 \times 90)$ • Calcula el área de la base.

$= 15{,}750 \text{ cm}^2$

$V = \frac{1}{3}(15{,}750 \times 200)$ • Multiplica la base por la altura y por $\frac{1}{3}$.

$= 1{,}050{,}000$

El volumen es igual a $1{,}050{,}000 \text{ cm}^3$.

Para calcular el volumen de un cono, sigue el mismo procedimiento anterior. Aunque quizás prefieras usar una calculadora para realizar el cálculo de la base del cono. Por ejemplo, un cono tiene una base con radio de 3 cm y altura de 10 cm. ¿Cuál es el volumen del cono, aproxima en décimas?

Eleva el radio al cuadrado y multiplica por π para obtener el área de la base. Después, multiplica por la altura y divide entre 3 para obtener el volumen. El volumen del cono es igual a 94.2 cm³.

Oprime $\boxed{\pi}$ $\boxed{\times}$ 9 $\boxed{=}$ $\boxed{28.27433}$ $\boxed{\times}$ 10 $\boxed{\div}$ 3 $\boxed{=}$ $\boxed{94.24778}$

Para consultar otras *fórmulas* de volumen, consulta la página 58.

Practica tus conocimientos

Calcula el volumen de las siguientes figuras. Redondea en décimas. Usa 3.14 para π.

7.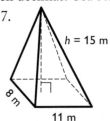

$h = 15$ m

8 m

11 m

8.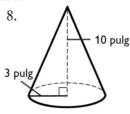

10 pulg

3 pulg

Buenas noches, T. Rex

¿Por qué desaparecieron los dinosaurios? Pruebas recientes encontradas en el fondo del océano, indican que un gigantesco asteroide chocó contra la Tierra hace cerca de 65 millones de años.

El asteroide, cuyo diámetro debe haber medido entre 6 y 12 millas de diámetro, se desplazaba a una velocidad de miles de millas por hora y chocó contra la Tierra en algún lugar del golfo de México.

El choque levantó billones de toneladas de polvo en la atmósfera. La lluvia de polvo que siguió, oscureció la luz del Sol, haciendo que las temperaturas del planeta descendieran bruscamente. El registro fósil muestra que la mayoría de las especies que existían antes de la colisión, desaparecieron.

Supón que el cráter producido por el asteroide tenía la forma de un hemisferio con un diámetro de 165 millas. ¿Cuántas millas cúbicas de polvo produjo el choque del asteroide? Consulta la pág. 58 para obtener la fórmula del volumen de una esfera. Consulta la respuesta en el Solucionario al final del libro.

7·7 EJERCICIOS

Utiliza el siguiente prisma rectangular para los ejercicios 1 al 4.

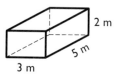

1. ¿Cuántos cubos se necesitarían para formar una capa en el fondo del prisma?
2. ¿Cuántas capas de cubos se necesitarían para llenar el prisma?
3. ¿Cuántos cubos se necesitarían para llenar el prisma?
4. Cada cubo tiene un volumen de 1 cm³. ¿Cuál es el volumen del prisma?
5. Calcula el volumen de un prisma rectangular cuya base mide 3 pies por 4 pies y que tiene una altura de 6 pies.
6. Un cilindro tiene una base de 28.26 pulgadas cuadradas y una altura de 12.5 pulgadas. ¿Cuál es su volumen?
7. Calcula el volumen de un cilindro que mide 12 cm de altura y cuya base tiene un radio de 8 cm. Usa 3.14 para π.
8. Calcula el volumen de una pirámide que tiene una altura de 9 cm y una base que mide 2.5 cm de ancho y 7 cm de largo.

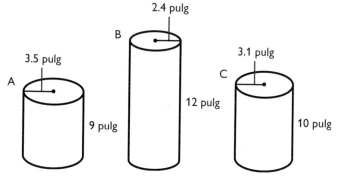

9. ¿En cuál envase cabe más jugo: A, B o C?
10. Ordena las letras de los envases de menor a mayor, de acuerdo con la cantidad máxima de jugo que pueden contener.

7·8 Círculos

Partes de un círculo

El círculo es una de las figuras con características más peculiares que puedes encontrar en geometría. Difiere de las otras figuras de varias maneras. Por ejemplo, los polígonos tienen formas diferentes, pero todos los círculos tienen la misma forma. Los círculos no tienen lados, mientras que los polígonos se clasifican y se nombran según el número de lados. La *única* característica que difiere en los círculos es el tamaño.

Un círculo es un conjunto de puntos equidistantes de un punto dado llamado **centro del círculo**. Un círculo se designa según su punto central.

Un **radio** es un **segmento** de recta con un extremo en el centro y otro sobre el círculo. En el círculo P, $\overline{PW}$ es un *radio* y $\overline{PG}$ también lo es.

Círculo P

Un **diámetro** es un segmento de recta que atraviesa el centro y cuyos extremos están sobre el círculo. $\overline{GW}$ es el diámetro del círculo P. Observa que la longitud del diámetro $\overline{GW}$ es igual a la suma de $\overline{PW}$ más $\overline{PG}$. Por lo tanto, el diámetro equivale al doble de la longitud del radio. Si d representa el diámetro y r el radio, d es igual al doble del radio r. Por lo tanto, el diámetro del círculo P mide 2(5) ó 10 cm.

Practica tus conocimientos

1. Calcula el radio de un círculo con 12 cm de diámetro.
2. Calcula el radio de un círculo con 15 pies de diámetro.
3. Calcula el radio de un círculo en el cual $d = y$.
4. Calcula el diámetro de un círculo con 10 pulg de radio.
5. Calcula el diámetro de un círculo con 5.5 m de radio.
6. Expresa el diámetro de un círculo con radio x.

Circunferencia

La circunferencia de un círculo es la distancia alrededor del círculo. La **razón** (pág. 274) entre la circunferencia de un círculo cualquiera y su diámetro es siempre igual. Esta razón es un número cercano a 3.14. En otras palabras, en todo círculo, la circunferencia mide aproximadamente 3.14 veces su diámetro. El símbolo π, que se lee **pi**, se usa para representar la razón $\frac{C}{d}$.

$$\frac{C}{d} = 3.141592...$$

> Circunferencia = pi $\times$ diámetro o $C = \pi d$

Observa la siguiente ilustración. La circunferencia del círculo mide cerca de tres diámetros. Esta relación es verdadera para cualquier círculo.

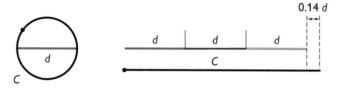

Como $d = 2r$, la circunferencia = 2 $\times$ pi $\times$ radio o $C = 2\pi r$.

Si tienes una calculadora con la tecla π, presiónala y obtendrás una aproximación de π con varios decimales más: $\pi = 3.141592....$ Por razones prácticas, sin embargo, al calcular la circunferencia de un círculo, se redondea el valor de π a 3.14 ó simplemente se expresa la respuesta en términos de π.

CÓMO CALCULAR LA CIRCUNFERENCIA DE UN CÍRCULO

Calcula la circunferencia de un círculo con 8 m de radio.

- Usa la fórmula $C = \pi d$. Recuerda que si multiplicas el radio por 2, obtienes la medida del diámetro. Redondea la respuesta en décimas.

$$d = 8 \times 2 = 16$$
$$C = 16\pi$$

La circunferencia mide exactamente 16 π m.

$$C = 16 \times 3.14$$
$$= 50.24$$

Si redondeas la respuesta en décimas, la circunferencia mide 50.2 m.

Puedes calcular el diámetro de un círculo, si conoces su circunferencia. Divide ambos lados entre π.

$$C = \pi d \qquad \frac{C}{\pi} = \frac{\pi d}{\pi} \qquad \frac{C}{\pi} = d$$

Practica tus conocimientos

7. Calcula la circunferencia de un círculo con diámetro de 8 mm. Expresa la respuesta en términos de π.

8. Calcula la circunferencia de un círculo con un radio de 5 m. Redondea la respuesta en décimas.

9. Calcula el diámetro de un círculo con una circunferencia de 44 pies. Redondea la respuesta en décimas.

10. Calcula el radio de un círculo con una circunferencia de 56.5 cm. Redondea la respuesta al número entero más cercano.

Ángulos centrales

Un ángulo central es un ángulo cuyo vértice se localiza en el centro de un círculo. La suma de los ángulos centrales de cualquier círculo es 360°.

Para repasar *ángulos*, consulta la página 298.

La parte del círculo que **interseca** un ángulo central se conoce como **arco**. La medida del arco en grados, es igual a la medida del ángulo central.

ángulo central ——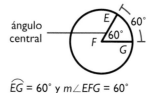

$\overgroup{EG}$ = 60° y $m\angle EFG$ = 60°

 Practica tus conocimientos

11. Identifica un ángulo central del círculo Y.
12. ¿Cuánto mide $\overgroup{XZ}$?

13. ¿Cuánto mide $\overgroup{AB}$?
14. ¿A cuánto equivale la suma de $m\angle AEB$, $m\angle AED$, $m\angle BEC$ y $m\angle CED$?

Alrededor del mundo

Tus vasos sanguíneos son una red de arterias y venas que llevan oxígeno a todo el cuerpo y que recogen la sangre con dióxido de carbono y la transportan a los pulmones. Si se toman en cuenta las arterias y las venas, el cuerpo humano tiene aproximadamente **60,000 millas de vasos sanguíneos.**

¿Cuánto es 60,000 millas? La circunferencia de la Tierra mide cerca de 25,000 millas. Si se extendieran los vasos sanguíneos de un cuerpo humano, ¿cuántas vueltas darían alrededor del ecuador? Consulta la respuesta en el Solucionario.

Área de un círculo

Para calcular el área de un círculo usa la fórmula:
Área = pi × radio² o A = πr². Al igual que el área de un polígono, el área de un círculo se expresa en unidades cuadradas.

Para repasar los conceptos de *área* y *unidad cuadrada*, consulta la página 324.

CÓMO CALCULAR EL ÁREA DE UN CÍRCULO

Calcula el área del círculo Q. Redondea al entero más cercano.

8 cm
Q

$A = \pi \times 8^2$ • Usa la fórmula $A = \pi r^2$.

$= 64\pi$ • Eleva el radio al cuadrado.

≈ 200.96 • Multiplica por 3.14 o utiliza la tecla π

$\approx 201 \text{ cm}^2$ de la calculadora para obtener una respuesta más exacta.

El área del círculo Q mide aproximadamente 201 cm².

Si tienes la información sobre el diámetro en lugar de la del radio, divide el diámetro entre dos.

Practica tus conocimientos

15. El diámetro de un círculo mide 14 mm. Expresa el área del círculo en términos de π. Después, multiplica y redondea el resultado en décimas.

16. Usa una calculadora para obtener el área de un círculo con diámetro de 16 pies. Utiliza la tecla π de la calculadora o usa π = 3.14, para obtener el resultado. Redondea al pie cuadrado más cercano.

7·8 EJERCICIOS

Dado el radio de cada círculo, calcula su diámetro.
1. 6 yd   2. 3.5 cm   3. 2.25 mm

Dado el diámetro de cada círculo, calcula su radio.20 pies
4. 20 pies   5. 13 m   6. 8.44 mm

Dado el diámetro o el radio de cada círculo, calcula su circunferencia. Usa 3.14 para π y redondea el resultado en décimas.
7. $d = 10$ pulg   8. $d = 11.2$ m   9. $r = 3$ cm

La circunferencia de un círculo mide 88 cm. Calcula la longitud de su diámetro y su radio. Redondea en décimas.
10. el diámetro   11. el radio

Calcula la medida de cada arco del círculo.

12. Arco AB
13. Arco BC
14. Arco ABC

Dado el radio o el diámetro, calcula el área de cada círculo. Usa 3.14 para π y redondea el resultado al número entero más cercano.
15. d = 4.5 pies   16. r = 5 pulg
17. d = 46 m   18. r = 36 m

19. ¿Cuál figura tiene un área mayor: un círculo con un diámetro de 8 cm o un cuadrado que mide 7 cm de lado?

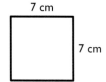

20. Sylvia tenía una mesa redonda con una cubierta de vidrio de 42 pulg de diámetro. El vidrio se rompió cuando a ella se le cayó una jarra sobre el vidrio. El nuevo vidrio lo venden por pulgada cuadrada. ¿Cuántas pulgadas de vidrio necesita Sylvia? Redondea en pulgadas.

¿Qué has aprendido?

Puedes utilizar los siguientes problemas y la lista de palabras para averiguar lo que has aprendido en este capítulo. Puedes aprender más acerca de un problema o palabra en particular al consultar el número de tema en negrilla (por ejemplo, **1•2**).

Serie de problemas

Usa la siguiente figura para contestar las preguntas 1 al 4. **7•1**

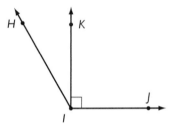

1. Identifica un ángulo
2. Identifica un rayo.
3. ¿Qué tipo de ángulo es ∠HIJ?
4. El ángulo HIK mide 20°. ¿Cuánto mide ∠HIJ?

Utiliza la siguiente figura para las preguntas 5 a 8. **7•2**

5. ¿Qué tipo de figura es el cuadrilátero ABCDE?
6. El ángulo A mide 108°. ¿Cuánto mide ∠B?
7. ¿A cuánto equivale la suma de la medida de los ángulos del cuadrilátero ABCDE?

Para las preguntas 8 a 10 anota la letra correspondiente a cada poliedro: A, B o C. **7•2**

8. pirámide pentagonal
9. pirámide cuadrada
10. prisma pentagonal

A   B   C

11. ¿Cuál es el perímetro de un hexágono regular que mide 5 pulg de lado? **7•4**
12. Calcula el perímetro de un triángulo rectángulo cuyos catetos miden 10 mm y 12 mm. **7•4**

13. Calcula el área de un paralelogramo con una base de 19 m y una altura de 6 m. **7•5**

14. Calcula el área de un triángulo con una de base de 23 pies y una altura de 15 pies. **7•5**

15. Calcula el área de superficie de un prisma rectangular que mide 32 m de largo, 20 m de ancho y 5 m de altura. **7•6**

16. ¿Cuál es el área de superficie de un cilindro si el radio de sus bases mide 3.5 cm y su altura mide 11 cm? **7•6**

17. Calcula el volumen de un prisma rectangular cuyas dimensiones son 12.5 pulg, 6.3 pulg y 2.7 pulg? **7•7**

18. ¿Cuál es el volumen de un cono con una altura de 6.5 m y cuya base tiene un radio de 4 m? **7•7**

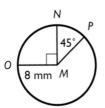

Usa el círculo M para contestar los ejercicios 19 y 20. **7•8**

19. ¿Cuánto mide $\overset{\frown}{ONP}$?

20. ¿Cuál es el área del círculo M?

ESCRIBE LAS DEFINICIONES DE LAS SIGUIENTES PALABRAS.

palabras **importantes**

ángulo **7•1**	hexágono **7•2**	rayo **7•1**
ángulo opuesto **7•2**	lado opuesto **7•3**	recta **7•1**
ángulo recto **7•1**	paralelo **7•2**	reflexión **7•3**
arco **7•8**	paralelogramo **7•2**	rombo **7•2**
base **7•5**		rotación **7•3**
cara **7•2**	pentágono **7•2**	segmento **7•8**
catetos de un triángulo **7•5**	perímetro **7•4**	simetría **7•3**
	perpendicular **7•5**	superficie **7•5**
cilindro **7•6**	pi (π) **7•8**	teorema de Pitágoras **7•4**
círculo **7•6**	pirámide **7•2**	
circunferencia **7•6**	poliedro **7•2**	tetraedro **7•2**
congruente **7•1**	polígono **7•1**	transformación **7•3**
cuadrilátero **7•2**	prisma **7•2**	
cubo **7•2**	prisma rectangular **7•2**	trapecio **7•2**
diagonal **7•2**		traslación **7•3**
diámetro **7•8**	prisma triangular **7•6**	triángulo rectángulo **7•4**
forma regular **7•2**		
grado **7•1**	punto **7•1**	vértice **7•1**
	radio **7•8**	volumen **7•7**

La medición

¿Qué sabes ya?

Puedes usar los siguientes problemas y la lista de palabras para averiguar lo que ya sabes sobre este capítulo. Las respuestas para los problemas se encuentran en el Solucionario, ubicado al final del libro y puedes consultar las definiciones de las palabras en la sección Palabras importantes ubicada al comienzo del libro. Puedes averiguar más acerca de un problema o palabra en particular al consultar el número de tema en negrilla (por ejemplo, 8•2).

Serie de problemas

Indica la unidad correcta del sistema métrico para **8•1**
1. un centésimo de litro
2. mil gramos
3. una milésima parte de un metro

Efectúa cada conversión. **8•2**
4. $100 \text{ mm} = $ ____ cm
5. $8 \text{ km} = $ ____ m
6. $\frac{1}{2} \text{ pie} = $ ____ pulg
7. $15 \text{ yd} = $ ____ pies

Usa el siguiente rectángulo para contestar las preguntas 8 a la 13. Redondea tu respuesta al número entero más cercano.

Calcula el perímetro del rectángulo: **8•2**
8. en pies
9. en pulgadas
10. en yardas

15 pies

24 pies

Calcula el área del rectángulo **8•3**
11. en pies cuadrados
12. en pulgadas cuadradas
13. en yardas cuadradas

Convierte las siguientes medidas de área, volumen y capacidad. **8•3**
14. $2 \text{ m}^2 = $ ____ cm^2
15. $\frac{1}{2} \text{pie}^2 = $ ____ pulg^2
16. $1 \text{ yd}^3 = $ ____ pie^3
17. $1 \text{ cm}^3 = $ ____ mm^3
18. $1{,}000 \text{ mL} = $ ____ L
19. $2 \text{ gal} = $ ____ cuartos de galón

Imagina que vas a un campamento de verano y que has empacado tus pertenencias en el siguiente baúl. El baúl lleno pesa 96 lb. **8•3, 8•4**

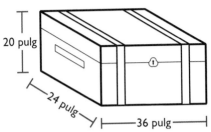

20 pulg

24 pulg

36 pulg

20. ¿Cuál es el volumen del baúl en pulgadas cúbicas?
21. ¿Cuál es el volumen del baúl en pies cúbicos?
22. La compañía de fletes cobra de acuerdo con dos tarifas: $5.00 por pie cúbico o $0.43 por libra. ¿Cuál tarifa te conviene más? ¿Por qué?
23. Al llegar al campamento, tendrás un espacio de 3 pies × 3 pies × 3 pies para guardar el baúl. ¿Cabrá el baúl en ese espacio?

Se quiere ampliar una fotografía del equipo de la escuela que mide 3 pulg × 5 pulg, para poder mostrarla en la vitrina de los trofeos escolares. **8•6**

24. Si se amplía la foto a un tamaño de 6 pulg × 10 pulg, ¿cuál será el factor de escala?
25. Si el factor de escala de ampliación de la foto es de $\frac{3}{2}$, ¿cuál será la razón de las áreas de las fotos?

¿QUÉ SABES YA?

CAPITULO 8

palabras **importantes**

área **8•1**	fracciones **8•1**
cuadrado **8•1**	lado **8•1**
distancia **8•2**	longitud **8•2**
exactitud **8•1**	potencia **8•1**
factor de escala **8•6**	razón **8•6**
factores **8•1**	redondear **8•1**
figuras semejantes **8•6**	sistema inglés de medidas **8•1**
	sistema métrico **8•1**
	volumen **8•3**

8·1 Sistemas de medidas

Si alguna vez has seguido los Juegos Olímpicos, te habrás dado cuenta de que las distancias se miden en metros o en kilómetros y que el peso se mide en kilogramos. Esto ocurre porque el sistema de medidas más común en el mundo es el **sistema métrico**. En Estados Unidos, se utiliza el **sistema inglés** de medidas. Es conveniente que sepas convertir unidades dentro de un mismo sistema de medidas y que sepas hacer conversiones entre los dos sistemas.

El sistema métrico y el sistema inglés de medidas

El sistema métrico de medidas está basado en **potencias** de 10 como, por ejemplo 10, 100 y 1,000. La conversión de unidades dentro del sistema métrico es sencilla porque es fácil multiplicar y dividir potencias de diez.

El significado de los prefijos del sistema métrico es consistente.

Prefijo	Significado	Ejemplo
mili-	una milésima parte	1 *mili*litro equivale a 0.001 de litro.
centi-	una centésima parte	1 *centí*metro equivale a 0.01 de metro.
kilo-	mil	1 *kilo*gramo equivale a 1,000 gramos.

MEDIDAS BÁSICAS

	sistema métrico	sistema inglés
Distancia:	metro	pulgada, pie, yarda, milla
Capacidad:	litro	taza, cuarto de galón, galón
Peso:	gramo	onza, libra, tonelada

El sistema inglés de medidas no se basa en potencias de diez. Se basa en números como el 12 y el 16, los cuales tienen numerosos **factores**. Esta característica facilita el cálculo de cantidades como $\frac{2}{3}$ pie, ó $\frac{3}{4}$ de lb. En mediciones realizadas con el sistema inglés, a menudo encuentras **fracciones**, mientras que en las realizadas con el sistema métrico encuentras decimales.

Desafortunadamente, en el sistema inglés no se usan prefijos como los que se usan en el sistema métrico, por lo tanto, tendrás que memorizar las equivalencias básicas: 16 oz = 1 lb, 36 pulg = 1 yd; 4 cuartos = 1 gal; y así sucesivamente.

Practica tus conocimientos

1. ¿Cuál sistema se basa en múltiplos de 10?
2. ¿Cuál sistema utiliza fracciones?

8-1 SISTEMAS DE MEDIDAS

De rechiflas a halagos

Se necesitaron 200 gatos hidráulicos, 2 años y 2.5 millones de remaches para armar la torre Eiffel. Cuando fue terminada, en 1899, los críticos de arte de París la consideraron una desgracia para el paisaje. Hoy en día, la torre Eiffel es uno de los monumentos más famosos y admirados del mundo.

La torre alcanza una altura de 300 metros, sin contar las antenas de TV, una distancia que equivale aproximadamente a 300 yardas ó 3 campos de fútbol americano. Durante un día despejado, la vista se puede extender 67 km. Los visitantes pueden tomar ascensores hasta las plataformas o pueden usar las escaleras: ¡1,652 escalones en total!

Exactitud

La **exactitud** está relacionada con la sensatez y con el **redondeo**. La longitud de los **lados** del siguiente **cuadrado** está medida con una exactitud de una décima de metro. Esto quiere decir que su longitud real equivale a un valor entre 12.15 metros y 12.24 metros (todos estos números se redondean a 12.2).

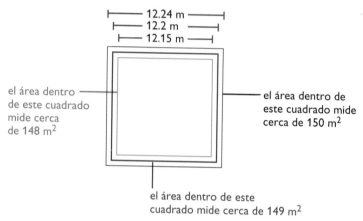

el área dentro de este cuadrado mide cerca de 148 m²

el área dentro de este cuadrado mide cerca de 150 m²

el área dentro de este cuadrado mide cerca de 149 m²

Dado que cada lado del cuadrado mide entre 12.15 m y 12.24 m, su **área** real equivale a un valor entre 148 m² y 150 m². ¿Es sensato en este caso elevar al cuadrado la longitud del lado $(12.2)^2$ y obtener un área de 148.84 m²? No, no lo es. La explicación es que cada lado mide entre 12.15 m y 12.24 m y el área mide entre 148 m² y 150 m². Por consiguiente, 149 m² es una respuesta razonable, pero los dos últimos dígitos en 148.84 no tienen ningún sentido.

Practica tus conocimientos

Los lados de un cuadrado miden 6.3 cm (en décimas).

3. La longitud real de cada lado mide entre
   ___ cm y ___ cm.

4. El área real del cuadrado mide entre
   ___ cm² to ___ cm².

8·1 EJERCICIOS

¿Cuál es el significado de los siguientes prefijos del sistema métrico?
1. mili-
2. centi-
3. kilo-

Identifica el tipo de sistema: métrico o inglés, al que pertenecen las siguientes medidas.
4. onzas y libras
5. metros y gramos
6. pies y millas
7. ¿Cuál sistema utiliza fracciones? ¿Cuál utiliza decimales?

A continuación, se muestran las medidas de los lados de varios cuadrados, en décimas. Expresa el área real de cada cuadrado como un rango de medidas redondeadas al número entero más cercano.

4.4 m   8. El área real mide entre
              ___ y ___.

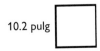

10.2 pulg   9. El área real mide entre
                 ___ y ___.

8.7 mm   10. El área real mide entre
               ___ y ___.

8·2 Longitud y distancia

¿Cuál es su longitud aproximada?

Si aprendes a medir con la vista, te será más fácil estimar la
longitud y la **distancia**. A continuación se muestran algunos
objetos cotidianos que te ayudarán a aprender el significado de las
unidades del sistema métrico y del sistema inglés.

SISTEMA MÉTRICO	SISTEMA INGLÉS
centímetro 1 cm aproximadamente el ancho de un clip pequeño	pulgada 1 pulg aproximadamente el largo de un clip pequeño
milímetro 1 mm un poco menos que el ancho de una moneda de 10¢	pie 1 pie un poco más grande que una carpeta
metro 1 m aproximadamente la altura hasta la manija de una puerta	yarda 1 yd aproximadamente la altura de un banco

Practica tus conocimientos

1. Mide objetos cotidianos usando una regla con
escala del sistema métrico. Anota el nombre de un
objeto que mida aproximadamente un milímetro,
otro que mida más o menos un centímetro y otro
que mida cerca de un metro.
2. Mide objetos cotidianos usando una regla con
escala del sistema inglés. Anota el nombre de un
objeto que mida aproximadamente una pulgada,
otro que mida más o menos un pie y otro que mida
cerca de una yarda.

Las unidades del sistema métrico y del sistema inglés de medidas

Al calcular longitud y distancia, te puedes encontrar con dos *sistemas de medida* diferentes (pág. 352). Uno de ellos es el sistema métrico y el otro es el sistema inglés. Las unidades para medir longitud y distancia de uso común en el sistema métrico son: milímetro (mm), centímetro (cm), metro (m) y kilómetro (km). En el sistema inglés se usan: pulgada (pulg), pie (pie), yarda (yd) y milla (mi).

Equivalencias del sistema métrico

1 km	=	1,000 m	=	100,000 cm	=	1,000,000 mm
0.001 km	=	1 m	=	100 cm	=	1,000 mm
		0.01 m	=	1 cm	=	10 mm
		0.001 m	=	0.1 cm	=	1 mm

Equivalencias del sistema inglés

1 mi	=	1,760 yd	=	5,280 pies	=	63,360 pulg
$\frac{1}{1,760}$ mi	=	1 yd	=	3 pies	=	36 pulg
		$\frac{1}{3}$ yd	=	1 pies	=	12 pulg
		$\frac{1}{36}$ yd	=	$\frac{1}{12}$ pies	=	1 pulg

CONVERSIÓN DE UNIDADES DENTRO DE UN SISTEMA

¿Cuántas pulgadas hay en $\frac{1}{4}$ de milla?

unidades iniciales
1 mi = 63,360 pulg

factor de conversión para las unidades nuevas

$\frac{1}{4} \times 63,360 = 15,840$

• En la tabla de equivalencia, identifica el lugar donde la unidad inicial equivale a 1.

• Halla el factor de conversión.

• Multiplica para obtener las nuevas unidades.

Hay 15,840 unidades en $\frac{1}{4}$ de milla.

Practica tus conocimientos

Efectúa las siguientes conversiones.

3. 72 pulg a pies
4. 10 yd a pulg
5. 150 cm a m
6. 50 mm a cm

Conversiones entre sistemas de medidas

De vez en cuando, tendrás que hacer conversiones entre el sistema métrico y el sistema inglés de medidas.

TABLA DE CONVERSIONES

1 pulgada	=	25.4 milímetros	1 milímetro	=	0.0394 de pulgada
1 pulgada	=	2.54 centímetros	1 centímetro	=	0.3937 de pulgada
1 pie	=	0.3048 de metro	1 metro	=	3.2808 pies
1 yarda	=	0.914 de metro	1 metro	=	1.0936 yardas
1 milla	=	1.609 kilómetros	1 kilómetro	=	0.621 de milla

Para hacer la conversión, localiza en la tabla el lugar donde la unidad inicial tiene un valor de 1. Multiplica el número de unidades iniciales por el factor de conversión de las nuevas unidades.

Un amigo tuyo en Bélgica dice que puede saltar 127 cm. ¿Te debería impresionar eso?

1 cm = 0.3937 de pulg. Por lo tanto, 127 × 0.3937 = unas 50 pulg. ¿Qué distancia puedes saltar tú?

Muchas veces, al convertir de un sistema en otro, sólo necesitas estimar para tener una idea de la longitud o la distancia dada. Redondea los números de la tabla de conversión para facilitar tus cálculos. Piensa que un metro es apenas un poco más que una yarda; una pulgada mide entre 2 y 3 cm; y una milla mide cerca de $1\frac{1}{2}$ kilómetros. Entonces, si un argentino te dice que pescó un pez de cerca de 60 cm, ya sabes que el pez mide entre 20 y 30 pulg.

Practica tus conocimientos

Convierte usando una calculadora. Redondea en décimas.

7. Convierte 10 cm en pulgadas.

8. Convierte 2 millas en kilómetros.

Selecciona la mejor estimación.

9. 5 millas equivalen a unos
   A. 8 km   B. 3 km   C. 8 m

10. 100 pulg equivalen a unos
    A. 2.54 cm   B. 25 cm   C. 254 cm

11. 3 pies equivalen a unos
    A. 1 m   B. 10 m   C. 100 m

8·2 EJERCICIOS

Efectúa las siguientes conversiones.

1. 880 yd = ___ mi
2. $\frac{1}{4}$ mi = ___ pies
3. 9 pies = ___ pulg.
4. 1,500 m = ___ km
5. 17 cm = ___ m
6. 10 mm = ___ cm
7. 5 km = ___ m
8. 0.1 cm = ___ mm
9. 10,560 pies = ___ mi
10. 24 pulg = ___ yd

Usa una calculadora para realizar las siguientes conversiones. Redondea la respuesta en décimas.

11. Convierte 5 pulg a centímetros.
12. Convierte 3 m a pies.
13. Convierte 12 pies a metros.
14. Convierte 25 km a millas.
15. Convierte 10.5 cm a pulgadas.
16. Convierte 20 yd a metros.

Selecciona la mejor estimación.

17. 12 pulg equivalen a unos
    A. 6 cm
    B. 30 cm
    C. 12 cm
18. 50 mi equivalen a unos
    A. 80 km
    B. 31 km
    C. 50 km
19. 6 pies equivalen a unos
    A. 2 m
    B. 3 m
    C. 23 m
20. 1 m equivale a más o menos
    A. 10 yd
    B. 2 pies
    C. 1 yd
21. 6 pulg equivalen a unos
    A. 15.2 mm
    B. 2.4 cm
    C. 152 mm
22. 100 equivalen a unas
    A. 161 mi
    B. 6 mi
    C. 62 mi
23. 20 yd equivalen a unos
    A. 22 km
    B. 18 m
    C. 22 m
24. 110 mm equivalen a unas
    A. $\frac{1}{2}$ pulg
    B. 254 pulg
    C. $\frac{1}{10}$ pulg
25. 5.5 pies equivalen a unos
    A. 20 m
    B. 18 m
    C. 2 m

8·3 Área, volumen y capacidad

Área

El área es la medida de una superficie. Las paredes de tu cuarto son superficies. La extensa superficie de Estados Unidos tiene un área de 3,787,319 millas cuadradas. El área de la superficie de una llanta en contacto con un camino mojado es la diferencia entre una patinada y mantener el auto bajo control. El área se expresa en unidades cuadradas.

El área se puede medir en unidades del sistema métrico o del sistema inglés. A veces es necesario hacer conversiones de medidas dentro del mismo sistema. Tú mismo puedes obtener los factores de conversión si utilizas las *dimensiones* básicas (pág. 357). La siguiente tabla contiene las conversiones más comunes.

Métrico	Inglés
$100 \text{ mm}^2 = 1 \text{ cm}^2$	$144 \text{ pulg}^2 = 1 \text{ pie}^2$
$10,000 \text{ cm}^2 = 1 \text{ m}^2$	$9 \text{ pie}^2 = 1 \text{ yd}^2$
	$4,840 \text{ yd}^2 = 1 \text{ acre}$
	$640 \text{ acre} = 1 \text{ mi}^2$

Para convertir a una unidad nueva, primero identifica el lugar donde la unidad inicial tiene un valor de 1. Después, multiplica el número de unidades iniciales por el factor de conversión de las nuevas unidades. Si el área de Estados Unidos mide cerca de 3,800,000 mi2, ¿cuántos acres es esto?

$1 \text{ mi}^2 = 640$ acres, Por lo tanto,

$3,800,000 \text{ mi}^2 \rightarrow 3,800,000 \times 640 = 2,432,000,000$ acres

Practica tus conocimientos

1. ¿A cuántos milímetros cuadrados equivalen 5 centímetros cuadrados?

2. ¿A cuántas pulgadas cuadradas equivalen 3 pies cuadrados?

Volumen

El **volumen** se expresa en unidades cúbicas. A continuación se muestran las relaciones básicas entre las unidades de volumen.

Métrico	Inglés
$1{,}000 \text{ mm}^3 = 1 \text{ cm}^3$	$1{,}728 \text{ pulg}^3 = 1 \text{ pies}^3$
$1{,}000{,}000 \text{ cm}^3 = 1 \text{ m}^3$	$27 \text{ pies}^3 = 1 \text{ yd}^3$

CONVERSIÓN DEL VOLUMEN DENTRO DEL MISMO SISTEMA DE MEDIDAS

Expresa el volumen de la caja en metros cúbicos.

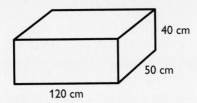

40 cm
50 cm
120 cm

$V = lhw$

$\quad = 120 \times 40 \times 50$

$\quad = 240{,}000 \text{ cm}^3$

$1{,}000{,}000 \text{ cm}^3 = 1 \text{ m}^3$

$240{,}000 \div 1{,}000{,}000 = 0.24 \text{ m}^3$

Por lo tanto, el volumen de la caja mide 0.24 m^3.

- Usa la fórmula para calcular el *volumen* (pág. 58). Emplea las unidades de las dimensiones.
- Halla el factor de conversión.
- Multiplica si quieres convertir en unidades más pequeñas. Divide si quieres convertir en unidades más grandes.
- Incluye la unidad de medida en la respuesta.

Practica tus conocimientos

3. ¿Cuál es el volumen de una caja que mide 10 pulg × 20 pulg × 25 pulg? Anota la respuesta en pies cúbicos. Redondea en décimas.

4. ¿Cuál es el volumen de una caja que mide 4 cm de lado? Anota tu respuesta en milímetros cúbicos.

8·3 ÁREA, VOLUMEN Y CAPACIDAD

Capacidad

La capacidad está muy relacionada con el volumen, pero existe una diferencia. Un trozo de madera tiene volumen, pero no tiene capacidad porque no puede contener líquidos. La capacidad de un recipiente mide la cantidad de líquido que contiene.

Métrico	Inglés
1 litro (L) = 1,000 mililitros (mL)	8 oz fl = 1 taza (t)
1 L = 1.057 cuarto de galón	2 c = 1 pinta (pt)
	2 pt = 1 cuarto de galón (ct)
	4 ct = 1 galón (gal)

En la tabla se usa la *onza fluida* (oz fl) para distinguirla de la *onza* (oz) que se emplea como unidad de peso (16 oz = 1 lb). La onza fluida es una unidad de capacidad (16 oz fl = 1 pinta). Sin embargo, hay una relación entre las onzas y las onzas fluidas. Una pinta de agua pesa como una libra y una onza fluida de agua pesa más o menos una onza. Para el agua, así como para la mayoría de los líquidos que se usan para cocinar, las *onzas fluidas* y las *onzas* son equivalentes y a veces se omite el signo "fl" (por ejemplo, "8 oz = 1 taza"). Sin embargo, se debe usar onza para medir peso y *onza fluida* para medir capacidad. Para los líquidos que pesan significativamente más o menos que el agua, la diferencia puede ser considerable.

En el sistema métrico, las unidades básicas de capacidad están relacionadas.

1 litro (L) = 1,000 mililitros (mL)
Un litro y un cuarto de galón son casi equivalentes.
1 L = 1.057 ct

El precio de la gasolina es $0.39/L. ¿Cuánto cuesta el galón de gasolina? Cada galón tiene cuatro cuartos de galón, por lo tanto, hay 4 × 1.057 ó 4.228 litros en un galón. De modo que un galón de gasolina cuesta $0.39 × 4.228 ó $1.649 por galón.

Practica tus conocimientos

Tienes un recipiente de 1 pinta y necesitas llenar con agua otros recipientes. ¿Cuántas pintas necesitas para llenar recipientes con las siguientes capacidades?

5. 1 galón   6. 1 taza

8·3 EJERCICIOS

Indica si las siguientes unidades se usan para medir distancia, área o volumen.

1. centímetro cuadrado
2. milla
3. metro cúbico
4. kilómetro

Para los ejercicios 5 al 7, expresa el volumen de la siguiente caja.

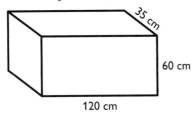

5. en centímetros cúbicos
6. en milímetros cúbicos
7. en metros cúbicos

Efectúa las siguientes conversiones.

8. 1 L = ___ mL
9. 4 ct = ___ gal
10. 1.057 ct = ___ L
11. 500 mL = ___ L
12. 2 gal = ___ t
13. 1 ct = ___ oz fl
14. 3 ct = ___ gal
15. 8 t = ___ ct
16. 5 t = ___ ct
17. 16 oz fl = ___ t
18. 5,000 mL = ___ L

19. Cuando Sujey dijo: "Contiene cerca de 2 litros", ¿a qué se refería ella, a una tina de baño, a una botella de soda o a un vaso de cartón?
20. Cuando Pei dijo: "Contiene cerca de 250 galones, ¿se refería a un buque cisterna, a un envase de leche o a una piscina?

8·4 Masa y peso

En términos técnicos, la masa y el peso son diferentes. La masa es una cantidad de materia dada, mientras que el peso es el efecto de la fuerza de gravedad sobre esa misma cantidad de materia.

En la Tierra, la masa y el peso son iguales a nivel del mar y casi iguales a otras elevaciones. Pero en la Luna, la masa y el peso son muy diferentes. Tu masa sería la misma en la Luna que en la Tierra, pero si pesas 100 libras en la Tierra, pesarías cerca de $16\frac{2}{3}$ libras en la Luna porque la atracción gravitatoria de la Luna es sólo $\frac{1}{6}$ de la atracción gravitatoria de la Tierra.

El sistema inglés mide el peso mientras que el sistema métrico mide la masa.

Métrico	Inglés
1 kg = 1,000 g = 1,000,000 mg	1 T = 2,000 lb = 32,000 oz
0.001 kg = 1 g = 1,000 mg	0.0005 T = 1 lb = 16 oz
0.000001 kg = 0.001 g = 1 mg	0.0625 lb = 1 oz

$$1 \text{ lb} \approx 0.4536 \text{ kg}$$
$$1 \text{ kg} \approx 2.205 \text{ lb}$$

Para convertir de una unidad de masa o peso a otra, primero tienes que encontrar en la tabla el valor equivalente a 1 unidad inicial y, después, debes multiplicar el número de unidades iniciales que tienes por el factor de conversión de las nuevas unidades.

¿A cuántas libras equivalen 64 oz de mantequilla de maní? 1 oz = 0.0625 lb, por lo tanto, 64 oz = 64 × 0.0625 lb = 4 lb. Tienes 4 libras de mantequilla de maní.

Practica tus conocimientos

Efectúa las siguientes conversiones.

1. 2,000 g = ___ kg
2. $3\frac{1}{2}$ T = ___ lb
3. 5 lb = ___ oz
4. 2.5 kg = ___ g
5. $3\frac{1}{4}$ lb = ___ oz

8·4 EJERCICIOS

Efectúa las siguientes conversiones.

1. 7 kg = ___ mg
2. 500 mg = ___ g
3. 1,000 lb = ___ T
4. 8 oz = ___ lb
5. 200,000 mg = ___ kg
6. 2 T = ___ lb
7. 2,000 mg = ___ kg
8. 6 kg = ___ lb
9. 15 lb = ___ kg
10. 100 lb = ___ oz
11. $\frac{1}{2}$ lb = ___ oz
12. 5 g = ___ mg
13. 4,000 g = ___ kg
14. 48 oz = ___ lb
15. 2.5 g = ___ mg
16. 2 T = ___ oz

17. El peso dado de un bebé nacido en Zaire fue de 2.7 kg. ¿Cuál habría sido el peso del bebé si hubiera nacido en Estados Unidos y su peso se hubiera dado en libras?

18. La balanza de Nirupa marca el peso en libras y en kilogramos. Una mañana ella se pesó y la balanza marcó 95 libras. ¿A cuántas libras equivale este peso?

19. Slonin ofrece el café en oferta a $3.99 por libra. El mismo tipo de café se ofrece en Harrow a $3.99 por 0.5 kg. ¿Cuál tienda ofrece el mejor precio?

20. Un panadero necesita 15 lb de harina para hacer pan. ¿Cuántas bolsas de 2 kg de harina necesita?

8·4 EJERCICIOS

Pobre SID

SID es un muñeco que se usa para las pruebas de choques de autos. Después de cada choque, SID se lleva al laboratorio para reajustar sus sensores y reemplazar la cabeza u otras partes rotas. Debido a las fuerzas que actúan durante un choque, las diferentes partes del cuerpo llegan a pesar hasta 20 veces más que su peso normal.

El peso del cuerpo cambia durante un choque. ¿Cambia también su masa? Consulta la respuesta en el Solucionario.

8·5 Tiempo

El **tiempo** mide el intervalo entre dos o más eventos. Puedes medir el tiempo en unidades muy pequeñas, como el segundo, en unidades muy grandes, como el milenio o en cualquier otra unidad intermedia.

> 1,000,000 de segundos antes de las 12:00 A.M. del 1 de enero de 2000, son las 10:13:20 A.M. del 20 de diciembre de 1999.
> 1,000,000 de horas antes de las 12:00 A.M. del 1 de enero del 2000, son las 8:00 A.M. del 8 de diciembre de 1885.

60 segundos (s) = 1 minuto (min)	365 días	= 1 año
60 min = 1 hora (hr)	10 años	= 1 década
24 hr = 1 día (d)	100 años	= 1 siglo
7 días = 1 semana (sem)	1,000 años	= 1 millennium

Usa unidades de tiempo

Como con otras unidades de medidas, puedes hacer conversiones entre las diferentes unidades de tiempo usando la información de la tabla anterior.

> Hulleah tiene 13 años de edad. Su edad en meses es 13 × 12, ó 156 meses.

Años bisiestos

Cada cuatro años, el mes de febrero tiene un día extra. Los años con 366 días se conocen como *años bisiestos*. Los años bisiestos son divisibles entre 4, pero no entre 100. Sin embargo, los años divisibles entre 400 son años bisiestos. El año 1996 fue un año bisiesto, pero el año 1900 no fue bisiesto. El año 2000 también fue un año bisiesto.

Practica tus conocimientos

1. ¿Cuántos meses de edad tendrás cuando cumplas 21 años?
2. ¿Cuál será la fecha 5,000 días a partir del 1^0 de enero de 2000?

8·5 EJERCICIOS

CEfectúa las siguientes conversiones.

1. 2 días = ___ hr
2. 90 min = ___ hr
3. 1 año = ___ días
4. 200 años = ___ siglos
5. 5 min = ___ s
6. 30 siglos = ___ milenios
7. ¿Cuántos días hay en tres años de 365 días?
8. ¿Cuántos días hay en cuatro años, incluyendo un año bisiesto?
9. ¿Cuántas horas hay en una semana?
10. ¿Cuántos años tendrás cuando hayas vivido 6,939 días?

El reptil más pesado del mundo

¿Te sorprendería saber que el reptil más pesado del mundo es una tortuga? La tortuga laúd puede llegar a pesar hasta 2,000 libras. Un cocodrilo adulto, por ejemplo, pesa cerca de 1,000 libras.

La tortuga laúd ha existido en su forma actual por más de 20 millones de años, pero este gigante prehistórico se encuentra en peligro de extinción en la actualidad. Si después de 20 millones de años de existencia la tortuga laúd se extingue, ¿cuánto tiempo más que Homo sapiens habrá existido en este planeta? Asume que *Homo sapiens* han existido alrededor de 4,000 milenios. Consulta la respuesta en el Solucionario, en la parte posterior del libro.

8·6 Tamaño y escala

Figuras semejantes

Las **figuras semejantes** tienen la misma forma. Si existen dos figuras semejantes, una de ellas puede tener un mayor tamaño.

CÓMO DETERMINAR LA SEMEJANZA ENTRE DOS FIGURAS

¿Son semejantes estos dos rectángulos?

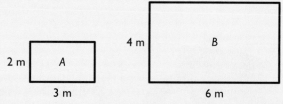

$\frac{3}{6} \overset{?}{=} \frac{2}{4}$

$3 \times 4 \overset{?}{=} 2 \times 6$

$12 = 12$

Por lo tanto, los rectángulos son semejantes.

- Plantea las **razones**: $\dfrac{\text{largo } A}{\text{largo } B} \overset{?}{=} \dfrac{\text{ancho } A}{\text{ancho } B}$
- Obtén los productos cruzados y determina si son iguales.
- Si todos los lados tienen razones iguales, entonces las figuras son semejantes.

 Practica tus conocimientos

1. ¿Cuáles figuras son semejantes a la figura sombreada?

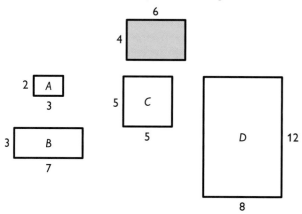

Factores de escala

El **factor de escala** indica la razón entre el tamaño de dos figuras semejantes.

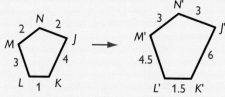

El triángulo A es semejante al triángulo B. △B es 3 veces más grande que △A. El factor de escala es 3.

CÓMO DETERMINAR EL FACTOR DE ESCALA

¿Cuál es el factor de escala de estos dos pentágonos semejantes?

- Determina cuál es la figura original.

$\frac{K'J'}{KJ} = \frac{6}{4}$
- Establece las razones entre los lados correspondientes: $\frac{\text{nueva figura}}{\text{figura original}}$

$= \frac{3}{2}$
- Reduce, si es posible.

El factor de escala de los pentágonos semejantes es $\frac{3}{2}$.

Cuando se amplía una imagen, el factor de escala es mayor que 1. Si dos figuras semejantes son del mismo tamaño, el factor de escala es 1. Al reducir una imagen, el factor de escala es menor que 1.

Practica tus conocimientos

¿Cuál es el factor de escala de los siguientes pares de figuras semejantes?

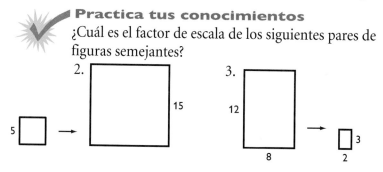

Factores de escala y área

El factor de escala indica solamente la razón entre los lados de dos figuras semejantes, no la razón entre sus áreas.

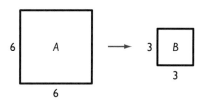

El factor de escala entre los cuadrados anteriores es $\frac{1}{2}$ porque la razón entre sus lados es $\frac{3}{6} = \frac{1}{2}$. Observa que aunque el factor de escala es $\frac{1}{2}$, la razón entre las áreas de los cuadrados es $\frac{1}{4}$.

$$\frac{\text{Área de } B}{\text{Área de } A} = \frac{3^2}{6^2} = \frac{9}{36} = \frac{1}{4}$$

El factor de escala de los siguientes cuadrados es $\frac{1}{3}$. ¿Cuál es la razón de sus áreas?

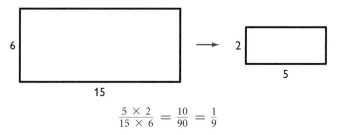

$$\frac{5 \times 2}{15 \times 6} = \frac{10}{90} = \frac{1}{9}$$

La razón de las áreas es $\frac{1}{9}$.

En general, la razón de las áreas de dos figuras semejantes es igual al cuadrado del factor de escala.

Practica tus conocimientos

4. El factor de escala de dos figuras es $\frac{1}{4}$. ¿Cuál es la razón de sus áreas?

5. Una fotografía de 4 pulg × 6 pulg se amplía según un factor de escala de 2. ¿Cuál es el tamaño de la foto ampliada?

8·6 EJERCICIOS

Determina el factor de escala de cada par de figuras semejantes.

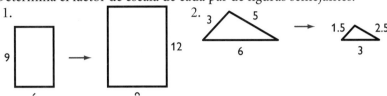

1.

9 · · · 12

2.
3 · 5 · 6 ➝ 1.5 · 2.5 · 3

Dado cada factor de escala, determina las dimensiones desconocidas en los siguientes triángulos semejantes.

3. T=El factor de escala es 3.

4. El factor de escala es $\frac{1}{2}$.

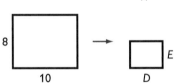

5. La escala del dibujo de una casa de muñecas es 1 pulg = 2 pies. ¿A qué área real equivale una pulgada cuadrada de piso del dibujo de la casa de muñecas?

Imagina que sacas fotocopias de un acta de nacimiento que mide 4 pulg × 5 pulg.

6. Amplía el acta de nacimiento según un factor de escala de 2. ¿Cuáles son las dimensiones de la ampliación?

7. Reduce el acta de nacimiento según un factor de escala de $\frac{1}{2}$. ¿Cuáles son las dimensiones de la reducción?

La escala de un mapa es 1 cm = 2 km.

8. Si la distancia entre la escuela y el correo es de 5 cm en el mapa, ¿cuál es la distancia real?

9. Si la distancia real entre la biblioteca y el teatro es de 5 km, ¿a qué distancia se encontrarán en el mapa?

10. La sección de la autopista que cruza la ciudad de un extremo a otro mide 3.5 cm en el mapa, ¿cuánto mide esta sección en realidad?

¿Qué has aprendido?

Puedes utilizar los siguientes problemas y la lista de palabras para averiguar lo que has aprendido en este capítulo. Puedes aprender más acerca de un problema o palabra en particular al consultar el número de tema en negrilla (por ejemplo **8•2**).

Serie de problemas

Escribe las unidades correctas del sistema métrico para **8•1**
1. una milésima de metro
2. una centésima de litro
3. mil gramos

Efectúa las siguientes conversiones. **8•2**

4. 350 mm = ___ m
5. 0.07 m = ___ mm
6. 6 pulg = ___ yd

Utiliza el rectángulo siguiente para contestar las preguntas 8 a la 13. Redondea los resultados al número entero más cercano.

Calcula el perímetro del rectángulo: **8•2**

7. en pies
8. en pulgadas

12 pies
30 pies

Calcula el área del rectángulo: **8•3**

9. en pies cuadrados
10. en pulgadas cuadradas

Convierte las siguientes medidas de área, volumen y capacidad. **8•3**

11. $10 \text{ m}^2 =$ ___ cm^2
12. $4 \text{ pies}^2 =$ ___ pulg^2
13. $3 \text{ yd}^3 =$ ___ pies^3
14. $4 \text{ cm}^3 =$ ___ mm^3
15. 3,000 mL = ___ L
16. 6 gal = ___ cuartos de galón

Se necesita ampliar una fotografía familiar que mide 4 pulg por 6 pulg para exhibirla en un nuevo marco. **8•6**

17. Si la foto se amplía hasta medir 12 pulg por 18 pulg, ¿cuál sería el factor de escala?

18. Si la foto se amplía según un factor de escala de $\frac{3}{2}$ ¿cuál sería la razón entre las áreas de las fotos?

Imagina que vas a un campamento de verano y que empacas tus cosas en el siguiente baúl. El baúl lleno con todas tus pertenencias pesa106 lb. **8•3, 8•4**

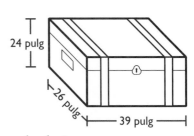

19. ¿Cuál es el volumen del baúl en pulgadas?

20. La compañía de fletes te cobra $4.00 por pie cúbico o $0.53 por libra. ¿Cuál tarifa te conviene más? ¿Por qué?

¿QUÉ HAS APRENDIDO?

palabras **importantes**

ESCRIBE LAS DEFINICIONES DE LAS SIGUIENTES PALABRAS.

	fracciones **8•1**
	lado **8•1**
área **8•1**	longitud **8•2**
cuadrado **8•1**	potencia **8•1**
distancia **8•2**	razón **8•6**
exactitud **8•1**	redondear **8•1**
factor de escala **8•6**	sistema inglés de medidas **8•1**
factores **8•1**	sistema métrico **8•1**
figuras semejantes **8•6**	volumen **8•3**

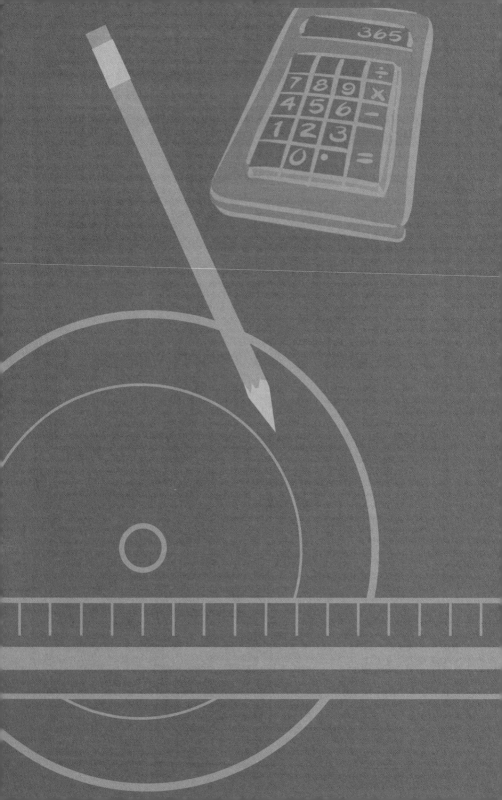

temas *de* actualidad

9

El equipo

¿Qué sabes ya?

Puedes usar los siguientes problemas y la lista de palabras para averiguar lo que ya sabes sobre este capítulo. Las respuestas para los problemas se encuentran en el Solucionario, ubicado al final del libro y puedes consultar las definiciones de las palabras en la sección Palabras importantes ubicada al comienzo del libro. Puedes averiguar más acerca de un problema o palabra en particular al consultar el número de tema en negrilla (por ejemplo, **9•2**).

Serie de problemas

Usa tu calculadora para contestar los ejercicios 1 al 6. **9•1**

1. $40 + 7 \times 5 + 4^2$
2. 300% de 450

Redondea las respuestas en décimas.

3. $8 + 3.75 \times 5^2 + 15$
4. $62 + (-30) \div 0.5 - 12.25$

5. Calcula el perímetro del rectángulo $ABCD$.
6. Calcula el área del rectángulo $ABCD$.

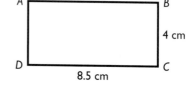

Usa una calculadora científica para contestar los ejercicios 7 al 12.
Redondea las respuestas en centésimas. **9•2**

7. 5.5^3
8. Halla el recíproco de 8.
9. Obtén el cuadrado de 12.4.
10. Saca la raíz cuadrada de 4.5.
11. $(2 \times 10^3) \times (9 \times 10^2)$

12. $7.5 \times (6 \times 3.75)$
13. ¿Cuánto mide $\angle VRT$? **9•3**
14. ¿Cuánto mide $\angle SRV$? **9•3**
15. ¿Cuánto mide $\angle SRT$? **9•3**
16. ¿Divide el rayo RT el $\angle SRV$ en dos ángulos iguales? **9•3**

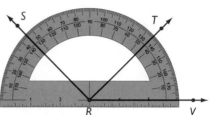

17. ¿Cuáles son los instrumentos básicos en geometría? **9•3**

Usa la siguiente hoja de cálculos para contestar los ejercicios 18 al 20. **9•4**

File Edit

Fill down
Fill right

	A	B	C	D
1	1	1	40	1,000
2	5	10	50	
3	25	100	60	
4				

18. Identifica la celda con el número 1,000.
19. Una fórmula para la celda B2 es B1 $\times$ 10. Identifica otra fórmula para la celda B2.
20. La celda D1 no contiene ninguna fórmula y contiene el número 1,000. Si usas el comando *fill down*, ¿que número aparecerá en la celda D3?

CAPÍTULO 9

palabras **importantes**

ángulo **9•3**
arco **9•3**
celda **9•4**
círculo **9•1**
columna **9•4**
cuadrado **9•2**
cubo **9•2**
decimal **9•1**
distancia **9•3**
factorial **9•2**
hilera **9•4**
fórmula **9•4**
hoja de cálculos **9•4**
horizontal **9•4**

número negativo **9•1**
paréntesis **9•2**
perímetro **9•4**
pi **9•1**
porcentaje **9•1**
potencia **9•2**
punto **9•3**
radio **9•1**
raíz **9•2**
raíz cuadrada **9•1**
raíz cúbica **9•2**
rayo **9•3**
recíproco **9•2**
vertical **9•4**
vértice **9•3**

¿QUÉ SABES YA?

9.1 Calculadora de cuatro funciones

La gente usa calculadoras para facilitar los cálculos matemáticos. Tal vez hayas observado a tus padres calcular el saldo de su cuenta corriente con una calculadora. Sin embargo, el uso de la calculadora no es siempre la manera más rápida de realizar un cálculo matemático. Si no requieres una respuesta exacta, puede ser más fácil y rápido obtener un estimado. A veces, puedes resolver mentalmente un problema con mucha rapidez, o el uso de lápiz y papel puede ser un mejor método. Las calculadoras son muy útiles para resolver problemas con muchos números o con números que tienen muchos dígitos.

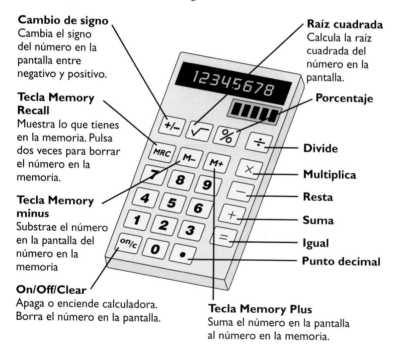

Cambio de signo
Cambia el signo del número en la pantalla entre negativo y positivo.

Raíz cuadrada
Calcula la raíz cuadrada del número en la pantalla.

Tecla Memory Recall
Muestra lo que tienes en la memoria. Pulsa dos veces para borrar el número en la memoria.

Porcentaje

Divide

Tecla Memory minus
Substrae el número en la pantalla del número en la memoria

Multiplica

Resta

Suma

Igual

Punto decimal

On/Off/Clear
Apaga o enciende calculadora. Borra el número en la pantalla.

Tecla Memory Plus
Suma el número en la pantalla al número en la memoria.

La calculadora sólo puede resolver el problema que ingresas a ella. Antes de ingresar los datos, estima el resultado. Después, compara el resultado obtenido con tu estimado para asegurarte de que ingresaste correctamente los datos del problema.

Operaciones básicas

La adición, la sustracción, la multiplicación y la división son
operaciones muy fáciles de realizar con una calculadora.

Operación	Problema	Teclas de la calculadora	Pantalla
Adición	$10.5 + 39$	10.5 $\boxed{+}$ 39 $\boxed{=}$	$\boxed{49.5}$
Sustracción	$40 - 51$	40 $\boxed{-}$ 51 $\boxed{=}$	$\boxed{-11.}$
Multiplicación	20.5×4	20.5 $\boxed{\times}$ 4 $\boxed{=}$	$\boxed{82.}$
División	$12 \div 40$	12 $\boxed{\div}$ 40 $\boxed{=}$	$\boxed{0.3}$

Números negativos

Para ingresar un **número negativo** en la calculadora, pulsa la tecla
$\boxed{+/-}$ después de ingresar el número.

Problema	Teclas de la calculadora	Pantalla
$-15 + 10$	15 $\boxed{+/-}$ $\boxed{+}$ 10 $\boxed{=}$	$\boxed{-5.}$
$50 - (-32)$	50 $\boxed{-}$ 32 $\boxed{+/-}$ $\boxed{=}$	$\boxed{82.}$
-9×8	9 $\boxed{+/-}$ $\boxed{\times}$ 8 $\boxed{=}$	$\boxed{-72.}$
$-20 \div (-4)$	20 $\boxed{+/-}$ $\boxed{\div}$ 4 $\boxed{+/-}$ $\boxed{=}$	$\boxed{5.}$

Practica tus conocimientos

Resuelve cada operación con una calculadora.

1. $11.6 + 4.2$
2. $45.4 - 13.9$
3. $20 \times (-1.5)$
4. $-24 \div 0.5$

9·1 CALCULADORA DE CUATRO FUNCIONES

Memoria

Usa la memoria de la calculadora para resolver problemas complejos o que requieren pasos múltiples para su solución. La memoria se opera con tres teclas diferentes. La manera en que funcionan muchas calculadoras se muestra a continuación. Si la tuya no funciona de este modo, consulta el manual de tu calculadora.

Tecla   **Función**

MRC   Al pulsar una vez, la pantalla muestra el número en la memoria. Si se pulsa dos veces, se borra la memoria.

M+   Suma el número en la pantalla al número en la memoria.

M−   Sustrae el número en la pantalla al número en la memoria.

Si la memoria de la calculadora contiene un número diferente de cero, la pantalla mostrará M⎵⎵⎵⎵ junto al número que se tenga en ese momento en la pantalla. Las operaciones que realices no van a afectar el número en la memoria, a menos que uses alguna de las teclas de memoria.

Resuelve $10 + 55 + 26 \times 2 + 60 - 4^2$ con tu calculadora, siguiendo las siguientes instrucciones.

Teclas	Pantalla
MRC MRC C	0.
4 × 4 M−	M 16.
26 × 2 M+	M 52.
10 + 55 M+	M 65.
60 M+	M 60.
MRC	161.

El resultado es 161. Observa el *orden de las operaciones* (pág. 78).

Practica tus conocimientos

Usa la memoria de tu calculadora para calcular lo siguiente.

5. $5 \times 10 - 18 \times 3 + 8^2$
6. $-40 + 5^2 - (-14) \times 6$
7. $6^3 \times 4 + (-18) \times 20 + (-50)$
8. $20^2 + 30 \times (-2) - (-60)$

Teclas especiales

Algunas calculadoras tienen funciones especiales que te ahorran tiempo.

Tecla **Función**

$\boxed{\sqrt{x}}$ Extrae la **raíz cuadrada** del número en la pantalla.

$\boxed{\%}$ Transforma el número en la pantalla de **porcentaje** a decimal.

$\boxed{\pi}$ Entra automáticamente el valor de **pi** en tantos lugares como tu calculadora pueda manejar.

Números mágicos

Pulsa tres veces la misma tecla de cualquier número de la calculadora para obtener en la pantalla un número de tres dígitos, como por ejemplo 333. Luego, divide el número entre la suma de los tres dígitos y pulsa la tecla =. ¿Obtuviste 37 como resultado?

Intenta el mismo proceso con otro número de tres dígitos. Escribe una expresión algebraica que demuestre por qué la respuesta es siempre la misma. Consulta la respuesta en el Solucionario, al final del libro.

Las teclas $\boxed{\%}$ y $\boxed{\pi}$ te ahorran tiempo porque no tienes que pulsar muchas teclas. La tecla $\boxed{\sqrt{}}$ te permite calcular raíces cuadradas con mayor precisión que cuando usas lápiz y papel. Observa cómo se usan estas teclas en los siguientes ejemplos.

Problema: $10 + \sqrt{144}$

Teclas : $10 \boxed{+} 144 \boxed{\sqrt{}} \boxed{=}$
Resultado final en la pantalla: 22.

Si tratas de sacar la raíz cuadrada de un número negativo, tu calculadora mostrará un mensaje de error, como por ejemplo, 64 $\boxed{+/-}$ $\boxed{\sqrt{}}$ $\boxed{ E\,5.}$ No existe la raíz cuadrada de –64 porque ningún número multiplicado por sí mismo produce un número negativo.

Problema: Calcula el 40% de 50.

Teclas: $50 \boxed{\times} 40 \boxed{\%}$
Resultado final en la pantalla: 20.
La tecla $\boxed{\%}$ convierte un porcentaje en decimal. Si sabes cómo convertir porcentajes en decimales, probablemente no usarás mucho la tecla $\boxed{\%}$.

Problema: Calcula el área de un **círculo** cuyo **radio** es igual a 2. (Usa la fórmula $A = \pi r^2$).

Teclas: $\boxed{\pi} \boxed{\times} 2 \boxed{\times} 2 \boxed{=}$
Resultado final en la pantalla: 12.57
Si tu calculadora no tiene la tecla $\boxed{\pi}$, usa 3.14 ó 3.1416 como una aproximación de π.

Practica tus conocimientos

9. Sin usar una calculadora, indica cuál sería el resultado final en la pantalla, si ingresaras $12 \boxed{M+} 4 \boxed{\times} 2 \boxed{+} \boxed{MRC} \boxed{=}$ en la calculadora.
10. Usa la memoria de la calculadora para resolver $160 - 8^2 \times (-6)$.
11. Saca la raíz cuadrada de 196.
12. Calcula el 25% de 450.

9•1 EJERCICIOS

Usa la calculadora para averiguar el valor de cada expresión.

1. $15.6 + 22.4$
2. $45.61 - 20.8$
3. $-16.5 - 5.6$
4. $10 \times 45 \times 30$
5. $-5 + 60 \times (-9)$
6. $50 - 12 \times 20$
7. $\sqrt{81} - 16$
8. $-10 + \sqrt{225}$
9. $12 \div 20 + 11$
10. $12 \div (-20)$
11. 20% de 350
12. 120% de 200
13. $216 - \sqrt{484}$
14. $\sqrt{324} \div 2.5 + 8.15$
15. $5 \times \sqrt{49} + 1.73$

Usa la calculadora para resolver los ejercicios 17 al 25.
16. Calcula el área, si $x = 2.5$ cm.
17. Calcula el perímetro, si $x = 4.2$ cm.

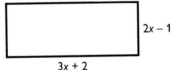

18. Calcula el área, si $a = 1.5$ pulg
19. Calcula la circunferencia, si $a = 3.1$ pulg

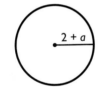

20. Calcula el área de $\triangle RQP$.
21. Calcula el perímetro de $\triangle RQP$. (Recuerda que $a^2 + b^2 = c^2$).
22. Calcula circunferencia del círculo Q.
23. Calcula el área del círculo Q.
24. Calcula la longitud del segmento RP.
25. Calcula el área de la sección sombreada del círculo Q.

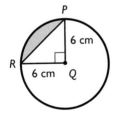

9·2 Calculadora científica

Todo matemático y científico tiene una calculadora científica que le ayuda a resolver rápidamente y con exactitud ecuaciones complejas. Existe una gran variedad de calculadoras científicas; algunas tienen sólo algunas funciones, mientras que otras tienen una gran cantidad de ellas. Es posible incluso programar algunas calculadoras con funciones de tu interés. La siguiente calculadora muestra algunas de las funciones que puedes encontrar en una calculadora científica.

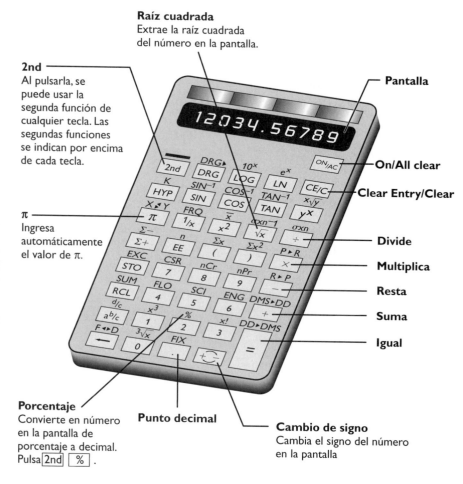

Raíz cuadrada
Extrae la raíz cuadrada del número en la pantalla.

2nd
Al pulsarla, se puede usar la segunda función de cualquier tecla. Las segundas funciones se indican por encima de cada tecla.

Pantalla

On/All clear

Clear Entry/Clear

π
Ingresa automáticamente el valor de π.

Divide

Multiplica

Resta

Suma

Igual

Porcentaje
Convierte en número en la pantalla de porcentaje a decimal. Pulsa [2nd] [%].

Punto decimal

Cambio de signo
Cambia el signo del número en la pantalla

Funciones de uso frecuente

Dado que cada calculadora es diferente, es probable que tu calculadora no funcione como se explica a continuación. Estas teclas funcionan con la calculadora que se muestra en la página 384. Usa el manual o la tarjeta con instrucciones de tu calculadora para efectuar operaciones similares. Consulta el índice para obtener más información sobre las matemáticas que se usan aquí.

Función	Problema	Teclas
Raíz cúbica. $\boxed{\sqrt[3]{x}}$ Extrae la raíz cúbica del número en la pantalla.	$\sqrt[3]{64}$	64 $\boxed{\text{2nd}}$ $\boxed{\sqrt[3]{x}}$ $\boxed{\qquad\qquad\text{4.}}$
Cubo $\boxed{x^3}$ Eleva al cubo el número en la pantalla.	5^3	5 $\boxed{\text{2nd}}$ $\boxed{x^3}$ $\boxed{\qquad\qquad\text{125.}}$
Factorial $\boxed{x!}$ Calcula el factorial del número en la pantalla.	$5!$	5 $\boxed{\text{2nd}}$ $\boxed{x!}$ $\boxed{\qquad\qquad\text{120.}}$
Fija el número de **lugares decimales** $\boxed{\text{FIX}}$ Redondea el número en la pantalla al número de decimales dados.	Redondea 3.729 en centésimas.	3.729 $\boxed{\text{2nd}}$ $\boxed{\text{FIX}}$ 2 $\boxed{\qquad\qquad\text{3.73}}$
Paréntesis $\boxed{(}$ $\boxed{)}$ Sirve para agrupar cálculos.	$8 \times (7 + 2)$	8 $\boxed{\times}$ $\boxed{(}$ 7 $\boxed{+}$ 2 $\boxed{)}$ $\boxed{=}$ $\boxed{\qquad\text{72.}}$
Potencias $\boxed{y^x}$ Eleva el número en la pantalla a la potencia x.	12^4	12 $\boxed{y^x}$ 4 $\boxed{=}$ $\boxed{\qquad\text{20736.}}$
Potencias de 10 $\boxed{10^x}$ Eleva 10 a la potencia indicada por el número en la pantalla.	10^3	3 $\boxed{\text{2nd}}$ $\boxed{10^x}$ $\boxed{\qquad\qquad\text{100.}}$

9.2 CALCULADORA CIENTÍFICA

Función	Problema	Teclas
Recíproco $\boxed{1/x}$ Halla el recíproco del número en la pantalla.	Halla el recíproco de 10.	$10 \boxed{1/x} \boxed{\qquad 0.1}$
Raíz $\boxed{\sqrt[x]{y}}$ Extrae la raíz x del número en la pantalla.	$\sqrt[4]{1296}$	$1,296 \boxed{2\text{nd}} \boxed{\sqrt[x]{y}} 4 \boxed{=}$ $\boxed{\qquad 6.}$
Cuadrado $\boxed{x^2}$ Eleva al cuadrado el número en la pantalla.	9^2	$9 \boxed{x^2} \boxed{\qquad 81.}$

Practica tus conocimientos

Resuelve con tu calculadora.

1. $\sqrt[3]{91.125}$ 2. 7^3

3. $7!$ 4. 9^4

5. $\sqrt[5]{243}$

Usa tu calculadora para resolver. Redondea en centésimas.

6. $6 \times (21 - 3) \div (2 \times 5)$

7. el recíproco de 2

8. 19^2

9. $\sqrt[3]{512} \times 4^4 + \sqrt{400}$

10. $(6^2 - 9^3 + \sqrt[4]{625}) \div 2$

9·2 EJERCICIOS

Resuelve los siguientes ejercicios con una calculadora científica.

1. 18^2 2. 9^3 3. 12^3 4. 2.5^2

Resuelve los ejercicios 5 al 9. Redondea en centésimas.

5. 3π 6. $\frac{30}{\pi}$ 7. $\frac{1}{5}$

8. $\frac{2}{\pi}$ 9. $(10 + 4.1)^2 + 4$

10. $12 - (20 \div 2.5)$ 11. $2! \times 3!$ 12. $8! \div 3!$

13. $5! + 6!$ 14. $\sqrt[4]{1296}$

15. recíproco de 40

El alfabeto de las calculadoras

Quizá creas que las calculadoras sólo sirven para realizar cálculos aritméticos, pero también sirven para mandar mensajes "secretos", si conoces el alfabeto de las calculadoras. Intenta lo siguiente. Ingresa el número 0.7734 en la calculadora y voltea la calculadora de cabeza. ¿Qué palabra aparece en la pantalla?

Cada tecla con números sirve para representar letras en la pantalla. Puedes ingresar:

- 8 para B.
- 9 para G o b.
- 7 para L.
- 2 para Z.
- 3 para E.
- 4 para h.
- 0 para O.
- 6 para g.
- I para I.
- 5 para S.

Trata de formar el mayor número posible de palabras en la pantalla de tu calculadora. Recuerda que debes voltear la calculadora de cabeza para leer las palabras. Por lo tanto, debes ingresar los números en orden inverso.

9.3 Instrumentos de geometría

Regla

Si necesitas medir las dimensiones de un objeto o si necesitas medir **distancias** pequeñas, usa una regla.

Una regla del sistema métrico

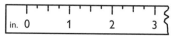

Una regla del sistema inglés

Para obtener una medición precisa, asegúrate de que uno de los extremos del objeto que quieres medir se alinea con el cero de la regla.

El lápiz que se muestra a continuación se mide en décimas de centímetro y en octavos de pulgada.

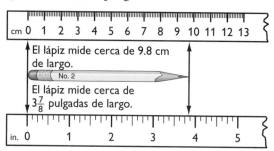

El lápiz mide cerca de 9.8 cm de largo.

El lápiz mide cerca de $3\frac{7}{8}$ pulgadas de largo.

Practica tus conocimientos

Mide con una regla cada segmento de recta, en décimas de centímetro o en octavos de pulgada.

1. ————————
2. ————————————
3. ——————————————
4. ——————

Transportador

Mide **ángulos** con un *transportador*. Hay muchos tipos de transportadores. La clave es encontrar el punto del transportador sobre el cual se debe fijar el **vértice** del ángulo.

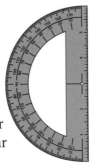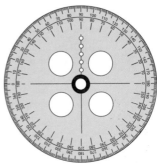

CÓMO MEDIR ÁNGULOS CON UN TRANSPORTADOR

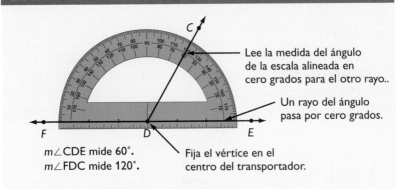

Lee la medida del ángulo de la escala alineada en cero grados para el otro rayo..

Un rayo del ángulo pasa por cero grados.

$m\angle CDE$ mide $60°$.
$m\angle FDC$ mide $120°$.

Fija el vértice en el centro del transportador.

Para dibujar un ángulo de una medida dada, dibuja primero un **rayo** y fija el centro del transportador en el extremo del rayo. Después, marca con un punto la medida del ángulo deseado ($45°$, en el ejemplo).

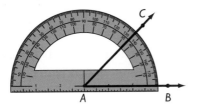

Une A y C. Entonces $\angle BAC$ es un ángulo de $45°$.

Practica tus conocimientos

Mide cada ángulo con un transportador. Redondea al ángulo más cercano.

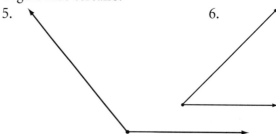

5.

6.

Compás

Un *compás* sirve para dibujar círculos, o secciones de círculos llamadas **arcos**. El extremo del compás con **punta** se coloca en el centro y el extremo con el lápiz se hace girar para dibujar el arco o el círculo.

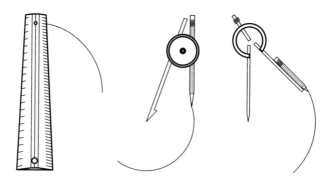

La distancia entre el punto estacionario (centro) y el lápiz es igual al radio. Algunos compases permiten fijar la magnitud del radio con exactitud.

Para repasar *círculos* consulta la página 340.

9·3 INSTRUMENTOS DE GEOMETRÍA

Para dibujar un círculo con un radio de $1\frac{1}{2}$ pulg, fija la distancia entre el punto estacionario del compás y el lápiz en $1\frac{1}{2}$ pulg. Después, dibuja el círculo.

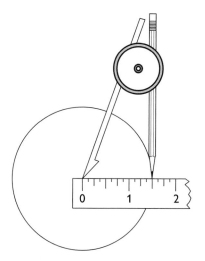

 Practica tus conocimientos

7. Dibuja un círculo con un radio de 4 pulg ó 10.2 cm.
8. Dibuja un círculo con un radio de 4 cm ó 1.6 pulg.
9. Dibuja un círculo con un radio de 3 cm ó 1.2 pulg.
10. Dibuja un círculo con un radio de 3 pulg ó 7.6 cm.

Problema de construcción

En geometría, un problema de construcción es aquel en que sólo se permite el empleo de la regla y el compás. Cuando haces un problema de construcción empleando sólo una regla y un compás, tienes que hacer uso de tus conocimientos de geometría.

9.3 INSTRUMENTOS DE GEOMETRÍA

Sigue los pasos siguientes para dibujar un triángulo equilátero inscrito en un círculo.

- Dibuja un círculo con centro *K*.
- Dibuja el diámetro ($\overline{SJ}$).
- Usando S como centro y $\overline{SK}$ como radio, dibuja un arco que interseque el círculo en *L* y *P*.
- Une *L*, *P* y *J* para formar el triángulo.

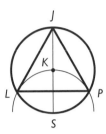

Puedes crear diseños más complejos si inscribes otro triángulo en el círculo, usando *J* como centro para dibujar otro arco.

Una vez que tienes la estructura básica, puedes sombrear diferentes secciones y crear una gran variedad de diseños basándote en construcciones.

Practica tus conocimientos

11. Dibuja una estructura básica usando dos triángulos inscritos en un círculo. Después, llena las secciones pertinentes para que obtengas el siguiente diseño.

12. Crea tu propio diseño con base en uno o dos triángulos inscritos en un círculo.

Mandalas

Un mandala es un diseño formado por figuras geométricas y símbolos cuyo significado es importante para el artista. La palabra *mandala* significa "círculo" en sánscrito y el diseño de un mandala generalmente está contenido dentro de un círculo.

En el hinduismo y el budismo los mandalas se usan para ayudar en la meditación y a menudo incorporan símbolos que representan dioses o el universo. Los artistas occidentales crean mandalas para simbolizar sus propias vidas o las vidas de personajes famosos. Dentro de los patrones geométricos aparecen a menudo símbolos que representan animales, los elementos (tierra, aire, fuego y agua), el **Sol** y las estrellas, además de símbolos personales.

9•3 INSTRUMENTOS DE GEOMETRÍA

9.3 EJERCICIOS

Mide con una regla los lados de △ABC. Anota tu respuesta en centímetros, redondeada en décimas de centímetro o en octavos de pulgada.

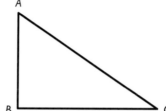

1. AB
2. BC
3. AC

Mide los ángulos de △ABC con un transportador.

4. ∠C   5. ∠B   6. ∠A

7. ¿A cuánto equivale la suma de la medida de los ángulos internos de un triángulo? Explica.

Relaciona la función correspondiente a cada instrumento.

Función	Instrumento
8. Dibuja círculos o arcos	A. transportador
9. Mide distancias	B. compás
10. Mide ángulos	C. regla

Indica la medida de los siguientes ángulos.

11. ∠GFH
12. ∠HFJ
13. ∠JFG
14. ∠HFI
15. ∠IFJ

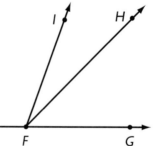

Indica la medida de los siguientes ángulos.

16. ∠*NML*
17. ∠*MLK*
18. ∠*KNM*
19. ∠*LKN*

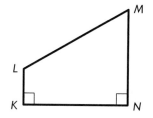

20. Copia ∠*MLK* usando un transportador.

Copia las siguientes figuras usando un transportador, un compás y una regla.

21.

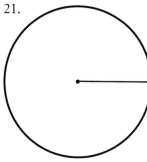

22.

23.

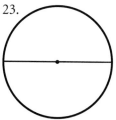

24.

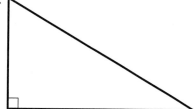

25.

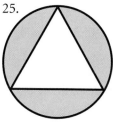

9·4 Hojas de cálculos

¿Qué es una hoja de cálculos?

Las **hojas de cálculos** se usan como herramientas para llevar la cuenta de la información, por ejemplo, las finanzas, a lo largo de un período de tiempo. Las primeras hojas de cálculos eran las herramientas matemáticas de lápiz y papel, antes de convertirse en instrumentos computarizados. Es posible que estés familiarizado con los programas de hojas de cálculos.

Una hoja de cálculos es una herramienta computarizada que ordena la información en **celdas** dentro de una matriz y en la que se realizan cálculos dentro de las celdas. Al cambiar el contenido de una celda, todas las celdas relacionadas con dicha celda cambian automáticamente.

Las hojas de cálculos están organizadas en **hileras** y **columnas**. Las hileras son **horizontales** y están numeradas. Las columnas son **verticales** y se identifican con letras mayúsculas. Cada celda se identifica según su hilera y su columna.

File Edit

	A	B	C	D
1	1	3	1	
2	2	6	4	
3	3	9	9	
4	4	12	16	
5	5	15	25	
6				
7				
8				

La celda A3 está en la columna A, hilera 3. En esta hoja de cálculos hay un 3 en la celda A3.

Practica tus conocimientos

¿Qué número aparece en cada celda de la hoja de cálculos anterior?
1. A5   2. B2   3. C2

Indica si los siguientes enunciados son verdaderos o falsos.
4. Una columna es vertical.
5. Las hileras se identifican con letras.

Fórmulas en hojas de cálculos

Una celda puede contener un número o la información necesaria para generar un número. Una **fórmula** genera un número de acuerdo con los números en otras celdas de la hoja de cálculos. La manera de escribir las fórmulas depende del programa que use tu hoja de cálculos. Cuando ingresas una fórmula aparece el valor generado, no la fórmula.

CÓMO CREAR UNA FÓRMULA EN UNA HOJA DE CÁLCULOS

	A	B	C	D
1	Artículo	Precio	Cantidad	Total
2	suéter	$30	2	$60
3	pantalón	$18	2	
4	camisa	$10	4	
5				
6				

Expresa el valor de la celda dependiendo de su relación con otras celdas.

Total =
Precio × Cantidad
$D2 = B2 × C2$

Si cambias el valor de una celda y la fórmula depende de esa celda, el resultado de la fórmula se modifica.

En la hoja de cálculos anterior, si entras 3 suéteres en vez de 2 (C2 = 3), la columna de Total cambiará automáticamente a $90.

Practica tus conocimientos

Usa la hoja de cálculos anterior. Si el total se calcula siempre de la misma manera, escribe la fórmula para:

6. D3
7. D2
8. ¿Cuánto cuesta una sola camisa?
9. ¿Cuánto dinero se gastó en suéteres?

9.4 HOJAS DE CÁLCULOS

Fill Down y Fill Right

Ahora que ya tienes los conocimientos básicos sobre una hoja de cálculos, podemos ver otras maneras en que las hojas de cálculos te facilitan el trabajo. Los comandos *Fill down* y *Fill right* de las hojas de cálculos te pueden ahorrar mucho tiempo y esfuerzo.

Para usar *Fill down* selecciona una parte de una columna. El comando *Fill down* toma la celda superior seleccionada y la copia en las celdas inferiores. Si la celda superior del rango seleccionado contiene un número, como el 5, *Fill down* genera una columna con números 5.

Si la celda en la hilera superior del rango seleccionado contiene una fórmula, el comando *Fill down* hará automáticamente los ajustes necesarios en la fórmula de cada celda.

La columna seleccionada está realzada.

La hoja de cálculos llena la columna y ajusta la fórmula.

Estos son los valores que aparecerán en la hoja de cálculos.

Fill right funciona de manera similar, excepto que copia en sentido horizontal, la celda situada más a la izquierda del rango seleccionado en una hilera.

File	Edit				
Fill down					
Fill right					

	A	B	C	D	E
1	100				
2	A1+10				
3	A2+10				
4	A3+10				
5	A4+10				
6					
7					
8					

File	Edit				
Fill down					
Fill right					

	A	B	C	D	E
1	100	100	100	100	100
2	A1+10				
3	A2+10				
4	A3+10				
5	A4+10				
6					
7					
8					

Se selecciona la hilera 1. El número 100 se copia hacia la derecha.

Si seleccionas las celdas A1 a E1 y usas *Fill right,* las celdas se llenan con el número 100. Si seleccionas de A2 a E2 y usas *Fill right,* copiarás de la fórmula A1 + 10 de la siguiente manera:

File	Edit				
Fill down					
Fill right					

	A	B	C	D	E
1	100	100	100	100	100
2	A1+10				
3					
4					
5					
6					
7					
8					

File	Edit				
Fill down					
Fill right					

	A	B	C	D	E
1	100	100	100	100	100
2	A1+10	B1+10	C1+10	D1+10	E1+10
3	A2+10				
4	A3+10				
5	A4+10				
6					
7					
8					

Se selecciona la hilera 2. La hoja de cálculos llena la hilera y ajusta la fórmula.

Practica tus conocimientos

Usa la ilustración inferior derecha de la hoja de cálculos anterior.

10. Selecciona las celdas B1 a B5 y aplica el comando fill down. ¿Qué número aparecerá en la celda B3?

11. Selecciona las celdas A3 a C3 y usa fill right. ¿Qué fórmula aparecerá en C3? ¿Qué número?

12. Selecciona las celdas A4 a E4 y usa fill right. Si D3 = 120, ¿qué fórmula aparecerá en D4? ¿Qué número?

13. Selecciona las celdas E2 a E6 y usa fill down. Si E5 = 140, ¿qué fórmula aparecerá en E6? ¿Qué número?

Gráficas con hojas de cálculos

Es posible hacer gráficas con hojas de cálculos. Usemos la siguiente hoja de cálculos como ejemplo para comparar el **perímetro** de un cuadrado con la longitud de un lado.

File   Edit

	A	B	C	D	E
1	lado	perímetro			
2	1	4			
3	2	8			
4	3	12			
5	4	16			
6	5	20			
7	6	24			
8	7	28			
9	8	32			
10	9	36			
11	10	40			

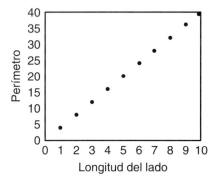

La mayoría de las hojas de cálculos tiene una función que crea tablas a partir de gráficas. Observa el manual de tu hoja de cálculos para obtener más información.

Practica tus conocimientos

14. ¿Cuáles celdas dieron el punto (1, 4)?
15. ¿Cuáles celdas dieron el punto (5, 20)?
16. ¿Cuál punto muestran las celdas A9, B9?
17. ¿Cuál punto muestran las celdas A11, B11?

9.4 EJERCICIOS

Identifica los números que aparecen en las siguientes celdas de la hoja de cálculos de la derecha.

1. B2   2. A3   3. C1

¿En cuál celda aparece cada número?

4. 200   5. 3   6. 80

File   Edit

| Fill down |
| Fill right |

	A	B	C	D
1	1	2	60	100
2	2	4	70	200
3	3	6	80	300
4	4		90	
5				
6				

7. Si la fórmula en la celda C2 es C1 + 10. ¿cuál es la fórmula en la celda C3?
8. ¿Qué fórmula aparecerá en la celda B2?
9. Supón que las celdas D5 y D6 se llenan usando *Fill down*, a partir de la celda D3 y que D3 tiene la fórmula D2 + 100. ¿Cuáles serán los valores en D5 y D6?
10. La fórmula en la celda B2 es A2 × 2. ¿Qué fórmula aparecerá en B3?

Usa la siguiente hoja de cálculos para contestar los ejercicios 11 al 15.

File   Edit

| Fill down |
| Fill right |

	A	B	C	D
1	1	5	10	
2	A1 + 2	B1 − 1	C1 × 2	
3				
4				
5				
6				

11. Si seleccionas las celdas A2 a la A4 y usas *Fill down*, ¿cuál fórmula aparecerá en la celda A4?
12. Si seleccionas las celdas C2 a C5 y usas *Fill down*, ¿cuáles números aparecerán en las celdas C2 a la C5?
13. Si seleccionas las celdas A2 a la C2 y usas *Fill right*, ¿qué aparecerá en la celda B2? *Ayuda:* El comando borrará cualquier otro número o fórmula anterior en la celda.
14. Si seleccionas las celdas A1 a la D1 y usas *Fill right*, ¿qué aparecerá en la celda D1?
15. Si seleccionas las celdas B2 a la B5 y usas *Fill down* (suponiendo que la hoja de cálculos es como la de arriba), ¿qué aparecerá en la celda B4?

¿Qué has aprendido?

Puedes usar los siguientes problemas y la lista de palabras para averiguar lo que has aprendido en este capítulo. Puedes aprender más acerca de un problema o palabra en particular al consultar el número del tema en negrilla (por ejemplo **9•2**).

Serie de problemas

Usa tu calculadora para resolver los ejercicios 1 al 6. **9•1**

1. $65 + 12 \times 3 + 6^2$
2. 250% de 740

Redondea las respuestas en décimas.

3. $17 - 5.6 \times 8^2 + 24$
4. $122 - (-45) \div 0.75 - 9.65$

5. Calcula el perímetro del rectángulo *WXYZ*.
6. Calcula el área del rectángulo *WXYZ*. Redondea en décimas de centímetro.

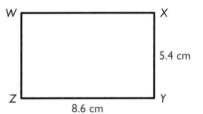

Usa una calculadora científica para contestar los ejercicios 7 al 12. Redondea las respuestas en centésimas. **9•2**

7. 3.6^4
8. Halla el recíproco de 7.1.
9. Calcula el cuadrado de 7.5.
10. Saca la raíz cuadrada de 7.5.
11. $(6 \times 10^5) \times (9 \times 10^4)$
12. $2.6 \times (13 \times 5.75)$

13. ¿Cuánto mide el $\angle TRV$? **9•3**
14. ¿Cuánto mide el $\angle VRS$? **9•3**
15. ¿Cuánto mide el $\angle TRS$ **9•3**

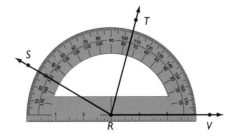

16. ¿Divide $\overrightarrow{RT}$ el $\angle SRV$ en dos ángulos iguales? **9•3**
17. ¿Cuánto mide un ángulo que biseca un ángulo recto? **9•3**

Consulta la siguiente hoja de cálculos para contestar los ejercicios 18 al 20. **9•4**

```
File  Edit
      ┌──────────┐
      │ Fill down │
      │ Fill right│
      └──────────┘
         A    B    C    D
   1     1    1   50    1
   2     7    3  100
   3    13    9  150
   4
```

18. ¿Cuál celda contiene el número 3?
19. La fórmula en la celda C3 es C2 + 50. Anota otra fórmula posible para la celda C3.
20. La celda D1 contiene el número 1 y no contiene ninguna fórmula. Después de usar *Fill down*, ¿qué número abrá en la celda D4?

ESCRIBE LAS DEFINICIONES DE LAS SIGUIENTES PALABRAS.

palabras **importantes**

ángulo **9•3**
arco **9•3**
celda **9•4**
círculo **9•1**
columna **9•4**
cuadrado **9•2**
cubo **9•2**
decimal **9•1**
distancia **9•3**
factorial **9•2**
hilera **9•4**
fórmula **9•4**
hoja de cálculos **9•4**
horizontal **9•4**

número negativo **9•1**
paréntesis **9•2**
perímetro **9•4**
pi **9•1**
porcentaje **9•1**
potencia **9•2**
punto **9•3**
radio **9•1**
raíz **9•2**
raíz cuadrada **9•1**
raíz cúbica **9•2**
rayo **9•3**
recíproco **9•2**
vertical **9•4**
vértice **9•3**

¿QUÉ HAS APRENDIDO?

Solucionario

Índice

Capítulo 1
Números y cálculos

1. 30,000 **2.** 30,000,000

3. $(2 \times 10,000) + (4 \times 1,000) + (3 \times 100) + (7 \times 10) + (8 \times 1)$ **4.** 566,418; 496,418; 56,418; 5,618 **5.** 52,564,760; 52,565,000; 53,000,000

6. 0 **7.** 15 **8.** 3,589 **9.** 0

10. 400 **11.** 1,600

12. $(4 + 6) \times 5 = 50$ **13.** $(10 + 14) \div (3 + 3) = 4$

14. No **15.** No **16.** No **17.** Sí

18. 3×11 **19.** $3 \times 5 \times 7$ **20.** $2 \times 2 \times 3 \times 3 \times 5$

21. 15 **22.** 7 **23.** 6

24. 15 **25.** 24 **26.** 80

27. 48

28. 6, 6 **29.** 13, -13 **30.** 15, 15 **31.** 25, -25

32. 6 **33.** -1 **34.** -18 **35.** 6 **36.** 0 **37.** 2

38. 28 **39.** -4 **40.** 7 **41.** 36 **42.** -30 **43.** -60

44. Será un número negativo.

45. Será un número positivo.

1·1 Valor de posición de números enteros

1. 30 **2.** 3,000,000

3. cuarenta millones, trescientos seis mil, doscientos **4.** Catorce trillones, treinta billones, quinientos millones

5. $(8 \times 10,000) + (3 \times 1,000) + (4 \times 10) + (6 \times 1)$ **6.** $(3 \times 100,000) + (2 \times 100) + (8 \times 10) + (5 \times 1)$

7. $<$ **8.** $>$

9. 6,520; 52,617; 56,302; 526,000

10. 32,400   11. 560,000   12. 2,000,000

13. 400,000

1·2 Propiedades

pág. 74   1. Sí   2. No   3. No   4. Sí

pág. 75   5. 24,357   6. 99   7. 0   8. 1.5

9. $(3 \times 3) + (3 \times 6)$ 10. $5 \times (8 + 7)$

1·3 El orden de las operaciones

pág. 78   1. 10   2. 54

1·4 Factores y múltiplos

pág. 80   1. 1, 2, 3, 6   2. 1, 2, 3, 6, 9, 18

pág. 81   3. 1, 2, 4   4. 1, 5

5. 2   6. 10

pág. 82   7. Sí   8. No   9. Sí   10. Sí

pág. 84   11. Sí   12. No   13. Sí   14. No

15. $2 \times 3 \times 5$ 16. $2 \times 2 \times 2 \times 2 \times 5$ ó $2^4 \times 5$

17. $2 \times 2 \times 2 \times 3 \times 5$ ó $2^3 \times 3 \times 5$

18. $2 \times 5 \times 11$

pág. 85   19. 3   20. 10   21. 6   22. 12

pág. 86   23. 18   24. 50   25. 56   26. 150

1·5 Operaciones con enteros

pág. 88   1. -3 2. $+250$

pág. 89   3. 12, 12   4. 4, -4 5. 8, 8   6. 0, 0

7. -2 8. 0   9. $+2$ 10. -3

pág. 90   11. 6   12. -3 13. 5   14. -54

¡Upa!   Si *a* puede ser positivo, negativo o cero, entonces $2 + a$ puede ser mayor que, igual a o menor que 2.

Capítulo 2
Fracciones, decimales y porcentajes

pág. 96   **1.** $45.75   **2.** $252   **3.** 92%   **4.** $5.55   **5.** C. $\frac{12}{21}$

6. $4\frac{1}{6}$ **7.** $1\frac{9}{20}$ **8.** $3\frac{5}{6}$ **9.** $4\frac{37}{63}$

10. B. $2\frac{1}{2}$ **11.** $\frac{5}{16}$ **12.** $\frac{9}{65}$ **13.** $\frac{1}{2}$ **14.** $\frac{144}{217}$

15. centésimas   **16.** $4 + 0.6 + 0.003$ **17.** 0.247

pág. 97   **18.** 1.065; 1.605; 1.655; 16.5

19. 17.916   **20.** 13.223   **21.** 101.781

22. 25%   **23.** 5.3   **24.** 19.7%

25. 68%   **26.** 50%

27. 6%   **28.** 56%

29. 0.34   **30.** 1.25

31. $\frac{7}{25}$ **32.** $1\frac{3}{10}$

2·1 Fracciones y fracciones equivalentes

pág. 99   **1.** $\frac{2}{3}$ **2.** $\frac{4}{9}$ **3.** Las respuestas variarán.

pág. 100   **4–7.** Las respuestas variarán.

pág. 102   **8.** $=$ **9.** $=$ **10.** $\neq$

pág. 103   **11.** $\frac{1}{5}$ **12.** $\frac{1}{3}$ **13.** $\frac{9}{10}$

pág. 104   **Fracciones musicales** $\frac{1}{32}, \frac{1}{64}$;

pág. 106   **14.** $4\frac{4}{5}$ **15.** $1\frac{4}{9}$ **16.** $2\frac{3}{4}$ **17.** $4\frac{5}{6}$

18. $\frac{17}{10}$ **19.** $\frac{41}{8}$ **20.** $\frac{33}{5}$ **21.** $\frac{52}{7}$

2·2 Compara y ordena fracciones

pág. 109   **1.** $<$ **2.** $<$ **3.** $>$ **4.** $=$

5. $>$ **6.** $>$ **7.** $>$

pág. 110   **8.** $\frac{2}{4}; \frac{5}{8}; \frac{4}{5}$ **9.** $\frac{7}{12}; \frac{2}{3}; \frac{3}{4}$ **10.** $\frac{5}{8}; \frac{2}{3}; \frac{5}{6}$

2·3 Suma y resta fracciones

pág. 112   **1.** 2   **2.** $\frac{6}{25}$ **3.** $\frac{5}{23}$ **4.** $\frac{3}{8}$

pág. 114   **5.** $1\frac{1}{4}$ **6.** $\frac{1}{6}$ **7.** $\frac{7}{10}$ **8.** $\frac{7}{12}$

        9. $9\frac{5}{6}$ **10.** $34\frac{5}{8}$ **11.** 61

pág. 115   **12.** $6\frac{3}{8}$ **13.** $60\frac{1}{6}$ **14.** $59\frac{3}{8}$

pág. 116   **15.** $6\frac{3}{8}$ **16.** $16\frac{1}{6}$ **17.** $17\frac{29}{30}$ **18.** $8\frac{7}{10}$

pág. 117   **19.** $3\frac{1}{2}$ ó 3   **20.** $7\frac{1}{2}$ ó 7   **21.** 9 ó $8\frac{1}{2}$ **22.** $7\frac{1}{2}$ ó 8

pág. 118   **Altos y bajos de la bolsa**   1%

2·4 Multiplica y divide fracciones

pág. 121   **1.** $\frac{5}{18}$ **2.** $\frac{15}{28}$ **3.** $\frac{2}{9}$ **4.** $\frac{33}{100}$

        5. $\frac{1}{6}$ **6.** $\frac{3}{7}$ **7.** $\frac{16}{45}$ **8.** $\frac{2}{3}$

pág. 122   **9.** $\frac{8}{3}$ **10.** $\frac{1}{5}$ **11.** $\frac{2}{9}$

pág. 123   **12.** 8   **13.** $9\frac{19}{48}$ **14.** $72\frac{11}{24}$ **15.** $78\frac{3}{8}$

        16. $1\frac{1}{4}$ **17.** $1\frac{3}{7}$ **18.** $6\frac{2}{9}$

pág. 124   **19.** $1\frac{1}{2}$ **20.** $5\frac{1}{3}$ **21.** $\frac{3}{4}$

2·5 Nombra y ordena decimales

pág. 127   **1.** 0.9   **2.** 0.55   **3.** 7.18   **4.** 5.03

        5. 0.6 + 0.03 + 0.004   **6.** 3 + 0.2 + 0.02 + 0.001

        7. 0.07 + 0.007

pág. 129   **8.** cinco unidades; cinco y seiscientos treinta y tres milésimas.   **9.** cinco milésimas; cuarenta y cinco milésimas.   **10.** siete milésimas; seis y setenta y cuatro diezmilésimas.   **11.** una cienmilésima; doscientas setenta y un cienmilésimas.

        12. <   **13.** <   **14.** >

pág. 130   **15.** 4.0146; 4.1406; 40.146   **16.** 8; 8.073; 8.373; 83.037   **17.** 0.52112; 0.522; 0.5512; 0.552

        18. 1.66   **19.** 226.95   **20.** 7.4 ó 7.40   **21.** 8.59

2•6 Operaciones decimales

pág. 132   **1.** 88.88   **2.** 61.916   **3.** 6.13   **4.** 46.283

pág. 133   **5.** 12   **6.** 4   **7.** 14   **8.** 13

pág. 134   **9.** 4.704   **10.** 114.1244

pág. 135   **11.** 0.001683   **12.** 0.048455

pág. 136   **13.** 210   **14.** 400 Las respuestas pueden variar.

Decimales olímpicos   9.52; 9.7

pág. 138   **15.** 5   **16.** 4.68   **17.** 50.4   **18.** 46

19. 0.73   **20.** 0.26   **21.** 0.60

2•7 El significado de porcentaje

pág. 140   **1.** 32% sombreado; 68% sin sombrear
2. 44% sombreado; 56% sin sombrear
3. 15% sombreado; 85% sin sombrear

pág. 141   **4.** 23   **5.** 40   **6.** 60   **7.** 27

pág. 142   **8.** $1.45   **9.** $4   **10.** $50 Las respuestas pueden variar.

¿Lujos o necesidades?   Unos 923,000,000

2•8 Usa y calcula porcentajes

pág. 144   **1.** 19.25   **2.** 564   **3.** 12.1   **4.** 25.56

pág. 145   **5.** 36.4   **6.** 11.16   **7.** 93.13   **8.** 196

pág. 146   **9.** 25%   **10.** 15%   **11.** 5%   **12.** 150%

pág. 147   **13.** 108   **14.** 20   **15.** 23.33   **16.** 925

pág. 148   **17.** 93%   **18.** 178%   **19.** 1,367%   **20.** 400%

pág. 149   **21.** 68%   **22.** 57%   **23.** 22%   **24.** 58%

pág. 150   **25.** Descuento: $18.75; Precio de oferta: $56.25
26. Descuento: $27; Precio de oferta: $153

pág. 151   **27.** 100   **28.** 2   **29.** 15   **30.** 30 Las respuestas pueden variar.

pág. 152   **31.** $I = $214.50, A = 864.50
32. $I = $840.00, A = $3,240.00$

2·9 Relaciones entre fracciones, decimales y porcentajes

pág. 155   **1.** 55%   **2.** 40%   **3.** 75%   **4.** 43%

5. $\frac{4}{25}$ **6.** $\frac{1}{25}$ **7.** $\frac{19}{50}$ **8.** $\frac{18}{25}$

pág. 156   **9.** $\frac{49}{200}$ **10.** $\frac{67}{400}$ **11.** $\frac{969}{800}$ ó $1\frac{169}{800}$

La honradez paga   20%

pág. 157   **12.** 45%   **13.** 60.6%   **14.** 1.9%   **15.** 250%

pág. 158   **16.** 0.54   **17.** 1.9   **18.** 0.04   **19.** 0.29

pág. 159   **20.** 0.8   **21.** 0.3125   **22.** $0.5\overline{5}$ ó $0.\overline{5}$

pág. 160   **23.** $\frac{9}{40}$ **24.** $\frac{43}{80}$ **25.** $\frac{9}{25}$

Capítulo 3   Potencias y raíces

pág. 166   **1.** 7^5 **2.** a^8 **3.** 4^3 **4.** x^2 **5.** 3^4

6. 4   **7.** 25   **8.** 100   **9.** 49   **10.** 144

11. 8   **12.** 64   **13.** 1,000   **14.** 343   **15.** 1

16. 100   **17.** 1,000,000   **18.** 10,000,000,000

19. 10,000,000   **20.** 10

pág. 167   **21.** 3   **22.** 5   **23.** 12   **24.** 8   **25.** 2

26. 4 y 5   **27.** 6 y 7   **28.** 2 y 3   **29.** 8 y 9

30. 1 y 2

31. 2.236   **32.** 4.472   **33.** 7.071   **34.** 9.110

35. 7.280

3·1 Potencias y exponentes

pág. 168   **1.** 8^4 **2.** 3^7 **3.** x^3 **4.** y^5

pág. 169   **5.** 16   **6.** 25   **7.** 64   **8.** 36

pág. 170   **9.** 27   **10.** 216   **11.** 729   **12.** 125

pág. 171   **13.** 1,000   **14.** 100,000   **15.** 10,000,000,000

16. 100,000,000

pág. 172   **Insectos** 1.2×10^{18}, es decir, un quintillón, doscientos cuatrillones

3•2 Raíces cuadradas

pág. 174 **1.** 4 **2.** 5 **3.** 8 **4.** 10

pág. 175 **5.** Entre 4 y 5 **6.** Entre 6 y 7

pág. 176 **7.** 1.414 **8.** 5.292

Capítulo 4
Datos, estadística y probabilidad

pág. 182 **1.** No **2.** No sesgado

3. Gráfica de barras **4.** miércoles **5.** No se puede concluir a partir de esta gráfica.

6.

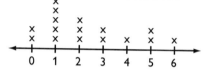

NÚMERO DE PERSONAS QUE HACEN COLA EN EL BANCO

7.

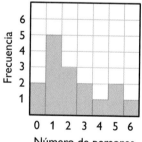

NÚMERO DE PERSONAS QUE HACEN COLA EN EL BANCO

pág. 183 **8.** $160 **9.** $138.20; $155 **10.** 30 **11.** 35

12. 120

13. $\frac{11}{20}$ **14.** $\frac{51}{260}$ **15.** $\frac{121}{400}$

4•1 Recopila datos

pág. 184 **1.** Los alumnos se registraron en actividades deportivas después de las clases; 60

2. Lobos en la isla Royale; 15

pág. 185   **3.** Las respuestas variarán.   **4.** No; está limitado a la gente que asiste a ese gimnasio, por lo tanto es posible que lo prefieran a otros gimnasios.

pág. 186   **5.** Califica el tenis de mesa como aburrido.
6. Porque la pregunta no prejuzga que te gusta la aventura si te gusta ese deporte.   **6.** ¿Haces donaciones caritativas?

pág. 187   **8.** 3   **9.** Sí   **10.** Hacer una fiesta; la mayoría de los alumnos dijo que sí.

4·2 Presenta los datos

pág. 190   **1.** 18

2.

Número de patrocinadores	2	3	4	5	6	7	8	9	10
Número de alumnos	3	0	3	5	2	0	2	3	4

pág. 192   **3.** 52   **4.** 25%   **5.** 50%

pág. 193   **6.** Videos y libros de no ficción   **7.** Respuesta posible: La biblioteca tiene menos libros de ficción que de no ficción en su colección.

8. CONCURSANTES EN EL DESFILE DE MASCOTAS

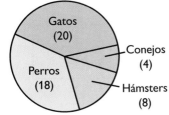

pág. 194   **9.** 5   **10.** 2

11.

```
                                    x
                                    x
    x                               x
    x           x   x           x   x
    x   x   x   x   x   x        x   x
  ←─┼───┼───┼───┼───┼───┼───┼───┼───┼──→
    10  11  12  13  14  15  16  17  18
    NÚMERO DE CARROS QUE PASAN FRENTE
    A LA ESCUELA EN INTERVALOS DE 15 MIN
```

pág. 195   **12.** 1975   **13.** Falso
14. Respuesta posible: 1970 y 1980

pág. 196   **15.** 20   **16.** Veintiañera   **17.** 28

pág. 198   **18.** Bristol   **19.** Las respuestas variarán.

20. ACTIVIDADES DESPUÉS DE LAS CLASES

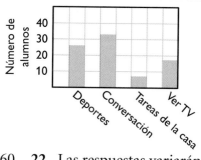

     21. 60   **22.** Las respuestas variarán.

pág. 199   **Impresiones gráficas**   Se puede pensar que el tamaño de la imagen representa el *tamaño* del animal; la gráfica de barras representa los datos con mayor precisión.

pág. 200   **23.** 16

24. NÚMERO DE CARROS QUE PASAN FRENTE A LA ESCUELA EN INTERVALOS DE 15 MIN

Número de carros

4•3 Analiza los datos

pág. 202   **1.** Sí   **2.** Sí   **3.** No

4•4 Estadísticas

pág. 205   **1.** 24.75   **2.** 87   **3.** 228   **4.** $37

pág. 206   **5.** 18   **6.** 25   **7.** 96   **8.** 157.5 lb

pág. 207   **9.** 53   **10.** 96 y 98   **11.** 14   **12.** No hay moda

pág. 208   **13.** 613   **14.** 75   **15.** 32°   **16.** 384

4·5 Combinaciones y permutaciones

pág. 211   **1.** 9   **2.** 12   **3.** 8   **4.** 8

pág. 213   **5.** 60   **6.** 30   **7.** 720   **8.** 132   **9.** 5,040   **10.** 120

pág. 215   **11.** 21   **12.** 210   **13.** 56   **14.** 24 veces más permutaciones que combinaciones.

pág. 216   **Monogramas**   17,576 monogramas

4·6 Probabilidad

pág. 219   **1.** $\frac{3}{40}$ **2.** $\frac{11}{20}$ **3.** Las respuestas variarán.

pág. 220   **4.** $\frac{1}{2}$ **5.** $\frac{1}{3}$ **6.** 1   **7.** $\frac{5}{12}$

pág. 221   **8.** $\frac{1}{4}$; 0.25; 1:4; 25%   **9.** $\frac{2}{5}$; 0.4; 2:5; 40%

pág. 222   **10.** 2T, 4H   **11.** Las respuestas variarán.

Fiebre de lotería   La probabilidad de que a una persona le caiga un rayo es; $\frac{260}{260,000,000}$ (aproximadamente 1 en 1,000,000), comparado con la probabilidad de 1 en 16 millones de ganar la lotería al acertar 6 de 50 números.

pág. 223   **12.**

	1	2	3
1	11	12	13
2	21	22	23
3	31	32	33

13. $\frac{1}{3}$

pág. 226   **14.**

15.

pág. 227   **16.** $\frac{1}{12}$; independiente   **17.** $\frac{18}{95}$; dependiente

18. $\frac{1}{4}$ **19.** $\frac{9}{38}$

pág. 228   **¿Cuánta fuerza tiene el Mississippi?**   2,949.5 mi; 2,620 mi; 1,830 mi

Capítulo 5 La lógica

pág. 234   **1.** Falso   **2.** Verdadero   **3.** Verdadero   **4.** Falso

Continúa

SOLUCIONARIO

**pág. 234
(cont.)**

5. Verdadero   **6.** Si un ángulo es recto, entonces mide 90°.   **7.** Si un triángulo es acutángulo, entonces tiene tres ángulos agudos.

8. Si $2 \times n = 16$, entonces $n = 8$.   **9.** Si me pongo mis zapatos blancos, entonces es verano.

10. Adam no obtuvo la puntuación más alta en la prueba de matemáticas.   **11.** Este triángulo es equilátero.   **12.** Si no estudias, entonces no sacarás una buena calificación.
13. Si $a + 1 \neq 6$, entonces $a \neq 5$.

pág. 235

14. Si no te toca pagar la tarifa de admisión completa, entonces no tienes más de 12 años de edad.   **15.** Si la fórmula para calcular el área de la figura no es $A = (\frac{1}{2})bh$, entonces la figura no es un triángulo.   **16.** febrero   **17.** 2 y 14

18. $\{2\}, \{4\}, \{2, 4\}, \emptyset$ **19.** $\{2\}, \{4\}, \{6\}, \{2, 4\}, \{2, 6\}, \{4, 6\}, \{2, 4, 6\}, \emptyset$ **20.** $\{5, 7, 9, 11\}$

21. $\{a, b, c, d, e, g\}$ **22.** $\{2, 9\}$ **23.** $\{x, y, z\}$

24. $\{3, 4, 5, 6, 7, 8\}$ **25.** $\{8, 16\}$ **26.** $\emptyset$

27. $\{1, 2, 3, 4, 5\}$ **28.** $\{5, 6, 7, 8, 9\}$

29. $\{1, 2, 3, 4, 5, 6, 7, 8, 9\}$ **30.** $\{5\}$

5·1 Enunciados si...entonces

pág. 237   **1.** Si un número entero termina en 2, entonces es un número par.   **2.** Si un polígono tiene tres lados, entonces es un triángulo.

3. Si el resultado de la multiplicación es 12, entonces multiplicaste 3 por 4.   **4.** Si un ángulo es recto, entonces mide 90°.

pág. 238   **5.** No iremos al viaje con la clase.   **6.** 3 no es menor que 4.

7. Si un entero no termina en 0, entonces no es divisible entre 10.   **8.** Si hoy no es martes, entonces mañana no es miércoles.

pág. 239   **9.** Si el resultado de un producto no es 42, entonces no multiplicaste 6 por 7.   **10.** Si dos líneas se entrecruzan, entonces no son paralelas.

pág. 240 **¿Quién es quién?** Tanya está en el tercer asiento, Sylvia está en asiento del medio y Leslie está mintiendo. Dado que Tanya siempre dice la verdad, entonces no puede ser la muchacha del centro (de otro modo diría que su nombre es Tanya). Esto significa que la muchacha en el primer asiento está mintiendo. Por lo tanto, Tanya debe estar en el tercer asiento, diciendo la verdad acerca de que Silya está sentada en el medio. La muchacha en el primer asiento debe ser Leslie.

5·2 Contraejemplos

pág. 242 **1.** Verdadero; falso; contraejemplo: 6
2. Verdadero; verdadero

5·3 Conjuntos

pág. 244 **1.** falso **2.** verdadero

3. $\{4\}, \{8\}, \{4, 8\}, \varnothing$ **4.** $\{m\}, \varnothing$

pág. 245 **5.** $\{1, 2, 7, 8\}$ **6.** $\{5, 10\}$ **7.** $\{12\}$ **8.** $\varnothing$

pág. 246 **9.** $\{1, 4, 5\}$ **10.** $\{5\}$ **11.** $\{1, 4, 5, 6\}$ **12.** $\{1, 5\}$

13. $\{5\}$

Capítulo 6 El álgebra

pág. 252 **1.** $x + 5$ **2.** $4n$ **3.** $2(x - 6)$ **4.** $\frac{n}{3} - 2$

5. $2x - 3 = x + 5$ **6.** $6(n + 2) = 2n - 4$

7. $6(x + 3)$ **8.** $5(2n - 3)$ **9.** $3(a - 7)$

10. $3x + 7$ **11.** $8a + 2b$ **12.** $7n - 10$

13. 15 mi **14.** 10 niños **15.** 7.5 cm

pág. 253 **16.**

$x < 3$

17.

$x \geq 4$

18.

$n > 2$

Continúa

**pág. 253
(cont.)**

19.

$n \le -2$

20–25.

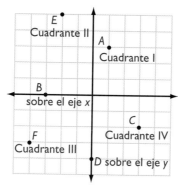

26–28.

29–30.

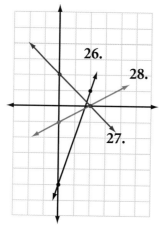

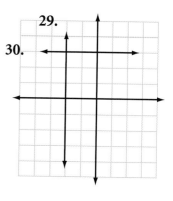

6·1 Escribe expresiones y ecuaciones

pág. 254   **1.** 2   **2.** 1   **3.** 3   **4.** 2

pág. 255   **5.** $5 + x$ **6.** $n + 4$ **7.** $y + 8$ **8.** $n + 2$

pág. 256   **9.** $8 - x$ **10.** $n - 3$ **11.** $y - 6$ **12.** $n - 4$

pág. 257   **13.** $4x$ **14.** $8n$ **15.** $0.25y$ **16.** $9n$

pág. 258   **17.** $\frac{x}{5}$ **18.** $\frac{8}{n}$ **19.** $\frac{20}{y}$ **20.** $\frac{a}{4}$

pág. 259   **21.** $4n - 6$ **22.** $\frac{8}{x} - 5$ **23.** $2(n - 4)$

Tres astronautas y un gato   79 peces

pág. 260   24. $5x - 9 = 6$ 25. $\frac{x}{3} + 6 = x - 2$
26. $4n - 1 = 2(n + 5)$

6•2 Reduce expresiones

pág. 262   1. No   2. Sí   3. No   4. Sí
5. $7 + 2x$ 6. $6n$ 7. $4y + 5$ 8. $8 \cdot 3$

pág. 263   ...3, 2, 1 ¡Despegue!   Las respuestas variarán de acuerdo con la altura. Para realizar un salto equivalente al que da una pulga, un alumno que mida 5 pies tendría que saltar 800 pies.

pág. 264   9. $4 + (5 + 8)$ 10. $2 \cdot (3 \cdot 5)$ 11. $5x + (4y + 3)$
12. $(6 \cdot 9)n$
13. $6(100 - 1) = 594$ 14. $3(100 + 6) = 318$
15. $4(200 - 2) = 792$ 16. $5(200 + 10 + 1) = 1,055$

pág. 265   17. $6x + 2$ 18. $12n - 18$ 19. $-8y + 2$
20. $10x - 8$

pág. 266   21. $7(x + 2)$ 22. $2(2n - 5)$ 23. $10(c + 5)$
24. $9(2a - 3)$

pág. 268   25. $11x$ 26. $6y$ 27. $8n$ 28. $-6a$
29. $2y + 4z$ 30. $5x - 6$ 31. $5a + 2$ 32. $7n + 2$

6•3 Evalúa expresiones y fórmulas

pág. 270   1. 11   2. 9   3. 9   4. 14
pág. 271   5. 32 cm   6. 18 pies
pág. 272   7. 30 mi   8. 1,200 km   9. 220 mi   10. 6 pies

6•4 Razones y proporciones

pág. 274   1. $\frac{4}{8} = \frac{1}{2}$ 2. $\frac{8}{12} = \frac{2}{3}$ 3. $\frac{12}{4} = \frac{3}{1} = 3$
pág. 275   4. Sí   5. No
pág. 276   6. 3.5 gal   7. $105

6•5 Desigualdades

pág. 279

1.

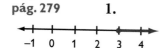

2.

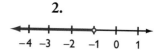

3.

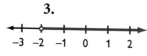

4.

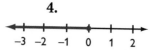

pág. 280 **5.** $x > 5$ **6.** $n \leq 4$ **7.** $y < 9$ **8.** $x \geq 8$

Ballena huérfana rescatada $25x + 2{,}378 = 9{,}000$; $x = 364.88$ días

6•6 Grafica en el plano de coordenadas

pág. 282 **1.** eje x **2.** Cuadrante II **3.** Cuadrante IV
4. eje y

pág. 283 **5.** $(3, 1)$ **6.** $(2, -4)$ **7.** $(-4, 0)$ **8.** $(0, 3)$

pág. 284 **9–12.**

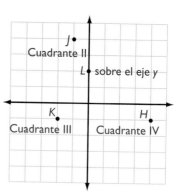

pág. 286 **13–16.**

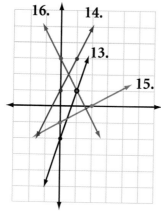

pág. 287   **17–20.**

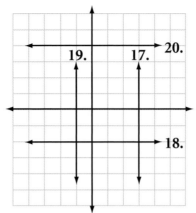

Capítulo 7 La geometría

pág. 294   **1.** Respuestas posibles: $\angle ABC$ ó $\angle CBA$; $\angle ABD$ ó $\angle DBA$; $\angle DBC$ ó $\angle CBD$ **2.** Respuestas posibles: $\overrightarrow{BA}$, $\overrightarrow{BD}$, $\overrightarrow{BC}$ **3.** Ángulo recto; 90° ángulo

4. 45°

5. Paralelogramo   **6.** 125°   **7.** 360°

8. 16 pies   **9.** 30 mm   **10.** 84 cm^2

11. 54 pulg^2 **12.** 216 mm^2 **13.** 256 pulg^2

pág. 295   **14.** B   **15.** A   **16.** C

17. 60 cm^3 **18.** 78.4 mm^3

19. 80°   **20.** 28.3 pulg^2

7·1 Nombra y clasifica ángulos y triángulos

pág. 296   **1.** $\overleftrightarrow{MN}$, $\overleftrightarrow{NM}$ **2.** $\overrightarrow{QR}$, $\overrightarrow{QS}$

pág. 298   **3.** N   **4.** $\angle MNO$ o $\angle ONM$; $\angle MNP$ o $\angle PNM$; $\angle ONP$ o $\angle PNO$

pág. 299   **5.** 40°   **6.** 105°   **7.** 140°

pág. 300   **8.** 25°, agudo   **9.** 90°, recto   **10.** 115°, obtuso

pág. 302   **11.** $m\angle J = 80°$ **12.** $m\angle E = 70°$ **13.** C   **14.** A

7•2 Nombra y clasifica polígonos y poliedros

pág. 305   **1.** Respuestas posibles: *OLMN, ONML, LMNO, LONM, MNOL, MLON, NOLM, NMLO*

  2. 265°   **3.** 95°

pág. 306   **4.** Cuadrado   **5.** Cada ángulo mide 90°.
  6. Cada lado mide 3 pulg.

pág. 308   **7.** Hexágono   **8.** Pentágono   **9.** Rectángulo

  10. Octágono

  ¡Oh obelisco!   50°

pág. 310   **11.** 900°   **12.** 108°

pág. 311   **13.** Pirámide cuadrada; pirámide rectangular

7•3 Simetría y transformaciones

pág. 315   **1.**

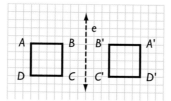

  Área total de las balsas de piscicultura   15,000m²

pág. 316   **2.** B, C, D, E, K, M, T, U, V, W, Y   **3.** H, I, O

pág. 317   **4.** 90°   **5.** 180°

pág. 318   **6.** *B, D, F*

7•4 Perímetro

pág. 321   **1.** 360 pulg   **2.** 65 pies   **3.** 116 pulg   **4.** 24 km

pág. 322   **5.** 24 cm   **6.** 30 pies

7·5 Área

1. C **2.** B **3.** Cerca de 50 pulg^2

4. 408 yd^2 **5.** 81 pulg^2

6. 180 cm^2 **7.** 8 pies

8. 64 pies^2 **9.** 24 cm^2

10. 26 m^2 **11.** 68 cm^2

7·6 Área de superficie

1. 72 pulg^2 **2.** 384 cm^2

3. 84 pies^2 **4.** 251.2 pies^2

7·7 Volumen

1. 4 pulg^3 **2.** 4 pulg^3

3. 216 pulg^3 **4.** 90 m^3

5. 785 m^3 **6.** 2,813.4 yd^3

7. 440 m^3 **8.** 94.2 pulg^3

Buenas noches, T. Rex Unos 1,175,000 mi^3

7·8 Círculos

1. 6 cm **2.** 7.5 pies **3.** $\frac{y}{2}$

4. 20 pulg **5.** 11 m **6.** $2x$

7. 8π mm **8.** 31.4 m **9.** 14 pies **10.** 9 cm

11. $\angle XYZ$ **12.** 45° **13.** 90° **14.** 360°

Alrededor del mundo Aproximadamente $2\frac{2}{5}$ veces

15. 49π mm^2; 153.9 mm^2 **16.** 201 pies^2

Capítulo 8 La medición

1. centilitro **2.** kilogramo **3.** milímetro

4. 10 **5.** 8,000 **6.** 6 **7.** 45

8. 78 **9.** 936 **10.** 26

11. 360 **12.** 51,840 **13.** 40

pág. 350
(cont.)

14. 20,000   **15.** 72   **16.** 27   **17.** 1,000   **18.** 1
19. 8

pág. 351   **20.** 17,280 pulg^3 **21.** 10 pies^3 **22.** $0.43 por libra; la tarifa por libra costaría $8.72 menos que la tarifa por pie cúbico.   **23.** Sí
24. 2   **25.** $\frac{9}{4}$

8·1 Sistemas de medidas

pág. 353   **1.** Métrico   **2.** Inglés
pág. 354   **3.** 6.25, 6.34   **4.** 39, 40

8·2 Longitud y distancia

pág. 356   **1–2.** Las respuestas variarán.
pág. 357   **3.** 6 pies   **4.** 360 pulg   **5.** 1.5 m   **6.** 5 cm
pág. 358   **7.** 3.9   **8.** 3.2   **9.** A   **10.** C   **11.** A

8·3 Área, volumen y capacidad

pág. 360   **1.** 500   **2.** 432
pág. 361   **3.** 2.9 pies^3 **4.** 64,000 mm^3
pág. 362   **5.** 8   **6.** $\frac{1}{2}$

8·4 Masa y peso

pág. 364   **1.** 2   **2.** 7,000   **3.** 80   **4.** 2,500   **5.** 52
pág. 365   **Pobre Sid**   No, la masa es sempre la misma.

8·5 Tiempo

pág. 366   **1.** 252 meses   **2.** 10 de septiembre, 2013
pág. 367   **El reptil más pesado del mundo**   5 veces más tiempo

8·6 Tamaño y escala

pág. 368   **1.** A y D
pág. 369   **2.** 3   **3.** $\frac{1}{4}$
pág. 370   **4.** $\frac{1}{16}$ **5.** 8 pulg $\times$ 12 pulg

Capítulo 9 El equipo

pág. 376   **1.** 91   **2.** 1,350   **3.** 116.8   **4.** −10.3   **5.** 25 cm
6. 34 cm^2 **7.** 166.38   **8.** 0.13   **9.** 153.76   **10.** 2.12
11. 1.8×10^6 **12.** 168.75

pág. 377   **13.** 45°   **14.** 135°   **15.** 90°   **16.** No
17. Compás, regla
18. D1   **19.** A2 × 2   **20.** 1,000

9·1 Calculadora de cuatro funciones

pág. 379   **1.** 15.8   **2.** 31.5   **3.** −30.   **4.** −48.

pág. 380   **5.** 60   **6.** 69   **7.** 454   **8.** 400

pág. 381   **Números mágicos** $\dfrac{100x + 10x + x}{x + x + x} = \dfrac{111x}{3x} = 37$

pág. 382   **9.** 20   **10.** 544   **11.** 14   **12.** 112.5

9·2 Calculadora científica

pág. 386   **1.** 4.5   **2.** 343   **3.** 5,040   **4.** 6,561   **5.** 3
6. 10.8   **7.** 0.5   **8.** 361   **9.** 2,068   **10.** −344

pág. 387   **El alfabeto de las calculadoras** hello

9·3 Instrumentos de geometría

pág. 388   **1.** 1 pulg ó 2.5 cm   **2.** 5 cm ó 2 pulg
3. 3 pulg ó 7.6 cm   **4.** 2 cm ó $\frac{3}{4}$ pulg

pág. 390   **5.** 130°   **6.** 45°

pág. 391   **7–10.** Mide cada radio
para comprobar
las respuestas.

pág. 393   **11.**

pág. 393   **12.** Las respuestas variarán.

9·4 Hojas de cálculos

pág. 396   **1.** 5   **2.** 6   **3.** 4   **4.** Verdadero   **5.** Falso

pág. 397   **6.** B3 × C3   **7.** B2 × C2   **8.** $10.00   **9.** $60.00

pág. 399   **10.** 100   **11.** C2 + 10; 120   **12.** D3 + 10; 130
13. E5 + 10; 150

pág. 400   **14.** A2, B2   **15.** A6, B6   **16.** (8, 32)   **17.** (10, 40)